U0303490

量子迷宫

THE QUANTUM LABYRINTH

理查德·费曼、约翰·惠勒
和
量子物理学史话

［美］保罗·哈尔彭——著

齐师傍——译

中信出版集团｜北京

图书在版编目（CIP）数据

量子迷宫/（美）保罗·哈尔彭著；齐师傍译. --
北京：中信出版社，2020.5
书名原文：The Quantum Labyrinth: How Richard
Feynman and John Wheeler Revolutionized Time and
Reality
ISBN 978-7-5086-9889-2

I.①量… II.①保… ②齐… III.①量子力学－研
究 ②费因曼(Feynman, Richard Phillips 1918-1988)－传
记 ③约翰·惠勒－传记 IV.①O413 ②K837.126.11

中国版本图书馆CIP数据核字（2018）第301396号

量子迷宫

著　　者：[美]保罗·哈尔彭
译　　者：齐师傍
出版发行：中信出版集团股份有限公司
　　　　　（北京市朝阳区惠新东街甲4号富盛大厦2座　邮编　100029）
承 印 者：北京诚信伟业印刷有限公司

开　　本：880mm×1230mm　1/32　　　印　张：11.25　　　字　数：280千字
版　　次：2020年5月第1版　　　　　　印　次：2020年5月第1次印刷
京权图字：01-2018-2277　　　　　　　　广告经营许可证：京朝工商广字第8087号
书　　号：ISBN 978-7-5086-9889-2
定　　价：58.00元

献给我的兄弟里奇、艾伦和肯

为什么有时间？"时间是阻止一切即刻发生的自然方式"，用这样的玩笑话来解释是不够的。

约翰·惠勒，
《今日时间》

我想到了一个由诸多迷宫组成的迷宫，一个蜿蜒伸展的迷宫，它包含过去与未来，在某种意义上还包含星辰。

豪尔赫·路易斯·博尔赫斯，
《小径分岔的花园》

目 录

第4章　拉开量子电动力学的序幕

第5章　绘制粒子世界的奇妙图景

第6章　从薛定谔的猫到多世界诠释

猛虎，猛虎，火焰似的烧红

在深夜的莽丛

何等神明的巨眼或是手

能攫画你的骇人的雄厚？ ①

——威廉·布莱克，《老虎》

---

① 摘自徐志摩《猛虎集》中的翻译版本。——译者注

这里是夜幕下的普林斯顿，我们将要踏上一场"捉鬼"之旅。镇上寂静得可怕，所有商店都关门了。一轮满月发出冷冷的光，照耀着树木笼罩的校园。

　　大约75年前，差不多就在"二战"开始时，一场关乎我们对时间本质认知的革命在此悄然掀起。理查德·菲利普斯·费曼（昵称"迪克"）和约翰·阿奇博尔德·惠勒（昵称"约翰尼"）两位物理学家的讨论引发了一系列事件，颠覆了量子物理学中时间和历史的概念。他们的思想改变了人们对时间的观念，时间不再是一条朝固定方向永恒流逝的小溪，而是变成了一个既可以向前也可以向后延伸的迷宫。通过探寻普林斯顿的往事，我们希望解释这场深刻的变革如何诞生，以及它如何影响了当代人们对物理实在（physical reality）寻求完备解释的过程。

　　我们的科学史之旅从拿骚楼开始，这幢大楼是普林斯顿大学传统意义上的中心。大楼前有两尊青铜老虎像，一边一个，形成完美的对称，守卫着正门入口。继续向北走，我们看到了菲茨伦道夫门，这是普林斯顿大学的校门，它装饰华丽，一对石鹰栖息在两根像纪念碑一样的石柱上。

穿过校门，我们来到了拿骚街，它是普林斯顿的主干道，也是城区与校园的分界线。

向街道对面望去，我们注意到一种醒目的不对称性，与校园建筑优雅的对称外形形成了鲜明对比。右手边朝东的建筑是派恩楼的后楼，这是一座华丽的都铎式建筑，模仿16世纪英格兰小城切斯特的建筑风格，令人惊叹。左手边朝西的则是一幢朴素的银行大楼，它朴实无华、方正、冷峻，看起来与右边那座亲和、精致的建筑一点儿也不搭调。

穿过拿骚街，我们被一阵突如其来的迷雾包围，原本清朗的夜景突然变得朦胧起来。在迷雾中，派恩楼的前楼如幻影般若隐若现。它是后楼失散已久的伙伴，与后楼风格类似且在同一时间建成；它最突出的特征是带有一座日晷，上书拉丁铭文："Vulnerant omnes: ultima necat"（时间刀刀伤人，最后一刀致命）。虽然前楼在20世纪60年代初就被拆毁并改建成银行大楼，但在这场历史的迷雾中，它仍然完好如初，与后楼形成了完美的对称关系。

再往西走就是被草木覆盖的帕尔默广场，看起来还很新。广场上的商店建于20世纪30年代的城市绅士化①时期，但奇怪的是，它们好像刚刚开张。报摊上展示的报纸头条刊登着阿道夫·希特勒入侵波兰的消息——我们记得它发生在1939年9月。一张海报宣传着电影《绿野仙踪》。我有一种感觉，我们已经不再身处21世纪了。

---

① 绅士化（gentrification）指相对较富裕的人迁入原本由低收入人群占领的城市内部社区，并重构邻里的过程。——译者注

研究生助教

再走一段路，我们就来到了普林斯顿研究生院，这是一座城堡状的建筑，位于一块与主校区相分离的飞地上。研究生院呈现出一个回廊接一个回廊的复合结构，为忙碌的研究生们提供了一处与世隔绝的环境。在这里，学生们在简单舒适的宿舍里居住，在位于中央的食堂里就餐，还可以参加高端的社交活动，比如舞会或茶会。

这个时间，大多数学生都已经睡着了。但是，图书馆里一个装饰精致的小房间的灯还亮着，一名瘦高个、棕色头发的21岁男生窝在椅子里，嘴角勾出微笑的弧度，聚精会神地看着膝盖上摊开的一本经典力学书。他是一名一年级研究生，正在为自己要担任助教并评分的一门课程做准备。虽然他对教材已经很熟悉了，但他还是决定快速浏览一下课程的相关内容。很快，他就要批阅成堆的作业，检查学生们的计算是否正确，改正他们的错误，在此过程中还要训练他们的解题技巧。

一盏金字塔形状的台灯照亮了这位研究生正在阅读的一段文字，它讲的是一条无摩擦的轨道上两辆小车的正面碰撞。他在头脑中快速地把这个问题过了一遍：给定小车的质量和初始速度，物理学定律可以精确地预测接下来会发生什么。根据艾萨克·牛顿的第三运动定律，每个作用力都对应着一个反作用力——大小相等、方向相反。根据牛顿第二定律，力代表动量的改变，动量是质量与速度的乘积。两辆小车受到的力相等，因此它们的动量变化率也相等，只是一辆小车失去动量，而另一辆小车得到同样大小的动量。这种平衡被称为动量守恒定律。

因此，两辆小车会互相远离，其动量大小相等，但方向相反，形成完美的对称。那它们的速度如何呢？已知动量等于质量乘以速度，质量轻的小车的反弹速度就要比质量重的小车更快。这就是经典牛顿物理学的魅力所在（在这一背景下，经典指与我们日常生活中熟悉的尺度相关，区别于亚原子的量子尺度）：只用一条简单的守恒定律，我们就能做出精确的预测。

这本教材的另一章提到了简谐运动，这种运动描述了弹簧被压缩、橡皮筋被拉伸、钟摆摆动，或者其他任何在平衡位置周围来回运动的物体的行为。就像小车碰撞的情况一样，经典物理学原理保证了这种弹簧运动是完全可预测的。在忽略摩擦力的情况下，如果我们拉伸弹簧再松手，它就会回到被拉伸之前的自然状态，这种自然状态被称为平衡态。弹簧在到达平衡态位置时速度最大，这是因为能量在不同的形式之间相互转换：与初始位置有关的能量被称为势能，在弹簧回弹的过程中，它转变成与运动有关的动能。但到达平衡态后，弹簧的运动并不会就此终止，它还会继续沿着回缩的方向运动，进而被压缩。当压缩量达到一个最大值后，它会短暂停留一段时间，然后反弹回来。在压缩到最短的时刻，弹簧的动能完全转化成了势能——这一次，势能是压缩带来的，而非拉伸。在反弹的过程中，弹簧又经过了平衡位置，并再次拉伸，周而复始。能量由势能转化为动能，再由动能转化成势能，但总量不变，这种现象叫作能量守恒。

单摆也进行着类似的运动。它来回摆动的过程，也是势能与动能之间互相转化的过程。如果没有摩擦力，它就会一直摆动下去。在这种理想情况下，摆钟也会一直嘀嗒走动下去，这是由守恒律的节拍器主宰的，完美的、永恒的节奏。

年轻的研究生开始在身旁的桌子上敲击出节奏：哒哒，哒哒，哒哒哒哒。一切都是节奏。

时间周期，即时间周而复始，事物会以一定的模式不断重复，这一概念源于大自然的机械能守恒。封闭系统的机械能守恒现象，会以一定的周期不断重复。对于复杂的大型系统，这类周期的时长可能达到天文学尺度。然而，只要是能量守恒的有限系统，最终一定会回到一开始的状态，就好像两个人玩井字格游戏时画圈和叉，比谁先连成一条线，玩的次数多了最终一定会出现已经出现过的局面。大自然偏爱有节奏的模式。

然而，有另外一种能量不可能被完全回收利用，例如引擎中因为摩擦或者空气阻力而产生的热量。这种被浪费的能量累积起来，产生了一种大自然的箭头，不可逆地从过去指向未来。因此，虽然理想的系统会遵循某种时间周期，但很多实际的物理过程遵循的则是线性的时间模式。周期与线性箭头的问题，是数千年来关于时间争论的核心。

这位研究生打了个哈欠，敲击桌面的频率也慢了下来，书从他的膝盖滑落到地上。体内的生物钟告诉他该睡觉了，于是他站起身，摇摇晃晃地走向宿舍，倒在床上。他确实该睡了，因为第二天早上他就要去一幢名叫法恩楼的大楼里面见他的导师。随着黎明的来临，他该开始履行自己作为助教的责任了。

量子测量问题与哥本哈根诠释

法恩楼（今称琼斯楼）位于普林斯顿大学的校园里，在研究生院东边约一英里①处，对一位年轻力壮的研究生来说，走过去并不是难事。它是专门为数学系建造的大楼，以厚重的铅灰色窗户为特征，上面巧妙地点缀了许多数学符号。1939年的秋季学期，有几位理论物理学家的办公室也在这座楼里，包括尤金·维格纳和约翰·惠勒。在1939年春天之前，这座楼还是普林斯顿高等研究院的所在地。高等研究院是一个独立的智库，其初始成员包括物理学家阿尔伯特·爱因斯坦、匈牙利数学家约翰·冯·诺依曼、奥地利数学家库尔特·哥德尔和其他名人。

对高等研究院最著名的研究员爱因斯坦来说，这个研究院为他提供了一个与世隔绝的场所，可以让他自由地追寻统一引力与电磁力理论的梦想，同时批判已被公认的概率形式的量子力学——量子力学是适用于原子和亚原子粒子的物理学。他一直反对量子力学的"掷骰子"般的概率观点，坚信纯粹的决定论，这使他逐渐远离物理学的主流圈子。这里所说的决定论，意味着如果一个人知道了一个物理系统（比如钟摆或者弹簧）的所有初始条件，他就能准确地预言无限远的未来这个系统发生的所有现象。爱因斯坦的雄心壮志就是消除量子测量中的不确定性，从而让量子力学成为一个"完备"的理论。

与之相对的是，冯·诺依曼则发展出一种更细致的量子力学观，其中决定论和概率都发挥了作用，只是发挥作用的阶段不同。在诺依曼于1932年出版的经典教材《量子力学的数学基础》（*Mathematical Foundations of Quantum Mechanics*）中，他把对量子过程的分析分为两步：在实验者测量量子系统（比如原子中的电子）之前，它的动力学状

---

① 1英里≈1.61公里。——译者注

态是以一种可预测的方式平滑变化的。然而，一旦观察者打开测量仪器（比如一个强磁体）开始读数，概率就闯了进来，测量结果变成了多种可能结果中随机选择的一个，如同掷硬币一样。为什么观察者在其中扮演了这么核心的角色呢？观察到底意味着什么？任何人乃至任何事物都能成为观察者吗？观察者可以是系统本身的一部分吗？这些问题都落在所谓的"量子测量问题"的范畴里。

量子测量问题十分棘手。与经典力学不同的是，在量子力学中，我们无法直接获得关于一个粒子的所有信息，比如它的位置和速度，等等。取而代之的是，我们不得不考虑一个被称为波函数的实体，它包含了关于一个粒子量子态的所有信息。波函数并不提供精确的数值，它提供的只是一个概率性的谱，表明粒子在被测量的时候可能会产生哪些反应。（准确来讲，波函数的平方就表明了概率分布。）概率曲线的峰代表出现概率较高的态，谷代表出现概率较低的态，就像你投掷4枚硬币，朝上的硬币数的概率分布呈钟形曲线的形状：两枚正面朝上、两枚反面朝上的概率最高，全部正面朝上或者全部反面朝上的概率最低。

冯·诺依曼指出，波函数经历了两个不同的量子过程：测量之前，它在薛定谔波函数的主宰下进行连续的演化；而一旦有人测量它，它就会经历一个不连续的"坍缩"过程。举个例子，我们假设一位观察者进行了一项实验，目的是记录一个电子的确切位置。在观察之前，电子的波函数一直遵循薛定谔方程，方程指导了它的一切行为，概率没有容身之地。而一旦实验者观察了这个电子，它的波函数就会迅速坍缩，从连续的概率谱随机地变成了一个尖峰，尖峰所在的位置表示电子的特定位置。

前一个过程是完全决定性的，也是可逆的，而后一个过程则是随机和不可逆的。这两个过程象征着两种不同的时间观念：第一种过程对应于经典的钟摆或者弹簧的周期性时间观念，第二种过程则对应于线性、不可逆的时间观念，比如引擎的能量因摩擦力而逐渐耗散，最终停止。

到20世纪30年代末，冯·诺依曼描绘的两步过程——连续、可逆的波函数演化，以及测量导致的瞬间、不可逆的波函数坍缩——已经成为量子测量的正统观点，即所谓的"哥本哈根诠释"。然而，它不可避免地让人有点儿不舒服，因为它把周期性和线性的时间观以一种古怪的方式拼凑在一起，就像一个完美运转的手表，在你看向它的那一瞬间突然停住，并且不再走动了。观测会损坏整个机械过程，这对一块劳力士手表来说是不可接受的，但在量子力学中却千真万确。因为实验数据与理论完美吻合，多数科学家都直接接受了观测会影响量子系统的动力学过程，使其从可预测的连续过程变成随机的离散结果的古怪想法。只有几位著名的批评者，比如爱因斯坦、薛定谔和路易·德布罗意（他是物质波概念的提出者，正是物质波这一想法启发薛定谔提出了薛定谔波动方程），一直在呼吁大家重新思考量子力学的整个框架。

命运的一次绝妙安排

1939年春天，高等研究院迁至一个全新的校址，爱因斯坦、冯·诺依曼和其他成员都搬进了舒适的新办公楼——富尔德楼，它是一幢17—18世纪美洲殖民地风格的建筑。高等研究院的成员搬走后，法恩楼失去了很多出类拔萃的思想者。但在它青藤覆盖的墙体内，一场革命即将展开，它会赋予我们除了周期性和线性之外的第三种看待时间的方式。这种新方法被命名为"对历史求和"，把时间置于多种可能性组成的迷宫之中。

指引着年轻的理查德·费曼来到普林斯顿，住在研究生院，在法恩楼和邻近的帕尔默物理学实验楼与约翰·惠勒一起工作的，是命运的决定论还是随机的偶然性？这两位具有高度原创性的思想者是天造地设的一对，他们决心以新的原理彻底重建量子物理学。

被普林斯顿大学录取时，费曼原本被指派为维格纳的教学助理。维格纳是一名匈牙利物理学家，他也对量子测量理论抱有兴趣，并持有与冯·诺依曼相近的观点。但就在最后关头，费曼被调去担任惠勒的教学助理。

回过头看，不管是费曼还是惠勒，都认为这次临时的人选调换是自己事业中最幸运的事情之一。惠勒后来回忆道："不知道交了什么好运，他被分配来当我的研究生。"[1]费曼则说："我刚到普林斯顿时，很幸运的是……做了惠勒的研究助理。[2]可以说，我的成功来自我从他身上学到的东西。"

后来，事实证明，费曼和惠勒的合作产生了一种看待量子物理学基础的全新角度，即所谓的"对历史求和"的概念，这个想法来自费曼，并由惠勒命名。这一革命性的方法把现实看作一系列可能性的组合，就像一首歌由多条音轨合并而成。一个电子如何穿过马路呢？费曼和惠勒指出，在量子力学中，正确的答案是，电子走了每一条在物理上可行的路径，而真实路径是所有这些路径的组合。

两位物理学家即将成为最好的搭档：费曼谨慎周密、擅长计算，惠勒果敢而充满想象力，擅长提出意义深远的概念。提出离奇的设想，并不断对其进行修改和打磨，得出可行的结论，将成为这对搭档最擅长的工

作。在惠勒位于普林斯顿的办公室内，一场持续终身的、无畏的探索之
旅即将开始。

别闹了，费曼先生！

当时的理查德·费曼对普林斯顿而言绝对是一个局外人，就好像他是
从外星球来的一样。1918年5月11日，费曼出生于纽约市一个世俗的犹
太家庭。他在皇后区长大，说话带有粗鲁的工薪阶层的口音（类似于布
鲁克林口音），行为举止也十分直白坦率，这与当时普林斯顿大学教学楼
里充斥的来自富有的新教徒家庭的白人男性预科学生（至少是大学本科
生）格格不入。在遇到这种情况时，有的人可能会尽量保持安静，把自
己隐藏在背景中，但费曼可不属于这种人。费曼在很小的时候就意识到，
生命过于短暂，时间如此宝贵，不应该把它浪费在在意别人的想法并据
其调整自己的行为上。他知道自己在这样的环境中格外显眼，但他把这
种与众不同当作一种幽默与力量的源泉，并不为此感到尴尬。

"普林斯顿拥有某种优雅的特质，"[3]费曼后来回忆道，"但我可不是一
个优雅的人。在任何正式的社交场合，我看起来都像一个白痴……我的
性格比较粗犷，也比较简单。但我并不为此担心，实际上，我反而有点
儿自豪。"

在费曼来到学校的第一天，他就注意到了周围上流社会人士优雅的交
谈中透露出来的自命不凡的气息。学校要求学生穿着学院袍去参加各种
社交活动，这让他望而却步。他的父亲梅尔维尔·费曼送他来学校，距离

两人道别才过了一个小时，一位爱摆架子的宿舍管理员就来到理查德·费曼的房间，用一种做作的上流阶层的腔调跟他打招呼，并邀请他与研究生院院长卢瑟·艾森哈特一起用下午茶。虽然费曼觉得待在纽约科尼岛的内森热狗店里更舒服自在，但他从未参加过正式的下午茶活动，因而十分好奇。

院长夫人妆容精致，如同马克斯兄弟电影中的玛格丽特·杜蒙一般。她尽职尽责地招呼每一位进来的学生，给他们端上茶，询问他们是加牛奶还是加柠檬。当她走近费曼问这个问题时，费曼正在思考应该坐在哪里，他心不在焉地回答："都要，谢谢您。"⁴迷惑不解的院长夫人说："别逗了，费曼先生！"在场的学生也发出一阵略带紧张的笑声。这句话后来成为人们津津乐道的费曼逸事中最好笑的一部分，也是费曼最知名的一本书的书名。费曼的口音与滑稽的举止，后来被作家 C. P. 斯诺形容为"就像一位伟大的科学家突然变成了格劳乔·马克斯①"。⁵

费曼的理想可不是迎合这些常春藤精英的风格与兴致，他对满足别人的期望毫无兴趣。他对这个世界充满好奇，并视普林斯顿为一个可以给他提供工具去揭开世界奥秘的地方。他对普林斯顿著名的回旋加速器尤其感兴趣，这是一台位于帕尔默实验楼地下室的机器，它用强力的磁铁形成磁场，让粒子沿着紧密排列的圆形轨道运动，每过半圈就受到电压的加速，最终当粒子具备足够大的能量时，将其打在一个靶上，并观察粒子碎裂的情况。这台机器已经得出了大量实验结果，费曼迫不及待地想去参观它。

---

① 格劳乔·马克斯（Groucho Marx）是美国喜剧演员，也是上文中提到的"马克斯兄弟"中的成员之一。他与费曼一样是纽约人，也是犹太人。——译者注

孩子般的好奇心

理查德·费曼的父亲是一位做制服的商人，但他业余时间里对科学非常感兴趣，正是他让理查德从小就怀有一颗永不满足的好奇心，想要探寻事物最核心的运作之理。当理查德还是小孩子（昵称"里蒂"）时，父亲就带他玩各种各样的智力游戏，比如怎么把彩色的瓷砖铺成特定的图案。他们经常一同探索大自然的各种神奇现象，比如海边的藤壶等，也喜欢钻研百科全书里关于各类主题的文章。

得益于父亲的鼓励，理查德13岁就自学了微积分。那时，他们已经搬到了皇后区的远洛克威，住在一幢舒适的房子里，离一片人头攒动的海滩不远。理查德的母亲露西尔曾经的志向是当一名幼儿园教师，她支持丈夫开发儿子的科学与数学天赋，但也鼓励理查德提高人文素养，往往是通过给他讲笑话的方式。

及至理查德在远洛克威高中上学时，他在理科方面的学识已经把同龄人远远甩在了后面。一位老师注意到他上课时实在无聊，就给了他一本微积分书，让他课上看。差不多就在那个时候，理查德第一次知道了皮埃尔·德·费马的最短时间原理。这个原理用一种很自然的方式解释了为什么光总是沿直线传播。他也了解到光是第四维度的概念，以及物理学领域的其他前沿课题。1935年，理查德·费曼获得纽约大学校际数学竞赛的第一名和一块金牌，《纽约时报》还报道了这件事。[6]

费曼经常会思考怎样向他的父亲解释形形色色的事情，因为父亲经常会问他各种各样关于基础物理学的问题，即使在他上了大学之后。"为什么会这样？"[7]父亲经常会问他自然界中各种现象的成因。举个例子，在费曼进入麻省理工学院读本科之后的某个暑假，父亲让他解释原子中一个电子落到更低的能级上，并放出一个光子（光的粒子）的过程。"是光子一开始就存在于原子之中，然后才被释放出来的吗？"[8]梅尔维尔问，"还是一开始原子中并没有光子？"

费曼很努力地向父亲解释道，光子是无穷无尽的，就像一个小男孩的嘴里会冒出一个接一个词，永远不会穷尽。一个人能说出来的话是无穷无尽的，没有什么最大配额，同样，原子中的光子也不像被封装在一个口袋里的东西，随着时间推移会被消耗光。然而，让理查德失望的是，父亲最终还是没有搞懂当一个电子释放一个光子的时候，原子内部发生了什么。巧合的是，让费曼最终获得诺贝尔奖的研究工作，恰恰与电子和光的相互作用有关。

受父亲的影响，费曼一生都对世界怀有一种孩童般的好奇心。他的朋友拉尔夫·莱顿描述道："他可以像孩子一般地看待事物。他时常以一种好奇而惊喜的眼光看事情，总能从中发现新的东西，并找到小小的谜团来思考。"[9]

哪怕是以世界顶尖理工科大学的标准，费曼也是一名出色的学生。他极其擅长心算，称得上一台人肉积分机器，也擅长运用微积分的其他技巧。1939年春天，费曼在麻省理工学院上大三的时候，被邀请加入麻省理工学院的五人代表队，去参加著名的帕特南数学竞赛。一开始，他迟疑了一下，说自己不是专业学数学的。但是，当知道没有其他合适的大三学生可以加入这个代表队的时候，他挺身而出。令他惊讶的是，他获得了这届比赛的全美最高分。费曼的事迹闻名全美，哈佛大学为此直接邀请他就读研究生，并给了他全额奖学金。

费曼倾向于留在麻省理工学院读研，但麻省理工学院物理系主任、成就卓著的量子物理学家约翰·斯莱特敦促他多出去看看。费曼刚开始坚持认为麻省理工学院是最适合做学术研究的地方，所以他应该留在这里，但斯莱特反驳了他，并指出很多其他机构都有类似的环境，也可以提供难得的机会。最后，斯莱特几乎全凭一己之力打消了费曼留在麻省理工学院读研的念头。

虽然哈佛大学也是一个极好的选项，但费曼最终选择了普林斯顿大学。除了对它的回旋加速器有所耳闻之外，费曼也熟悉维格纳的量子物理研究，希望与他共事。因此，当费曼到达普林斯顿大学，听说学校管理部门将他调换为惠勒的研究助理时，还是有点儿意外的。不过，这个决定对费曼和惠勒的职业生涯来说，都是至关重要的。

天马行空的童年

1911年7月9日，约翰·惠勒出生于佛罗里达州的杰克逊维尔，他只比费曼大差不多7岁。与费曼的父母一样，惠勒的父母也受过良好的教育，并且悉心培养惠勒，对他的一生产生了很大的影响。约翰·惠勒的父亲约瑟夫·惠勒是一位受人尊敬的图书馆馆长，他管理过美国不同地方的多家图书馆，包括巴尔的摩著名的伊诺克·普拉特免费图书馆，还提议并主持了许多分馆的建设。因为父亲工作地点的变化，他们不停地搬家，在加利福尼亚、俄亥俄、佛蒙特和马里兰都住过，而不管他们搬到哪里，家里总是堆满了书。约翰的母亲玛贝尔是一位图书管理员，她热爱读书，并且把对书的热爱传递给了约翰。从很小的时候开始，约翰就常常问母亲关于宇宙的各种问题，比如："如果我一直往天空深处飞，我会到达宇宙的尽头吗？"[10]

虽然费曼和惠勒后来都成了理论物理学家，但他们童年都对亲自动手的实验科学很感兴趣。两人都对事物的运作机制极为好奇，都喜欢化学实验包、无线电设备、电动机，以及电力工具包。小时候，费曼曾因为父亲偶然提了一句电化学的重要性而把一堆干的化学物质接入电路，观察会发生什么。他找到了不计其数的方法摆弄家里的物件，制造出一套临时对讲机系统，还给他妹妹琼的婴儿床安装了电动机，让它可以自动摇晃。[11]

惠勒小的时候同样擅长从零开始制造各种物品。他鼓捣出晶体管收音机，在他家与一个朋友家之间建立起电报系统，也造出了一个加法计算器和一个组合锁。他用火药做过实验，还差点儿因为点燃了猪舍旁边的一堆炸药而失去一根手指。[12]

如果费曼和惠勒一起长大，他们可能会一起寻找各种有创意的方法让东西发出亮光，或者让化学物质发生爆炸，从中获得无穷的欢乐。当他们作为两个年轻的成年人相遇时，两人共同的孩子般的活力则点燃了他们之间的化学反应。他们热衷于把一切事物拼凑在一起，不管是机械设备，还是时空结构本身。

科学之路上的最佳搭档

博士生和导师的关系通常是不平衡的，毕竟导师对学生科研事业的影响太大了。如果导师能力不足或者心怀恶意，就有可能给学生错误的建议，拖延学位论文的进度，导致学生无法获得学位，最终断送学生的学术生涯。

而惠勒与费曼的情况则是一个罕见的例外，他们的师生关系演变为一段真正平等的友谊。这两位物理学家之间的亲密关系随着时间的流逝而不断加强，并滋养了他们的成长。费曼和惠勒的思想大胆而开明，敢于接受最荒诞的提议。他们富有创造性的头脑中不断涌出古怪的概念，从沿着时间往回走的粒子到平行交织成绳索的现实，从纯粹由几何学构造出的宇宙到基于数字信息的宇宙。有人认为，20世纪末和21世纪理论物理学领域内大多数有远见的工作都始于他们俩的大胆谈话，包括粒子物理学标准模型的基础，以及像黑洞和虫洞这样的天体物理学概念。

两人都拥有孩童一般的世界观，把世界看作一个充满奇迹的地方来探索：有很多拼图等待拼合，有很多密码等待解码，有很多密道等待绘制成图，有很多谜题等待解开。就像汤姆·索亚和哈克贝利·费恩[①]，他们并不满足于平淡的生活，渴望开启一段冒险之旅。

有些对称性是无法一眼察觉的。光从外表来看，你很难觉察到费曼和惠勒有如此多的相似之处。费曼厌恶难以理解的表达，通常会用不加修饰的语言发表即兴演说，他精力充沛的样子迥异于公众对一名"严肃科学家"形象的期望；而惠勒则寡言少语，举止慎重、有礼貌。在外人眼中，费曼显然是两人之中更不循常规的那一个。然而，惠勒的科学生涯甚至更偏离主流，在他平常的外表之下隐藏着一颗不走寻常路的心。两

---

① 两人分别为美国作家马克·吐温《汤姆·索亚历险记》和《哈克贝利·费恩历险记》的主人公。——译者注

人都不惧把教材上陈旧的观点丢在一旁，重新建立自己的解释。或许，他们之间的互动用一个词语可以做出最好的概括："异想天开"。

从费曼意外地被选为惠勒任教的力学课助教开始，两人就走上了共同探索之路。他们迅速展开了紧密合作，共同探索物理学领域不同凡响的可能性。已有的数学形式瞬间被拆解，最终他们重塑了时间的概念，开启了平行现实和沿时间回溯的旅程。

第1章

蓄势待发的物理学革命

看看这个从麻省理工学院来的小伙子在能力测试中的数学和物理学分数！不可思议！在申请普林斯顿大学的这批学生中，没人能取得接近他这个绝对最高分的分数……他一定是一颗未经打磨的钻石。虽然普林斯顿大学从未录取过历史和英语分数这么低的学生，但他在化学和摩擦力方面却有如此丰富的实践经验。

——约翰·惠勒，在普林斯顿大学的研究生委员会上看到费曼的研究生申请资料时的评价约翰·惠勒从口袋中掏出了表，放在桌子上。马上就要和他的新助教理查德·费曼见面了，他得掌控好时间。对一个同时肩负教学责任与科研任务的年轻助理教授来说，时间就是一切。上课需要时间，专注地思考以解决物理学中的基本问题需要时间，批改试卷需要时间，跟学生面谈也需要时间。

而这个时候的全球局势，也好像有一只表在嘀嗒计时。纳粹的势力不断扩大，其他国家必须对其加以阻止。如果纳粹继续征服欧洲的步伐，美国被迫加入战争就只是时间问题。要对抗纳粹可能开发出来的武器，也需要科学上的突破。1939年1月，惠勒从他的导师尼尔斯·玻尔及其助手莱昂·罗森菲尔德那里听说，德国的研究者已经发现大质量的铀核在特定的条件下会分裂，释放出储存的能量，这种现象被称为"裂变"。

这条爆炸性新闻的传播速度就像原子核裂变的链式反应一样快。奥地利物理学家莉泽·迈特纳、德国化学家奥托·哈恩和弗里茨·施特拉斯曼共同发现了核裂变，迈特纳把这个消息告诉了她的侄子奥托·弗里施。弗里施当时在丹麦哥本哈根的理论物理研究所工作，他又迅速把这一消息告诉了该研究所的主任玻尔。玻尔立刻意识到这件事的重要性，他将这一消息告知罗森菲尔德，并决定在即将于 1 月 26 日美国乔治·华盛顿大学举行的理论物理学大会上宣布此事。然而，就在 1 月 16 日玻尔和罗森菲尔德抵达美国的当天，在普林斯顿大学物理系的一场论文研讨会上，罗森菲尔德不小心把这个消息泄露了出去，让惠勒等人知道了德国人发现裂变的消息。当玻尔在会议上用沉郁的语气宣布了这一消息后，他有分量的话语传遍了物理学圈子。

许多物理学家，尤其是刚刚为摆脱法西斯政权压迫而从欧洲逃亡到美国的物理学家，为纳粹可能开发出一种可以通过分裂原子核释放出巨大能量的炸弹而感到恐惧。从墨索里尼统治的意大利逃亡到美国的恩里科·费米，以及从匈牙利移民美国的尤金·维格纳、莱奥·西拉德和爱德华·特勒尤其关注此事。玻尔宣布这个消息刚过了两个月，费米就在华盛顿特区与美国海军官员见了面。当年夏天，西拉德与维格纳、特勒一同敦促爱因斯坦给美国总统富兰克林·罗斯福写了一封警告信。纳粹的威胁已然存在，美国被卷入战争是很有可能的事，谁知道什么时候美国政府会要求核物理学家暂时抛下抽象的理论研究而转向军事研究呢？

通过与玻尔的合作，惠勒已经成为世界领域的核裂变专家，如果美国加入战争，那么他很可能需要以他的知识服务于国防工作。惠勒与玻尔的合作始于 5 年前，惠勒在 1934 年秋天访问了玻尔的研究所。当时惠勒从约翰斯·霍普金斯大学获得博士学位不久，他师从奥地利–美国物理学家卡尔·赫茨菲尔德，并在纽约大学教授格雷戈里·布赖特的指导下做了一期博士后，他渴望揭开原子核的奥秘。玻尔当时是量子物理学领域的专家，惠勒将追随他。惠勒在哥本哈根工作到 1935 年 6 月，专注研究原子核与宇宙射线的相互作用。

图 1-1 约翰·惠勒在尼尔斯·玻尔创建的哥本哈根理论物理研究所的留影，摄于 20 世纪 30 年代中期

资料来源：AIP Emilio Segre Visual Archives, Wheeler Collection。

玻尔的研究风格对惠勒产生了很深的影响。虽然玻尔的说话风格是出了名地温和而又含糊不清，但他总能问出犀利的问题，并揭示出思考一个问题的新角度。惠勒回忆道："玻尔对一切事物都采用这种探索方法，他想要接近事实的真相，并检验一件事能在多大程度上抵挡住他犀利的攻击。"[13]

从欧洲回到美国后，惠勒在北卡罗来纳大学教堂山分校待了三年时间，于 1938 年秋天被普林斯顿大学聘用为助理教授。在玻尔宣布德国进行核裂变研究的消息之前，普林斯顿周边的气氛已经让人备感紧张了。1938年的万圣节，一个电台报道火星人入侵了附近的格罗弗斯米尔。这则用奥森·韦尔斯的权威声音播出的假消息引起了极大的恐慌，公众惊吓过度的反应表明了他们对可怕的新武器的恐惧。几个月后，玻尔在华盛顿会议上警示物理学家德国发现了核裂变，而且纳粹可能会在此基础上制造出原子弹，这让大规模恐怖袭击的场景成为每个人内心最深处的噩梦。

1939年1—5月，玻尔在普林斯顿大学工作，他的办公室就在法恩楼里，与惠勒在同一层；他住在拿骚俱乐部。玻尔与惠勒尝试推导出裂变的准确机制，他们使用了玻尔的"液滴模型"。它是一个灵活的模型，把原子核看作一个膨胀的蛋黄，如果用力拉原子核就会使它分裂。两人在1939年春天仔细地计算了当一块铀样品被快（高能）中子或慢（低能）中子轰击时，在什么条件下会发生裂变。

惠勒绘制了对铀的不同同位素而言，打向铀的中子在进入铀原子核并使其分裂之前要穿过什么样的能量势垒。他把这种势垒比作山峰，滑雪者要先登上峰顶，然后才能快速下降。对铀最常见的同位素铀238而言，山峰极为陡峭，只有速度很快的中子（可以想象成奥运会滑雪选手）才能爬上去并完成速降；而对一种较为罕见的同位素铀235而言，势垒则低一些，慢中子（可以想象成滑雪新手）也可以做到。因此，玻尔和惠勒推断，铀235要比铀238更易发生裂变。不仅如此，他们还发现一种在自然界中不存在的人造同位素钚239，它也可以用慢中子来激发裂变。

已知裂变过程会产生更多的中子，因此，如果用某种方法让这些中子的速度慢下来，就可以诱导其他原子核发生裂变，形成链式反应。在特定的情况下，链式反应可以受控的方式产生能量，而在另外的条件下，则可以产生大规模爆炸。玻尔和惠勒在一篇有重大意义的论文中公布了他们的研究结果，题目为《核裂变的机制》，发表于1939年9月1日，这正是阿道夫·希特勒入侵波兰，标志着第二次世界大战爆发的那一天。玻尔和惠勒的这一发现，对于后来美国战时制造原子弹的"曼哈顿计划"是不可或缺的。

那年秋天，惠勒已经把与玻尔的这项研究工作放在一边，他渴望在理论物理学领域留下自己的印记。他也希望成为一位受人信任的导师，就像玻尔一样。在惠勒的心目中，一名理想的教授在私下里要以深刻的思考和安静的计算为主，在公开场合则要有合宜的教学方法。而要保持这种对称性，就需要准确地掌握时间，这是他把表放在桌上的意义所在。

当时才28岁的惠勒不可能想到，接下来还有将近70年的时间可供他思考"存在为何物？"之类的令人困惑的问题（他在晚年常常提出这类问题）。年迈的惠勒可能会建议年轻的惠勒放轻松，享受与学生之间的交流。但此时的惠勒严肃地对待着自己各方面的任务，就像秒针不知疲倦地一圈圈走着，只为推动分针一格一格向前。

友谊的萌芽

惠勒当时的办公室门牌号是214，在法恩楼的二楼。法恩楼以普林斯顿大学数学系的建立者亨利·伯查德·法恩的名字命名，1928年他死于一场悲剧性的事故——骑自行车时被一辆汽车撞倒身亡。这栋楼是法恩的朋友托马斯·D.琼斯捐建的，它是一座用于数学研究的华丽殿堂，后来也延伸到理论物理学领域。法恩楼里的每间办公室都装有橡木镶板，还有黑板、内置的壁橱，以及可以俯瞰普林斯顿大学树木葱郁的校园的窗户。秋季清爽的香气与粉笔灰的气味相混合，就好像教授们通过黑板上潦草的涂鸦来描述外界的大自然。这里是做基础研究的绝佳地点。

琼斯、数学家奥斯瓦尔德·维布伦以及这栋楼的其他设计者，把它设计得极其适合开展讨论。在二楼呈矩形排列的多间办公室之上有一间舒适的茶室，教员们可以在此聚集，讨论彼此的想法。茶室的壁炉上有一句德语的铭文，引自爱因斯坦的一场讲座："Raffiniert ist der Herrgott, aber boshaft ist er nicht"（上帝深奥难测，但绝无恶意）。这句话表明，爱因斯坦相信，尽管追寻正确的理论物理学方程之路充满曲折，甚至有可能走进死胡同，但仁慈的大自然一定会给出最终答案。

楼内角落处的楼梯井和连通的走廊也得到了很好的利用。教授与学生经常会去三楼，那里有一个宽敞的图书馆，收藏了成千上万册数学与物理学书籍。有时，他们也在一楼，在中央的报告厅里参加研讨会。他们还可以像玻尔和惠勒在这里合作时一样，沿着二楼的环形走廊一圈一圈地踱步，并进行长时间的讨论。整栋楼的结构可供研究者循环走动：向上，向下，向四周。

为了鼓励数学家与物理学家之间的合作，在法恩楼与物理系的主楼——用来上课与做研究的帕尔默实验楼之间设有一座桥。为了容纳实验仪器，帕尔默楼建得要比法恩楼宽敞得多。为了鼓励实验物理学家，帕尔默楼的正门入口处摆放着两位美国物理学先驱——本杰明·富兰克林与约瑟夫·亨利的雕像。

图 1-2 普林斯顿大学的研究生住宿学院

资料来源：照片由保罗·哈尔彭提供。

直到见到惠勒本人，费曼才第一次注意到他看起来有多年轻。惠勒并不是那种早就过了人生中最好年华的老教授，而是既年轻又有活力。这让费曼放松了许多。然后，他看到惠勒拿出一块表放在桌上，用它来记录两人会面的时长。他们讨论了费曼的工作职责，并且约定了下次见面的时间。

费曼不太理解惠勒拿表计时的意图，于是他打算模仿惠勒的做法。他买了一块便宜的表，为与惠勒的第二次会面做准备。等到他们再次见面的时候，就在惠勒把手伸进口袋的一瞬间，费曼也把手放进了口袋，就在惠勒把表放在桌上的下一刻，费曼也做了同样的事，如同下棋时完全模仿对方的下法一般。

费曼淘气的模仿行为一下子打破了他们会面的严肃气氛。惠勒大笑起来，费曼也一样。两人笑得完全停不下来，场面一度变得愚不可及。

最后，惠勒觉得该进入正题了。"我们不能再笑了，该说正事了。"[14]他说。

"好的，先生。"费曼回答道，两人又笑了一阵儿。这个情景在他们之后一次又一次的会面中不断出现：讨论变成了开玩笑，两人甚至笑到无法呼吸，大口喘着气请对方进入正题，然后开始充满创造性的讨论。费曼很擅长在这两种状态间灵活切换：他的母亲露西尔总喜欢开玩笑，而他的父亲梅尔维尔则严肃理智。和惠勒在一起，费曼性格的两面性得到了自由发挥。舞台已经搭好，他们两人即将建立起一段长久、收获颇丰但也有点儿愚蠢的友谊。

开动脑筋的力学课

惠勒对自己的教学引以为豪，他的经典力学课讲得很好。他也会布置很难的习题，学生需要完成这些作业并上交。费曼的职责就是批阅这些作业，检验学生的能力。费曼会一丝不苟地寻找这些作业中的逻辑缺陷和计算错误，在边缘处写下详细的评语，再把它们交给惠勒。学生的粗心大意或者理解错误，很难逃过费曼的眼睛。

费曼的工作做得极为出色，惠勒对此非常满意，他甚至让费曼独立给学生们上了不止一堂课，积累下宝贵的教学经验。这个机会让费曼感到十分荣幸，他为此通宵备课。在写给母亲的信中，费曼提到他对这堂课感到非常自豪，讲得"很好，很顺利"[15]，并且期待将来能有更多的讲课机会。惠勒的指导加上自身的努力，使费曼成了一名声誉卓著的物理概念的解释者。

惠勒教学的一大特点就是对图表的巧妙运用，这也对费曼产生了深刻的影响。在形成一个想法的过程中，费曼几乎一定会从画草图开始，描绘出这个想法涉及的作用者及它们之间的相互作用，就好像在设计橄榄球战术一样。他后来叙述道："如果没有图，我就不知道该如何思考了。"[16]

惠勒和费曼都发现，教授一门学科是学习它的最好办法。这个想法乍一看好像有些矛盾：如果你自己不是专家，如何解释一件事呢？确实，对于一些相对死板的学科，比如拉丁语和古希腊语，你需要先精通它们，才能讲出一堂扎实的课。然而，物理学所基于的基本原理，可以通过多种方式来表述和阐释。哪怕是在一堂入门级的物理学课程的前几周引入的概念，比如力和惯性，其含义也都相当精细微妙。

静止的物体倾向于保持静止，而运动的物体倾向于保持同一方向和同一速度的运动，除非受到外力作用，这种倾向就是惯性。正是惯性让保龄球在平坦、无摩擦的表面上沿直线一直滚动，直到撞上保龄球瓶为止。奇怪的是，让球一直匀速向着目标运动的不是力的作用，而是没有力的作用。直觉上，我们会认为一定是某个力让球向前滚动，但事实正相反。让学生理解这一点，是智力上的一大挑战，有助于惠勒和费曼思考物理世界的另一个方面。解释这类概念或许可以揭示新的联系，阐释大自然的根本运作机制。

例如，准备课程计划的过程促使惠勒和费曼讨论了马赫原理，即遥远的恒星以某种方式产生了惯性。牛顿物理学把惯性放在绝对空间（某种固定的标尺）和绝对时间（某种抽象的钟，在每个地方的走动速度都相同）的抽象框架内，与之相反，物理学家恩斯特·马赫却认为惯性必定有一个物理上的原因。他提出，周围遥远物体对一个物体的共同作用，让静止的物体倾向于保持静止，而让运动的物体倾向于保持运动。

爱因斯坦的宇宙观

　　惠勒很清楚，爱因斯坦的广义相对论——描述引力的伟大方程——尝试实现马赫原理，抛弃牛顿力学中为测量惯性而设定的非物理的、不可见的、绝对的时空框架。牛顿想象空间距离和时间间隔在不同的地方和不同的时刻都不变，就像数学家使用的固定坐标轴一样，没有什么物理现象可以影响这种标尺。而与牛顿的坚固、永恒的标尺形成鲜明对比的是，在广义相对论中，物质和能量会让时空（空间与时间的结合）结构发生弯曲，就像一根细弱的枝条上放了一个很重的鸟巢一样。

　　除了抛弃绝对空间与绝对时间的概念以外，爱因斯坦也用几何学解释了引力，从而解决了牛顿物理学未能解决的另一个问题。它被称为"超距作用"：力，比如引力，可以即时跨越遥远的空间发生作用。牛顿想象两个有质量的物体之间存在某种抽象的"线"，把它们通过相互的引力连接在一起。在空间中，没有任何可感知的东西可以充当这种媒介物。

　　在牛顿力学中，正是这种瞬间的作用力跨越很远的距离拖拽着行星，让它们沿着绕太阳的轨道运动。如果太阳瞬间消失，这种"线"就会消失，行星则会瞬间开始在各自惯性的作用下，沿着直线运动。这种运动的改变甚至会先于太阳的最后一丝光线到达行星，因为光的传播也是需要时间的。

爱因斯坦认为这种心灵感应般的即时超距作用违反物理学常识，因此在他构建的广义相对论中，让时空的褶皱构造充当引力的媒介物。太阳的巨大质量扭曲了它周围的时空，产生了一个引力阱，就好像一个人进入装满水的浴缸，会让浴缸中原有的水移动位置一样。这类扰动会从源头开始，以波纹的方式向外传播，影响其他物体的运动。在浴缸中，水波可能会让橡皮鸭、小船和其他漂浮着的玩具随之上下晃动；而在太阳系中，太阳的引力扰动则会以光速穿过时空向外辐射，制造出波谷，迫使行星以弯曲的轨道运动。行星自身的惯性让它们很想做直线运动，但它们所在区域的弯曲时空却逼迫它们沿着曲线运动。

1915年，在完成广义相对论之后，爱因斯坦尝试用它模拟一个完全静态的宇宙。爱因斯坦坚信决定论，也相信宇宙定律是永恒的，因此他预期虽然质量会导致局部的扰动，但整个宇宙的全局状态会随着时间的流逝保持不变。换句话说，虽然恒星会在空中移动，但它们作为一个整体呈现出来的宇宙却像花岗岩一样岿然不动。这种永恒并不像牛顿理论说的那样是预先决定的，而是理论自然产生的物理结果。

然而，令人失望的是，爱因斯坦提出的方程无法描述出这种固定不变的宇宙图像。方程的解要么描述了一个膨胀的宇宙，要么描述了一个收缩的宇宙。在物理学中，方程的解通常代表对现实的正确数学描述，就像一把钥匙开一把锁一样。爱因斯坦很努力地寻找与静态宇宙完美对应的解，但为了实现这个目标，他只能篡改自己的原始方程，就好像让锁匠改变锁的形状，以适应他钟爱的那把古董钥匙。爱因斯坦在方程中加入的那一项被称为宇宙学常数项，就是专门用于抵消引力的效应，从而产生他想要的结果。实际上，加入宇宙学常数项之后，方程的确产生了对应于静态宇宙的解，但代价是让理论变得更复杂了。不仅如此，天文学家埃德温·哈勃于1929年（在维斯托·斯里弗等天文学家工作的基础上）发现，所有遥远的星系都在远离彼此（也在远离我们），这表明空间确实在随着时间的推移而膨胀。这一结果促使爱因斯坦决定去掉宇宙学常数项，并承认宇宙的确在膨胀。因此，他一直没有实现证明马赫原理的目标。

惠勒与费曼讨论了马赫原理在目前的物理学进展下是否还有意义的问题，也讨论了如果它有意义，它的物理学基础又是什么。惠勒很喜欢与费曼（以及别人）探讨深奥的哲学问题，并思考如何检验它们；费曼虽然不喜欢抽象的事物，但他享受实验检验。这就是他俩如此匹配的原因之一。

物理学家查尔斯·米斯纳（在20世纪50年代跟随惠勒学习）曾说："惠勒受尼尔斯·玻尔的影响很深，他把玻尔视为自己的第二导师。玻尔无疑属于欧洲的思想流派，他不仅重视（物理学的）技术方面，也重视哲学意义方面。而大多数美国物理学家（比如费曼）则认为，所有关于量子力学诠释的（抽象而具有哲学意义的）讨论都与他们所做的研究无关。"[17]

粒子间的乒乓球比赛

人与人之间的对话就像一局乒乓球比赛。一场典型的对话可能包含思想的表达、互开玩笑、对私人问题的戏谑，以及数不清的其他模式。就像乒乓球比赛中，一方发球，另一方接发球，前者再打回去，如此循环往复，直到所有的话题都穷尽。惠勒和费曼很擅长让他们之间的"乒乓球比赛"适合当天的心情，在俏皮话与深刻见解之间灵活转换，互相把球越吊越高，时机一到便猛力截击。

与人和人之间的对话相类似，基本粒子也可以通过某种交换成对地发生作用。不过，与人类不同的是，粒子之间的相互作用只有几种。如今我们知道，大自然只提供了4种基本类型的相互作用力：引力、电磁力、强核力与弱核力。在费曼读研究生的年代，后两者（与原子核的束缚和衰变有关）尚未被理解，他在之后的人生中会为解释它们做出贡献。当时的物理学家甚至不知道这两者到底是同一种力，还是不同的相互作用。他们把构成原子核的粒子——质子与中子（合称为核子）——之间的力称为"介子力"，认为它们通过交换介子聚集在一起。（如今我们知道，将核子结合在一起的是另一种粒子，被称为"胶子"，而传递导致原子核衰变的弱力的粒子则是被称为 W^+、W^- 和 Z^0 的粒子。）惠勒在与玻尔合作的大部分时间里，都在尝试理解为什么原子核有时候被紧紧地束缚在一起，有时候却会分裂。他们的模型在经验与实验结果方面匹配得很好，但仍然不完整。

惠勒的思绪总是不安分地游走，他拥有活跃的想象力。他不断地提出各种各样的想法，就像一个使用核能燃料的火炉。他不可能满足于专注一个课题，甚至不想只研究一种基本作用力。在惠勒的整个职业生涯中，他的研究兴趣总是在核力、电磁力和引力之间转来转去。

如果惠勒生在不同的时代，他可能会对构建适用于所有相互作用力的统一理论的想法感兴趣。但他看到，隔壁高等研究院的爱因斯坦在尝试统一作用力的道路上一次次碰壁，并且受到他人的奚落。爱因斯坦坚定地希望通过某种方式把广义相对论扩展成一个万物理论，使之能在几何上描述所有力，同时消除量子力学对概率的依赖。

惠勒与爱因斯坦住在同一社区，在高等研究院搬去新址之前，他们还短暂地在法恩楼的二楼一起工作，互相很了解。爱因斯坦在 20 世纪 20 年代中期竭尽全力但徒劳无功地尝试建立统一理论，因而在很大程度上忽视了物理学的最新进展。物理学家大多也只把他当作前一个时代的"遗物"，很少有人冒险进入深奥难懂的引力理论领域。引力理论在 10 年前曾经因为广义相对论而大获成功，但在那之后则随着爱因斯坦失败的探索而变得无人问津。

那个时期引力领域取得的最大成就在很大程度上被忽略了。1939 年 9 月 1 日，加州大学伯克利分校的物理学家罗伯特·奥本海默和他的学生哈特兰·斯奈德发表了一篇论文，题为《连续引力收缩》。他们在这篇文章中指出，一个质量足够大的恒星在耗尽它的核燃料之后会坍缩成一个致密天体，其引力大到连光都无法逃逸。如果是在 20 世纪 60 年代，那么惠勒会欣然接受这一图景，用"黑洞"一词推广它，并专注于思考它古怪的意味；但在 20 世纪 30 年代，惠勒的研究兴趣在另一个地方。

巧合的是，就在奥本海默等人发表该论文的同一天，玻尔和惠勒在同一著名期刊《物理评论》上发表了他们的重磅论文《核裂变的机制》，揭示了为什么特定类型的原子核更容易发生裂变。当时，"二战"在欧洲已经爆发，惠勒一家搬到了普林斯顿巴特尔路 95 号的一座崭新的房子里，这座房子位于普林斯顿大学统一建造的住宅区内，是学校售卖给惠勒的。这是惠勒大展理论宏图的好时机，费曼则是他最好的同行者。

散射粒子的"阵雨"

在转向核裂变研究之前，惠勒对散射产生了很强的兴趣。散射是一个粒子与另一个粒子发生相互作用并因此偏离路径的过程，就像一个球撞到球拍上，并以一个看似偶然的方向反弹回去。散射在经典（日常生活中的情况）与量子层面上都存在。物理学热衷于预测，比如在设计打网球的策略时，一位聪明的理论物理学家可以利用网球撞到球拍之前的信息，计算它可能的偏移状况。网球的散射是一个经典问题，利用伟大的牛顿运动定律就可以很好地解决。

让惠勒更感兴趣的是康普顿散射，这是一个亚原子尺度的量子过程，无法通过牛顿物理学解释。这一现象由美国物理学家阿瑟·康普顿发现，他也因此获得了诺贝尔奖。康普顿效应涉及光受到电子散射的过程：如果我们把光射到电子上，电子就会获得能量和动量（动量等于质量乘以速度），从而朝某个方向飞出，犹如被投掷出去的标枪。在这一过程中，它会发出比原始激发它的光波长（指相邻两个波峰之间的距离）更长的光，光的传播方向也与电子的运动方向不同。对可见光来说，波长与颜色相对应，因此出射光的颜色与原始光不同，偏向光谱中红色的那一端。不过，康普顿通常使用的是看不见的X射线，所以出射光是波长更长的X射线。

　　康普顿效应之所以重要，是因为量子理论精确地预测了入射光和出射光的波长差，以及电子和出射光的散射角度。量子理论解释康普顿效应的过程，反映了量子思想的本质。量子思想最早由普朗克在1900年提出，由爱因斯坦于1905年在解释光电效应的过程中加以完善。"量子"这个词有"小块"的意思，指光的能量以一小块一小块的方式传播。光的最小单位——你可以想象波被分成了一个个的小堆——被称为"光子"。光谱中的绝大部分光都是不可见的，只有一段很窄的范围表示从红色到紫色的可见光，自然界的绝大多数光子也是不可见的。

　　光子是交换电磁相互作用的粒子。每当一个带电粒子（比如电子）通过电力或磁力吸引或排斥另外一个带电粒子时，一个光子就会在它们之间弹来弹去。如果没有光子的交换，电荷就会忽略彼此，也就不会发生吸引或排斥。因此，如果你的冰箱贴牢牢地吸在冰箱门上，你应该感谢光子（在这一情况下是不可见的光子）扮演了电磁力传递者的角色。

　　普朗克和爱因斯坦的理论表明，每个光子的能量取决于与其相关的光的频率（振动的速率），频率与光的波长成反比（波长越长，频率越低，反之亦然）。因此，长波长的光，比如无线电波，其频率低，能量也低；短波长的光，比如X射线，其频率高，能量也高。在康普顿散射中，电子从入射的光子那里吸收了能量和动量，散射出一个能量更低、波长更长的光子。研究者对康普顿波长偏移进行了无数次测量，其结果总是符合从电子能量的增加值推算出来的预测值。

　　惠勒意识到费曼在数学上的精湛技巧，比如计算各种高难度积分的不可思议的本领，以及敏锐的物理学直觉，于是他提出他们可以一起研究量子散射过程。"一切物体都在散射！"，惠勒提出了这样的口号。惠勒想让费曼研究的问题可以追溯到1934年10月他在伦敦和剑桥参加的一场国际物理学会议，与会者讨论了伽马射线（能量最高的一种光子）打在铅上产生的一种散射粒子的小型簇射。惠勒意识到，对这些散射副产物进行分析，可能有助于提高量子力学的工具性作用。

早在1937年，惠勒就率先提出了把散射结果制成表格的方法，后来被称为S矩阵（散射矩阵）方法。这种方法类似于把飞镖游戏的结果记录下来，打中哪个环和靶心的次数为多少。对飞镖游戏而言，这类数据可以用来分析运动员的实力和目标，与之类似，在散射过程中，S矩阵也可以用来重构发生的相互作用。物理学家把这类基于收集数据的分析称为唯象分析，与更抽象的理论思考相对。

惠勒和费曼花费了很长时间讨论与各种类型的散射事件相关的大量问题。在惠勒的带领下，费曼对S矩阵方法有了很深的了解，他还熟练地掌握了描绘粒子如何相互作用的图示方法。在简单探索了伽马射线与铅的相互作用后，他们决定专心研究电子与光子在复杂结构的材料中如何像偏斜的弹球一样相互作用。这一主题的研究虽然没有直接给他们带来可以发表的论文，但事实证明，这是后来他们转向关于电子相互作用的更基本问题的前传。

回旋加速器和旋转洒水器

那个时代，实验粒子物理学家做出新发现的方式有两种。其一是观察自然的衰变产物，比如放射性物质衰变产生的粒子，或者从宇宙空间中射向地球的宇宙射线。比方说，正电子——与电子相似，但带正电荷——最早就是在宇宙射线流中发现的。

在自然方法之外，日趋成熟的新方法是以人工的方式加速粒子，打在标靶上使其粉碎，并观察剩下的粒子是什么。这一方法的原型是新西兰物理学家欧内斯特·卢瑟福设计的实验，他用α粒子（后来被证实为氦原子核）轰击金箔，绝大多数α粒子都径直穿过了金箔，但有极少数被弹了回来。通过沿锐角散射，他发现金原子内部有一个致密的、带正电的核——金原子核。在卢瑟福发现原子核之前，物理学家认为原子内部是均匀的，就好像表面涂抹了巧克力的樱桃派。而金箔实验表明，原子内的大部分地方都是空的，原子核只占据了极小的一部分。原子不像密实的巧克力樱桃派，而像一块飞艇大小的巧克力软点，内部几乎完全是空的，除了最中心处的一颗樱桃，这个类比可以让你了解原子核在原子中的相对大小。金箔散射实验令人惊讶的结果揭示了理解散射过程的意义，难怪惠勒要向费曼强调它的重要性。

1932年，英国研究者约翰·科克罗夫特和欧内斯特·沃尔顿在卢瑟福领导的剑桥大学卡文迪许实验室里建造出首台直线加速器。这种设备通过电压将带电粒子"炮弹"加速到研究者想要的能量，然后让其轰击标靶。研究者发现，把很多台电压加速设备排列在一起，形成更长的加速器，可以使这套系统的威力更大。就这样，科学家开始用直线加速器轰击原子核，并探索其性质，这是玻尔和惠勒的理论工作背后的实验动力。

在加速器设计方面，另一个主要突破与科克罗夫特–沃尔顿机制几乎同时产生，它是美国物理学家欧内斯特·劳伦斯建造的回旋加速器：一个环形的加速系统。回旋加速器不是把多台电压加速设备依次排列，而是用同一台设备反复给粒子加速。磁铁引导着亚原子"炮弹"一圈一圈地沿环形轨迹运动，一次一次地穿过电压加速区域，直到获得足够的能量，然后猛力轰击标靶，科学家通过分析碰撞废墟可以获得宝贵的数据。回旋加速器的占地面积明显小于直线加速器，因此在20世纪30年代末备受欢迎。很多全球顶尖大学，包括麻省理工学院和普林斯顿大学，都拥有自己的回旋加速器。

在来到帕尔默实验楼的第一天，费曼做的第一件事就是询问能否参观普林斯顿大学的回旋加速器。物理系派人带他去往加速器所在的地下室，他信步穿过一片杂乱的区域，最终来到加速器跟前，但它与费曼的想象相去甚远。

费曼原本以为普林斯顿大学的回旋加速器要比麻省理工学院的大很多也气派很多，因为根据发表的论文，他知道这台加速器获得的实验结果更好。然而，与他的设想完全相反，普林斯顿大学的这台设备看起来乱糟糟的。他回忆道：

> 回旋加速器在整个房间的中央。房间里到处是电线，有的挂在半空中，一看就是有人动手挂上去的；还有水管——加速器必须配有自动水冷设备和小型开关，以备在停止供水以后加速器能继续运作，我在那里看到的水管……一直在滴水。空中的管道上多处都涂抹着蜡，为了修补漏水的地方。胶卷盒四处散落着，它们在桌上的放置角度简直令人难以置信……我对这个地方一见如故，因为……它看起来就像我童年时期的实验室，所有东西都胡乱地散落在房间各处……我喜欢

这个地方。我当时就知道自己来对地方了……因为他们看起来完全在瞎搞，而做实验本来就是瞎搞。这个地方……一点儿也不优雅，而这正是他们成功的秘诀。我立刻爱上了普林斯顿大学。[18]

看到这台回旋加速器的一瞬间，费曼就意识到为什么他在麻省理工学院的老师约翰·斯莱特要建议他来普林斯顿大学读研究生了。普林斯顿大学的粒子物理实验室看似临时组建的，却更容易得出结果。在费曼看来，物理学就应该通过这种灵活多变的方法来研究，把仪器装配成多种多样的结构，通过一次次的尝试加以完善，直到实验产生确定性和可重复的结果。要实现这种方法，就必须以一种很灵活的方式设置实验仪器。费曼仿佛身处一整套"建筑玩具"之中，他很满意自己做出了正确的选择。

作为一位有抱负的理论物理学家——在惠勒的指导下，费曼正在朝这个方向前进——他并没有指望靠这台回旋加速器来收集数据和做研究。但是，迷宫般的管道和线路吸引了他，好像这就是他自己的游乐场。与惠勒一样，哪怕面对极为抽象的计算，他也梦想着像儿时一样摆弄真实的东西。

大概是在他们讨论马赫原理的那段时间里，有一天，惠勒和费曼对沿四周旋转的X形草地喷灌器展开了热烈的讨论。显然，这种常见的花园小装置的工作原理是牛顿第三定律，即作用力与反作用力定律。喷灌器的4个龙头各自喷水，并产生一个大小相等、方向相反的作用力，即反冲力。这样一来，4个沿顺时针方向喷洒的水流就自动产生了反作用力，推动整个装置沿逆时针方向一圈一圈地转动，就像一个旋转的托钵僧一样，东、西、南、北四个方向的草坪都被浇灌了。

在惠勒与费曼的合作过程中，时间反演是一个重要的主题。喷出的反义词是吸入，假设这个喷灌器不是喷水而是吸水，它产生的反冲力就截然不同了。反作用产生的整体效果也会让喷灌器旋转起来吗？或者说，时间反演的喷水（即吸水）会产生相反的结果——喷灌器向反方向旋转，还是它的旋转方向与吸水方向相同呢？又或者说，吸水的喷灌器根本不会旋转？

两人就这个问题争论了一段时间，推导出的结果反复变化。费曼就像一位成熟的律师，对每种可能性都给出了合理的理由，这让惠勒很苦恼。惠勒询问普林斯顿大学的其他教员有何看法，他们的看法也是五花八门。可是，解决这种花园里的常见问题，不应该是多难的事啊。

费曼厌倦了无休止的假设，他决定用玻璃管和橡胶管自建小型吸水装置。他选择在回旋加速器所在的房间建造这个装置，那里有一个很大的装水容器，被称为球形细颈大玻璃瓶，它可以提供大量的水。为了产生足以将水吸入（而非喷出）容器的压力，费曼把管子接入了回旋加速器的压缩空气源。费曼逐渐增加气压，但什么都没发生。最后，他把节流阀开到最大，砰！整个装置爆炸了。玻璃碎片混合着水，溅满了整个回旋加速器，要花很长的时间才能清理干净。物理系狠狠地训斥了费曼，禁止他进入加速器实验室。（关于反向喷灌器的问题，到底正确的答案是什么，直到近几年还处于争论之中。在实际环境中，由于流体湍流等各种环境因素的作用，实验结果会存在显著区别，朝两个方向转动的情况都会出现。）

时间实验

费曼永远怀有好奇心，不仅对物理世界感到好奇，也对它与人类经验的联系感到好奇。不过，他很难忍受基于纯粹的推理、直觉或感情的推测。他认为，一切重要的事情都应该是可检验的，为什么要浪费时间猜来猜去呢？

自羞涩的高中时代开始，费曼一直保持着一种反精英主义和大男子主义的倾向，这或许是他鄙夷科学领域之外的"博闻强识"的原因之一。他很害怕别人评价他柔弱、没有男子气概或者"娘娘腔"。虽然喜欢读书，但他也害怕被人当成书呆子（类似于今天的"科学怪人"或者"理工男"）。相对而言，他并不擅长棒球之类的竞技体育运动，这让事情变得更糟了，毕竟在数学竞赛中取得好成绩并不能给他带来有男子气概的评价。幸好，他交了一个女朋友，名叫阿琳·格林鲍姆，是一位来自纽约西达赫斯特的艺术家，性格温柔又坚定自信。这让费曼有了些许安慰，证明他是一个"真正的男人"。其他人都叫费曼"迪克"，只有阿琳叫他"里奇"，费曼则叫阿琳"小猫咪"。费曼在麻省理工学院读本科期间，他们一直保持着远距离恋爱关系。

在麻省理工学院，费曼选修了一门哲学课程。这是他能找到的与科学最接近的并且能修满人文学科学分的课，但他认为这门课完全是胡说八道，教授含糊的评论则像无线电噪声一样。为了打发无聊的课堂时间，费曼用一个小型的钻孔机在鞋底钻出一个个小孔。[19]

有一天，一位同学告诉他，教授要求他们以"意识"为主题写一篇论文。费曼模糊地记得教授在一通胡言乱语中提到过"意识流"，这激发了他的灵感，让他想起父亲曾跟他提过的一个科幻小说中的情景，讲述的是从不睡觉的外星人想知道睡眠状态是什么。为了完成论文作业，费曼决定做个实验，研究一下人睡着的时候意识是如何逐渐减弱的。一天两次，他在每天午睡和晚上睡觉时都会留意自己的意识在睡着之前是如何变化的。

在这种自我监测的某个阶段，费曼发现了一些意义非凡的东西。在昏昏欲睡之时，他的意识似乎分岔了，不再是单一的意识流，而是两条。在一条意识流里，他看到一些绳索缠绕着一个圆柱体并穿过一组滑轮——很像他平时帮惠勒批阅的那些力学作业题。费曼本来就是通过视觉化的方式思考问题的，所以这没什么可惊讶的。他眼前生动地呈现出关于圆柱体和滑轮组的一切细节，这甚至让他不禁担心这些绳索会被卡住，致使设备停止运行。他又注意到了第二条意识流，这让他确信张力会保证系统平稳地运行下去。有趣的是，在这两条平行的意识流中，他既是焦虑的学生，又是给学生信心的老师。但是，这两个视角以某种方式混合在一起，就像滑轮组里的绳索。

意识流一词是由心理学家威廉·詹姆斯提出的，描述的是思想像水一样流过的感觉。爱尔兰作家詹姆斯·乔伊斯和 T. S. 艾略特、格特鲁德·斯坦等其他20世纪的著名作家则把它视为一种文学创作手法。乔伊斯以晦涩著称的小说，比如《尤利西斯》和《芬尼根的守灵夜》，用很大的篇幅详细记录了杂乱无章的意识过程。乔伊斯的作品对阿根廷作家豪尔赫·路易斯·博尔赫斯产生了深刻的影响，博尔赫斯在20世纪40年代初写作了一系列惊人的短篇小说（一开始以西班牙语发表，后来被翻译成英语），都是关于偶然性、时间和意识的。费曼从未读过这些小说，也没有受到它们的影响，他的观点基本上来自他的深刻思考与动手实践。

费曼上交了课程论文之后，对自己的思维模式有了更清楚的认识，这促使他开始做一种如今被我们称为"清醒梦"的实验：尝试在梦中保持清醒，并控制梦境。梦境中的时间可能与日常的时间完全不同，在这个神奇的夜之王国中，时间似乎不再像平常那样稳步前进。那个年代，J. W. 邓恩写作的一本畅销书《用时间做实验》（*An Experiment with Time*），就设想了一种梦中的时间旅行。在以自身为对象进行了一番探索之后，费曼发现他可以控制自己的梦，让它们做他想做的事，这让他十分震惊。

来到普林斯顿大学读研以后，费曼对意识的探索还在继续，并且更明确地转向了时间感知的主题。他曾经听过一位著名心理学家的理论，称大脑中一种与铁代谢相关的化学过程主宰了人们对时间的感知。但是，费曼认为事实并非如此，并决定着手研究是什么因素影响了我们的时间感知。

费曼想，人对时间的感知会不会跟心跳有关呢？他在研究生院的楼梯上跑上跑下，沿着走廊飞奔，同时默默读秒。他的室友对他在楼里横冲直撞的行为大惑不解，跑得上气不接下气的费曼后来在餐厅吃饭的时候向他们解释了原因。其实也没什么可说的，因为跑步并未对费曼的时间感知产生任何影响。

美好的爱情

在费曼的这些故事中，惠勒扮演的唯一角色就是在费曼述它们的时候做个听众，并发出轻笑。不过，有几次，这位精力充沛的学生邀请他去研究生院参加一些活动，在那里惠勒亲眼见到了费曼受好奇心驱使而做出的标新立异的举动。

图 1-3　普林斯顿大学帕尔默物理实验楼（现为弗里斯特中心）的大门，两旁分别是本杰明·富兰克林和约瑟夫·亨利的雕像

资料来源：照片由保罗·哈尔彭提供。

有一天，一位催眠师被请到校园里，给研究生们做表演，费曼邀请惠勒一起观看。让惠勒惊讶的是，当催眠师邀请一位观众体验被催眠的感觉时，费曼自告奋勇地走上台去。催眠师发出几条指令以后，费曼陷入了催眠的状态。催眠师用严肃的语气命令费曼走到房间的另一头，拿起一本书放在自己的头上，然后小心地保持着平衡走回来。费曼毫不犹豫

地执行了催眠师的所有指令，就像一个机器人一样。全场观众都忍不住大笑起来。

惠勒对催眠术怀有疑问，他猜费曼只是在演戏。但费曼并不是一个会在大庭广众之下表演的人（除非他确实在表演戏剧），费曼自己也说当时他感觉不得不遵循那些指令。费曼意识到，大脑不会一直说真话，比如，在催眠状态下它会让人觉得某些指令必须遵循。通过反复的自我分析和实验，费曼对心理学有了深刻的理解。有人认为，他对于感知状态改变的研究，或许为他钻研不同时间线交织的量子现实奠定了基础。由于人类思维有着各种偏见和局限性，所以事情并不总是它们看起来的那样。

在周六晚上，研究生院有时会举办舞会。如果费曼的运气好，一边上艺术学校一边兼职教钢琴的阿琳就会来看他。当时，视对方为此生唯一伴侣的他们已经在讨论结婚的事情了。

阿琳温暖的拥抱、充满爱意的笑容和乐观的精神，让费曼得以暂时从助教的工作和物理计算中抽出身来，享受轻松的时刻。她激发出费曼富有艺术性和善于表达的一面，给他带来一种平衡。她敦促费曼，不要让他人的期望主宰自己的生活，要做自己。

在后来的人生中，费曼培养出几种创造性的爱好，比如画素描和打邦戈鼓，这或许是受了阿琳的影响。邦戈鼓融合了非洲和拉丁美洲的多个国家的音乐风格，费曼被它的节奏深深吸引，最终成为一名狂热爱好者。阿琳在费曼的人生中留下了不可磨灭的印迹，除了父母以外，没有人对他产生如此深刻的影响。

在来普林斯顿大学参加舞会的周六晚上，阿琳通常会借住在惠勒家。惠勒一家有约翰·惠勒、他的妻子珍妮特，以及他们的两个孩子——女儿利蒂希娅（昵称"蒂塔"）和儿子詹姆斯（昵称"杰米"）。惠勒家的房子新建不久，位于巴特尔路，距离研究生院只有几个街区。约翰与珍妮特于1935年结婚，当时两人还住在北卡罗来纳。蒂塔出生于1936年，杰米出生于1939年（在费曼入学之前）。之后，他们还会有第三个孩子，名叫艾莉森，生于1942年。

珍妮特很喜欢阿琳，认为她是一个意志坚定、独立自强的年轻姑娘，费曼的冷静刚好与阿琳的性格形成互补。费曼与阿琳日益增长的爱情，也让约翰和珍妮特回忆起他们之间深刻的感情。惠勒夫妇担心阿琳要忙的事情太多，过于劳累，所以每次阿琳来到他们家，他们都会无微不至地照顾她。阿琳十分感激惠勒夫妇的热情招待，便把自己画的几幅水彩画送给他们。

汤罐头魔术

哪怕在忙于计算的时候，费曼也不喜欢整天待在办公室、图书馆或者实验室的狭小空间里。他认为多与他人互动更有利于身心健康，特别是思维陷入瓶颈之时。费曼努力不让理论物理学成为他余生的唯一内容。科学研究应当是一种享受，而非一份苦差事，人可比方程式重要得多。

费曼很喜欢向小孩子介绍科学有趣而令人困惑的一面，让他们睁大眼睛露出惊奇的神色，这一点或许遗传自他的父亲。他的童年在纽约皇后区度过，那时他就喜欢向差不多比他小9岁的妹妹琼介绍科学的神奇之处。（理查德还有过一个弟弟亨利，但亨利于1924年2月因病离世，当时他才几周大，这让费曼一家人悲痛欲绝。）

　　琼从很小的时候就开始帮理查德捣鼓他的电子设备，为此理查德每周付给她4美分的"工资"。[20]哪怕琼向理查德要一杯水，理查德都要给她上一堂圆周运动的课。理查德把装满水的杯子在琼的面前转动，杯中的水"奇迹"般地没有洒出来，直到他不小心把杯子掉在地上。他带着琼看了神奇的绿色北极光，并大大激发了她对天文学的兴趣。琼最终成为一名出色的天体物理学家，她的突出贡献之一就是促进了人类对极光的理解。理查德在普林斯顿大学读书期间，他俩也一直互相通信，讨论夜空中的奇迹。

　　虽然琼对科学的兴趣已经生根发芽，但费曼从未尝试向她解释自己和惠勒一起做的研究项目。或许他觉得这些工作太难了，又或者觉得这些课题与天文学相距甚远。哪怕琼再大一些，费曼也没有把自己的妹妹介绍给惠勒认识。琼回忆道："我从未跟惠勒联系过，费曼也从未跟我讨论过他的工作。"[21]

　　在频繁去惠勒家做客的过程中，费曼与惠勒的孩子们熟络起来。费曼很喜欢在他们面前玩一些科学的小把戏，让他们露出惊讶的神色。这为费曼后来的"科学魔术师"形象奠定了基础。费曼总会玩些让他人震惊的把戏，然后向他们发起挑战，让他们给出解释。

　　利蒂希娅和杰米记得，费曼初来他们家的时候他们还很小，而且他每次来都会做有趣的科学实验。杰米回忆说，有一次在珍妮特做晚餐的时候，费曼一把抓起厨房柜子上的一盒汤罐头说："我有一个问题要考考你们。有两盒完全一样的汤罐头，但其中一罐被冻成了固体。如果你把它们并排放在一个斜坡上，然后同时松手，哪一罐会先到达坡底？"[22]

　　虽然他没有给两个小孩详细解释其中的原理，但他指出这个问题基于液体和固体不同的动力学性质。固态的内容物，比如冷冻过的汤罐头，会与它所在的容器一同转动，因此会消耗一部分能量用于旋转，从而减少了它在空间中移动所能使用的能量。而液态的内容物，比如没有冷冻过的汤罐头，则不会跟着容器一同转动，因此可以把大部分能量用于整体从一个地方移动到另一个地方。这使得没有冷冻过的汤罐头在斜坡上移动得更快，因此，不用打开罐头，也不用摇它，就能分辨出罐头盒里装的是液体还是固体。

在提出了如何猜测罐头盒里装的是液体还是固体的问题之后，费曼把这盒罐头扔向空中。他又找到另一盒装着固态内容物的罐头，也把它扔向空中，让孩子们观察哪盒罐头下落的速度更快。通过观察，孩子们猜出其中一盒罐头装着液态内容物。于是，费曼打开这盒罐头，倒出汤。他让孩子们看到，物理学的思考是可以真真切切地感受到的。

除了关于汤罐头的把戏以外，利蒂希娅还记起了另一件事，它反映了费曼随意的生活态度与珍妮特关于年轻人应该怎么做的传统观点之间的碰撞。费曼当时瘫坐在椅子上，珍妮特向他走来，但费曼并没有站起来跟她打招呼，这让珍妮特觉得费曼很没有礼貌。利蒂希娅说："在我的印象中，当时母亲跟他说，当一位女士跟他讲话时，他应该站起来。"[23]

那个年代，在家里招待研究生和其他年轻学者是很常见的事，尤其是对熟悉欧洲传统的教授而言。在欧洲，私人住所也经常被当作研究中心。比如，尼尔斯·玻尔和他的夫人玛格丽特常常热情地欢迎年轻的研究者去他们在哥本哈根的家中做客，并进行密切的讨论。

惠勒接受过玻尔夫妇的款待，他也礼尚往来地在美国招待了玻尔夫妇几次。孩子们看到有如此知名的科学家及其夫人来家里做客，都很激动。利蒂希娅十分怀念地回忆了见到玻尔夫人的情景。艾莉森也记得玻尔夫妇的那几次到访，她回忆道："尼尔斯·玻尔坐在我母亲最喜欢的那把红色天鹅绒的俱乐部椅子上，他讲话的声音很轻柔，我一句也听不懂。"[24]

物理学界的链式反应

虽然玻尔讲话时声音很轻柔，但他的话语在物理学界却有很大的影响力。哪怕他只是在一位年轻学者的研讨会发言之后简单地说上两句，他的态度也会影响发言者的事业，要么使其平步青云，要么使其备受挫折。因此，在玻尔用焦虑不安的语气宣布德国人发现了核裂变时，显然引起了他的物理学家同行的重视。

在几位物理学家敲响了关于纳粹可能研制出核武器的警钟后，一开始他们收到的回应只是一阵沉默。美国政府的反应有时候出奇地慢。1939年3月，费米联系了美国海军部，同年9月爱因斯坦给美国总统罗斯福写了第一封信，但他们好像并不着急。1940年，在西拉德的再次催促下，爱因斯坦又向总统递交了两封信。当年，美国政府为核裂变研究拨款约6 000美元（考虑到通货膨胀，相当于今天的10万美元）。直到1941年12月6日，日本偷袭珍珠港、美国加入战争的前一天，美国原子弹计划（后来被称为曼哈顿计划）才真正启动，也才有了更多的资金支持。

玻尔和惠勒的论文揭示了两种可能引发链式反应的材料：铀235和钚239。而要把两种同位素中的任意一种积累到足够大的量，都需要技术的飞速发展才能做到。铀235只占铀矿中的极小部分，科学家需要把它们从含量远高于它的铀238中分离出来。之前的研究已经表明，化学反应和其他常用的分离方法对同位素分离完全无效。钚239面临的则是一个完全不同的难题：它是一种人工同位素，只能在一座核反应堆中通过铀原子的嬗变产生。

此外，还有其他各种各样的困难摆在面前，比如，计算引发链式反应所需燃料的临界质量，如何组装并储存这些燃料，等等。后来，事实证明，曼哈顿计划最终成为一项无与伦比的科学与技术壮举，它征召了美国（及其紧密的盟友加拿大和英国）最聪明的人加入其中。惠勒和费曼也参与了曼哈顿计划，只是他们的职位和工作地点不同。

后来，惠勒常想，如果盟军没有更急迫地推进原子弹计划会怎么样。毕竟，从爱因斯坦给罗斯福写第一封信到曼哈顿计划正式开始，中间隔了两年时间，又过了4年时间，原子弹才得以制造、试验和投放。参与原子弹计划的很多科学家都为核武器带来的巨大破坏感到遗憾，但惠勒想到的是另一个问题：如果盟军在更早的时间就造出原子弹并打败纳粹，会不会拯救上百万人的生命？

不管怎么样，1940—1941年，战争还只是发生在大洋彼岸，惠勒与费曼仍然深深地沉浸在理论物理学的研究课题中。当时，惠勒认为战争只是欧洲的问题，他更愿意与才华横溢的学生费曼一起思考物理学的各种问题。他们没有考虑核裂变的问题，而是研究粒子在基础层面上如何相互作用。费曼选择惠勒作为他的博士生导师，惠勒也愉快地接受了，他们开始了正式的紧密合作。他们有时在法恩楼、帕尔默实验楼和惠勒家进行面对面讨论，有时通过电话交流，用各种各样的方法激发对方的想象力，为发起一场基础物理学革命做着准备。战争是短暂的，而科学真理是永恒的。

第 2 章

宇宙中独一无二的电子

费曼，我知道为什么所有电子的电荷和质量都相同了……因为它们是同一个电子。

——约翰·惠勒

惠勒聪明绝伦，有着不拘一格的想法，尽管很多想法看起来根本不可能实现。但是，他的这些想法都拥有充分的发展机会，因为我从不反对其他人第一反应就表示反对的事物。

——理查德·费曼

大西洋的海浪一次次地拍打着洛克维海滩，形成无休无止的节奏，这种节奏与费曼儿时记忆中的节奏毫无二致。在洛克维海滩北面几百英里的地方是岩石密布的缅因州，海浪拍打着一个名叫海伊岛的小岛，这里曾是惠勒一家度假的地方。伟大的物理学家来了又走，只有海浪从远古时代开始就永不停歇地拍打着岩礁。

海岸线上散布着几座灯塔，每一座都在海上昏暗的夜空里投射出一束圆锥形的光。正如海浪是由无数水分子组成的一样，光是由电子产生的。不管是水波还是光，都是由粒子的扰动通过一系列级联的振动形成的，并在空间中传播，但两者的相似之处仅限于此。

水波是一种机械现象，需要借助介质才能传播，但包括可见光在内的电磁辐射不仅可以在物质中传播，也可以在真空中传播。标准解释是，电磁波是由电场和磁场交织耦合而成，两者振动的方向互相垂直，并以光速传播。

场是由特定性质（比如电场强度）形成的一种"地形"，它描述了该性质的值是如何在整个空间中随着位置的改变而变化的。每个位置点只有一个值的场被称为标量场；每个位置点有多个值，不仅描述了特定性质的大小，也描述了其方向随位置变化情况的场被称为矢量场。

要理解标量场与矢量场的区别，可以想象一幅气象地图。在任意给定时刻，图上的每个点都有一个温度，因此，每个位置的温度读数构成了一个标量场。与此同时，图上的每个点都有一个风速，与温度不同的是，风速既有大小（速率）又有方向。因此，风速地图构成了一个矢量场。

在经典电磁理论中，电力和磁力都来自矢量场。电场和磁场充斥着整个空间，就像一片无边无际的能量海洋。电场体现了每个单位电荷在空间中的每一点所受电力的大小和方向，磁场则体现了每个移动的电荷在空间中的每一点所受磁力的大小和方向。

场会作用于电荷，电荷反过来也会产生场。一个电荷或者一系列电荷会自发产生电场，如果这个电荷或者这些电荷在移动，它们还会产生磁场。同样的电荷产生的电场和磁场的方向通常互相垂直。

詹姆斯·克拉克·麦克斯韦建立的一组方程，展示了这些场的运动如何通过一种多米诺骨牌般的效应向外传播。变化的电场会自然产生与其相垂直的变化的磁场，变化的磁场反过来又会感应出变化的电场，如此往复，就产生了一系列振动，并在空间中传播。不管是在介质中还是在真空中，这种过程都能发生。

要想引发这样的过程，只需要一个加速运动的电荷即可，比如一架天线中上下推搡着的电子。来回运动的电子会产生上下波动的电场，同时产生前后波动的磁场（磁场与电场相互垂直）。这些波动不断被放大，最终形成电磁波。电磁波在真空中以光速传播，在介质中的传播速度则慢一些。

如果这架天线产生的波撞上了另一架天线，它就会让第二架天线里被束缚得不那么紧的电子挣脱出来，并开始上下运动。这样一来，第一架天线里电子的运动模式就可以被复制到第二架天线中。无线电广播信号就是通过这种复制过程传递出去的，比如广播电台发出的信号模式可以发送到汽车收音机里。

灯塔发出的光不是来自天线，而是来自灯泡里的灯丝。这种光的波长比无线电波短，但频率更高，它位于电磁波谱的可见光区。这种白色或接近白色的光在夜间能被水手们轻易捕捉到，从而指引船只的航行。

如今，几乎人人都接受了电磁场的概念，它以电磁波的形式在整个空间内传播。麦克斯韦的电磁理论与量子力学的预测匹配得很好，但直到20世纪40年代初约翰·惠勒与理查德·费曼开始合作之时，还没有人清楚如何建立一个完整的量子电磁理论。因此，他们觉得没必要把场的概念纳入他们的模型，而是考虑了更为古老的牛顿力学中的超距作用概念，即粒子之间的远距离相互作用。

量子力学和电子跃迁

惠勒和费曼对量子力学的优势和不足了如指掌。他们知道在有些类型的测量中，量子力学可以给出完美的预测，但对于其他一些测量就不行了。在有些问题中，量子力学的计算会得出无穷大的结果，就好像在一台现代计算器上按下"除以0"，得到的结果是"未定义"。惠勒和费曼打算共同研究如何解决这类问题。为了给量子物理学打下更坚实的基础，他们选择从已有的基本要素开始，逐一判断并确定其中哪些是绝对必要的，而哪些是可以修正甚至舍弃的。

为了理解他们决定开启什么样的变革，我们需要回顾一下量子力学的早期历史。我们先了解一下非相对论（低速）和相对论（接近光速）的量子力学版本，再看看惠勒和费曼在尝试改革量子物理学的过程中决定保留哪些要素，改变或者抛弃哪些要素。

1905 年，爱因斯坦提出的光电效应理论表明，只从电磁波的角度描述光是不完整的。光会以波包（光子）的形式传播，因此具有波动性和粒子性的混合属性。在康普顿散射中，光子携带着能量和动量（这是粒子的特征），能量和动量又与其频率和波长（这是波的特征）相关，这一事实完美地体现了光的波粒二象性。

玻尔早年的名声在很大程度上源于他提出的原子模型。他把原子结构描述为类太阳系，电子如同行星，围绕着如同太阳的原子核运动。不过，玻尔推导出的原子轨道并不像行星轨道那样可以取连续范围中的一个值，而是一系列离散的环形，每条环形轨道都有它自己的特征能级。玻尔原子模型中的电子能级仿佛一座露天体育场，有很多围成环形的固定座位。如果你去听一场演唱会，那么你只能坐在门票指定的座位上，除非你的门票允许你与其他人换座位。同理，在原子中，电子也只能待在固定的能级上，除非有某种特殊的量子"门票"允许它去到离原子核更近或者更远的另一个能级（即"跃迁"）。在向内或者向外移动的过程中，它们必须发射或者吸收一个光子，每个光子都有一个特定的频率，该频率跟电子前后的能级有关。令人吃惊的是，对于氢原子，玻尔的原子模型预测出的频率与氢原子光谱呈现出的彩色条带完美匹配，这标志着该理论的胜利。

玻尔无法解释为什么量子法则限制电子在没有发生跃迁的时候必须待在特定的轨道上，这些条件似乎完全是为了解释原子现象而专门设定的。为了弥补这一缺陷，路易·德布罗意引入了物质波的概念。在爱因斯坦和玻尔工作的基础上，德布罗意提出，电子和所有的物体都兼具波动性和粒子性。与光子一样，它们也会产生波纹，但被局限在一定的空间内，其波长与动量有关。德布罗意这个大胆的想法立刻把组成物质的粒子（比如电子）和传递力的粒子（比如光子）放在了同一基础上——几乎如此，但它们之间还存在一个关键的区别。

物质粒子被称为费米子，它是基于恩里科·费米和保罗·狄拉克发明的一种量子统计方法而产生的概念；力的本质被称为玻色子，它是基于印度物理学家萨特延德拉·玻色与爱因斯坦提出的量子统计方法而产生的概念。费米子与玻色子之间的关键区别在于一个叫作"自旋"的量子概念。自旋这个名字有些许误导性，因为它与费曼在加速器实验室里搭建的失控喷水装置不同，它与物理意义上的转动没有任何关系，而与粒子和其他粒子之间的互动程度有关：费米子"极不合群"，它们各有各的量子态。这一定律首先由奥地利理论物理学家沃尔夫冈·泡利证明，被称为"不相容原理"。而玻色子正相反，它们"善于交际"，多个玻色子可以共享一个量子态。

如果我们把量子态看作一辆小型面包车上的座位，那么每个费米子都必须坐在一个单独的座位上，而所有玻色子则可以挤在同一个座位上。与费米子不同的是，两个（或者更多的）玻色子可以拥有完全相同的量子数（量子数是确定量子态特性的一组参数）。如果两个费米子同乘一辆出租车，它们必须分别坐在不同的座位上，而不能挤坐在一个座位上。

如果没有足够的座位，它们就只能各打一辆出租车。而玻色子不同，无论有多少个，它们都可以共享一个量子组态。可以想象，如果两个玻色子要打车，它们肯定愿意同乘一辆出租车。

假设你的目标是把两个电子放在原子中能令它们的总能量最低的位置，也就是离原子核最近的位置上。电子是费米子，绝对不能待在相同的位置上，因此每个电子都要有各自单独的位置。如果其中一个待在"自旋向上"的态上，另一个就要待在相反的"自旋向下"的态上。这种现象正是导致原子在磁场中产生所谓的"塞曼效应"的原因：自旋向上的电子顺着磁场方向，而自旋向下的电子逆着磁场方向，这使得它们的能级产生了细微的差别。

自旋概念的提出者是荷兰物理学家乔治·乌伦贝克和塞缪尔·古德史密特，他们之所以采用"自旋"这个名字，是因为他们当时以为电子真的像带电陀螺一样绕着一个轴自转，其对磁场的反应与它们"旋转"的方向有关——我们设定逆时针旋转表示自旋向上，顺时针旋转表示自旋向下。但后来物理学家发现电子的自转在物理上是不可能实现的：假设电子真的在自转，要产生观察到的磁效应，其自转速度就必须超过光速。不过，自旋这个名字已然根深蒂固，所以物理学家仍然采用自旋量子数的说法，但它与物理意义上的旋转没有任何关系。

20世纪20年代中期，德国物理学家沃纳·海森堡和奥地利物理学家埃尔温·薛定谔各自发展出一套比玻尔的原子模型能更好地解释原子性质的理论。海森堡的理论更抽象，它使用了一种名为"矩阵"的数学表格工具，可以计算出系统从一个态变化到另一个态的概率；薛定谔的理论则更直观，它包含一个方程，展示了德布罗意物质波在特定区域中呈现出的形状，并给出了其能量剖面图，就像用模具制作的果冻。两种理论都与实验结果吻合得很好，于是德国理论物理学家马克斯·玻恩提议把它们结合起来，形成一种解释。

在玻恩提出的组合方法中，薛定谔波动方程的解是一种被称为"波函数"的概率波，而非物质波的实际形状。概率波表示粒子出现在任意给定位置的概率，而非粒子的实际位置（实际上，对波函数求平方才能得到这个概率）。如果你掷两次骰子，两次的点数之和的可能取值所对应的概率会形成一条钟形曲线，概率波给出的也是这类概率曲线。波函数的波峰表示我们在这里找到电子的概率较高，波谷则表示我们在这里找到电子的概率较低。

波函数并非一成不变。有时候，在周围环境因素的影响下，它们会逐渐演化。例如，把一个电子放在缓慢变化的磁场里，它的波函数也会随着磁场发生相应的演化。在其他一些情况下，波函数还会突然从一个组态转化成另一个组态。在海森堡的矩阵力学中，这种突然的跃迁并不能百分之百地预测出来，而是对应于一个概率，就好像抛硬币或者玩轮盘赌一样。

虽然薛定谔的方程既实用又优美，但它没有包含电子的全部性质。比如，它没有考虑电子的自旋，也没有考虑爱因斯坦提出的狭义相对论产生的效应（1905年，爱因斯坦提出了狭义相对论，也是在这一年，他提出了光电效应，所以这一年被称为"爱因斯坦奇迹年"）。虽然广义相对论主要适用于引力，但其前身狭义相对论在做匀速运动的高速粒子身上产生的效应是很显著的。当我们在研究高能电子的时候，如果忽略了爱因斯坦的这个里程碑式的理论，就不可能得出正确的结果。

相对论的时空旅行

爱因斯坦之所以要建立狭义相对论，他一开始的动机来自经典力学与电磁理论之间存在的一个令人不解的矛盾，与光速的不变性有关。爱因斯坦小时候设想过一个思想实验：如果一个人跑得跟光一样快，会发生什么？牛顿经典力学告诉我们他会和光相对静止，但麦克斯韦电磁理论不允许这种现象发生，因为光速对于任何观察者都是不变的，无论一个人跑得有多快，他都永远追不上光，就像沙漠中的旅人永远追不上海市蜃楼一样。

爱因斯坦为了解决这个问题而建立的狭义相对论指出，对空间和时间的测量取决于观察者的相对速度。对于一束光经过的距离，以及它所花费的时间，一个快速奔跑的人和一个静止不动的人观察到的结果是不一样的。在静止不动的人的眼中，他观察到的距离会比奔跑者观察到的距离更短，时间更长。但是，如果让他们把各自观察到的距离与时间相除来计算光速，结果却是一样的。因此，尺子和时钟都不是普适的标准，光速才是。

在爱因斯坦发表狭义相对论不久，数学家赫尔曼·闵可夫斯基发现，如果把空间和时间看作本质上相同的东西，就可以把狭义相对论以一种非常优美的形式表达出来。于是，闵可夫斯基发明了"时空"的概念，用它来表示时间和空间的组合。后来，事实证明，这为描述狭义相对论和之后的广义相对论提供了一种自然的方法。

在闵可夫斯基眼中，时间和空间并不是彼此独立的两个概念，而是时空的不同侧面。三维的空间和一维的时间被四维的时空代替。闵可夫斯基在1908年的一场科学会议上，以一种戏剧性的方式宣布了他的四维时空概念。他展示了将时间与空间结合成时空，可以提供一种描述宇宙的客观协变的方法，"空间自身和时间自身注定会消失在阴影中"。[25]

在闵可夫斯基的革命性方法中，每个事件都有4个坐标，描述其在三维空间中的位置和发生的时间。在空间本身不会发生任何事件，每个事件必定有一个"时间戳"。纯粹的空间距离和时间间隔都不复存在，取而代之的是时空间隔，指两个事件在时空中的间隔。

最短的时空间隔叫作类光间隔，它的值为0，表示光从一个事件传播到另一个事件的直线路径。它就像一根绳子，把两个事件毫无缝隙地捆绑在一起。举例来说，假设我们站在埃菲尔铁塔的塔顶，将一束光射向塞纳河上的一条船，这束光就把两个不同的时空事件以最高效的方式联系在一起。第一个事件的时空坐标是埃菲尔铁塔塔顶的三维空间坐标加上光发出的时间，第二个事件的空间坐标相对于第一个事件有些许偏离，时间坐标也滞后一点儿，表示光到达船上的时间。这样一来，类光间隔就成了传播的最高标准，它代表了原因产生结果的最快途径。

我们也可以将光束射向另一条船，实际上我们可以把激光束射向很多方向。把所在的空间和时间绘制成"时空图"，其中时间轴和三条空间轴组成了时空图的4条轴，我们就可以想象光束可以从原点以无数个不同的角度射向时空中的各个方向。假设空间维度只有两个，加上一个时间维度就形成了三维空间，你可以把光束从一点射出去的所有方向的集合想象成一个锥形，就像灯塔在黑夜中发出的光构成的形状，也像圆筒冰激凌的形状。科学家把这种呈锥形分布的所有可能性的集合称为光锥。在时空图中，任何以光速运行的物体都会在光锥表面运行。一般来说，光锥下方还有一个倒置的光锥，它表示到达这里的光束可能来自哪些方向，换句话说，它表示来自过去的光束的可能范围。朝上和朝下的两个光锥形成了类似沙漏的形状，表示来自过去和去往未来的光速旅行极限。

光学解释了为什么光在真空和均匀介质中会沿直线传播。根据法国数学家皮埃尔·德·费马于17世纪中叶提出的最短时间原理，光在空间中采取的传播路径，总是它到达目的地所需时间最短的路径。因为它的速度不变，为了使所需时间最短，它只能选择长度最短的路径。任何一个学过几何的学生都知道，两点之间直线最短。

根据狭义相对论，任何有质量的物体都比光的运动速度慢。因此，有质量的物体提供的传播手段必然比光慢（在大多数情况下，还要慢得多）。在雷雨天，我们可以见证这一点：先看到闪电，后听到雷声。如果在听到雷声（雷声通过空气中的分子传播，而分子是有质量的）之后再找地方躲雨，就来不及了；如果等到看见周围的人开始飞跑着找地方躲雨再开始行动，就更来不及了。这就是为什么总是采取最短路径的光是最好的传播手段。需要注意的是，我们这里所说的光指的是所有形式的光，其中包括无线电波这种不可见的电磁辐射。

在时空图上，运动速度比光慢的物体的轨迹只能位于光锥之内，也就是圆筒冰激凌中冰激凌所在的位置，这是因为在给定的时间间隔之内，运动速度比光慢的物体经过的空间距离比光短。比如，声波能采取的传播路径只能位于光锥之内，而不能位于光锥表面。

我们人类自然也属于运动速度比光慢的物体。在时空图上，我们的一生看起来如同弯曲的烟斗通条，随着时间的推移在空间中蜿蜒前行。我们称这种弯曲的线为"世界线"。在从出生、童年到中年、老年再到死亡的过程中，我们的这条弯曲的线会与其他人的线相交，形成有时汇聚而有时发散的关系网。当死亡来临的那一刻，我们的世界线终结了，但组成我们身体的分子不会终结。在亚原子层面上，以质子（氢原子中带正电的原子核）为例，它们的世界线可以持续的时间比宇宙存在的时间还要长。

假设有种智慧程度远超我们的生物获得了宇宙的完整时空图，一切曾经存在或将会存在的事物——过去、现在、未来——的世界线都囊括在这样一个宇宙"水晶球"中。从这种生物的视角看，时间就像冰块一样被冻结了，不再发生任何变化，因为一切变化都可被预见。这种永恒的图景被称为"块状宇宙"。

爱因斯坦从哲学层面上逐渐接受了这样一种永恒的世界观。他曾写道："对虔诚的物理学家而言，过去、现在和未来之间的区别只是一种固执的幻影所产生的影响。"[26]

一个理论要想与狭义相对论兼容，就应当把空间和时间看作一个统一时空中的参数。比如，薛定谔方程向我们展示了波函数在空间中会表现出何种行为，以及它是如何随时间演化的，因此它并不遵循狭义相对论。假设有一个外星人住在块状宇宙中，它对时间的流逝没有概念，也就不能理解薛定谔方程的含义。薛定谔曾经尝试为他的方程寻找一个符合狭义相对论的版本，以预测电子在相对论作用下的行为，但他失败了。最终，找到正确的相对论性量子力学方程的是英国理论物理学家保罗·狄拉克，他因此获得了诺贝尔奖。

能量海中的空穴

出生于布里斯托尔的保罗·狄拉克是一个出了名的沉默寡言之人。如果你问他一个问题，不管这个问题多么复杂，他很可能只会回答"是"或者"不是"。关于他如何吝啬言语、不善社交的逸事可以装满一箩筐，其中最让人津津乐道的一件事是，他的妻子曼茜是尤金·维格纳的妹妹，有一次他向别人介绍他妻子的时候只说"这是维格纳的妹妹"，仿佛根本不知道她是自己的妻子。

幸运的是，在构建方程方面，简洁直接是优秀的品质。20世纪20年代后期，狄拉克为量子力学建立了一整套全新的语言，他对量子态及其跃迁的清晰表述沿用至今。在重构非相对论性量子力学的同时，他也开始构建一个包含电子自旋的相对论性量子力学理论。1928年他成功了，此时距离标准量子力学的建立和自旋概念的提出只过了几年。

狄拉克建立的将量子力学与相对论结合在一起的方程被称为狄拉克方程，它堪称物理学领域最简洁的方程，但它的含义广泛。它用一种带有"旋量"的特殊波函数来描述电子，旋量会依据特定的数学规则变换。它不仅把时间与空间结合起来，而且让能量和动量与狭义相对论相适应。因此，一个旋量不会随时间演化，而会在一个永恒的块状宇宙中存在。

不过，狄拉克发现了一件奇怪的事：对于每个带负电荷的电子解，都有一个与其质量相同的带正电荷的解。因此，狄拉克方程预言了一种跟电子类似的东西，但其携带的电荷与电子相反。这种东西不可能是质子，因为质子的质量远大于电子。

狄拉克无法解释这些额外的解，只好提出一个创新性的"海洋"假设：宇宙中充斥着一种能量流体（充满了电子态），电子在这无穷无尽的海洋中不断产生和消失。当电子消失时，它会留下一个质量与自己相同但携带相反电荷的空穴，就好像潜水艇表面产生的气泡一样。因此，电子永远与空穴相伴而生。

1932年，实验物理学家卡尔·安德森在射向地球的宇宙射线中发现了支持狄拉克假设的证据。他在一种名叫云室的设备中观测粒子的轨迹，并发现了一种新的亚原子粒子，其质量与电子相同，携带的电荷大小也相同，但是正电荷而非负电荷。带正电荷的粒子和带负电荷的粒子在磁场中会朝相反的方向产生螺旋状的运动轨迹，因此他可以注意到两者的区别。

安德森把这种新粒子称为"正电子"，它完美地吻合了狄拉克的理论。整个物理学界立刻就接受了反粒子的概念，即与普通粒子携带的电荷相反，但其他性质都相同的粒子。无数实验已经表明，正电子和电子一样都是真实存在的粒子，只是在大自然中数目较少。与此同时，空穴的概念则被弃置一边，因为这个描述已然是多此一举了。

少有理论提出的假想结果在如此短的时间内就得到了实验验证。正电子的发现开启了一扇大门，里面充斥着形形色色的反粒子，包括带负电荷的反质子。科学家相信，在早期宇宙中物质和反物质的数量相等，但某种不对称的相互作用造成了如今的不平衡现象。

狄拉克的理论让他备受赞扬，人们都把他视为数学天才。20世纪30年代的物理系学生大多是通过他著作的广为人知的教材《量子力学原理》（ *The Principles of Quantum Mechanics* ）认识他的，他在这本书中阐释了他建立的研究量子力学的系统方法。这本书比当时的任何其他论文和著作都更清楚地展示出，量子力学是一门符合逻辑并且具有高度预测性的学科，但其中也存在一些缺陷，比如有的计算会产生毫无意义的无穷大的结果。这本书激励了年轻的物理学家尝试弥补这些缺陷。

一个令人着迷的难题

在麻省理工学院，费曼仔细地学习了狄拉克写作的那本知名教材，并欣然接受了它发起的挑战。费曼对标题为"量子电动力学"的最后一章尤其感兴趣，他认为这是一个有趣的课题。狄拉克此前已经细致地推导出相对论性量子力学描述电子之间的电磁相互作用的表达式，它在数学上无懈可击，但其结果却不可能与实际现象相吻合。

狄拉克发现，在计算总能量的时候，他需要加总无穷多项。这不一定是错的，因为有时候无穷多项的和可能是一个有限的数。但是，狄拉克的计算得到了一个发散的结果——趋于无穷大，就好像用计算器算 $1 + 2 + 3 + \cdots$，一直加到无穷大。他只能人为地设定一个"终止项"，这样才能得到一个符合实际现象的有限结果。哪怕是像狄拉克这样聪明的物理学家，也未能找到解决这一问题的明确方法。

费曼仔细地检查了狄拉克的计算，试图寻找更好的办法。我先来介绍一下这个问题的背景。狄拉克指出，如果两个电子以光速相互作用，它们之间的信号就必须沿着光锥表面运动。虽然这个因果关系是沿着时间流逝的方向发生的，但在数学上，我们也可以考虑信号沿着时间反向传播。用费曼时代的语言来表述，去向未来的信号被称为推迟信号，而去向过去的信号被称为超前信号。

因为电磁波以光速传播，所以一个电子的光锥表示其他不同时刻的电子有可能与其发生相互作用的范围，也就是说，它们位于这个电子的"雷达"探测范围内。相反，如果在某个特定时刻一个电子不在另一个电子的光锥里，就意味着它们不在彼此的"雷达"探测范围内，也就无法互相影响。

想象两个相互作用的电子是两把高脚摇椅，通过一根晾衣绳相连，晾衣绳表示光锥中的一条线。虽然光锥是一个纯粹的数学概念，但我们在这里用了一种可感知的具体事物来打比方，晾衣绳类比的是原因与结果之间的联系。摇动其中一把摇椅，就会产生一个信号，它沿着晾衣绳传播，在一段时间之后到达另一把摇椅，并使其摇动起来。对电子而言，信号以光速传播。

但如果麦克斯韦电磁理论严格成立，这当中就少了一个重要的因素——电磁波，电磁波在量子力学中等同于光子。光锥中的一条线代表时间延迟，但它并未自动包含沿该路径运动的电磁波。根据逻辑，两个事件的间隔容许它们通过电磁波发生相互作用，但不表示它们之间一定会发生作用。然而，根据当时为物理学界广泛接受（如今仍然如此）的麦克斯韦标准理论，狄拉克认为电磁波就是电子间相互作用的媒介。不然，电子之间还能如何进行"对话"呢？

狄拉克把电磁波（振动的电磁场）看作一组谐振子，其在本质上类似于弹簧，但频率（振动的速率）并不相同。为什么要把它们看作弹簧呢？因为弹簧是对振动的最简单描述，科学家对它已经十分了解了。量子力学预言这些谐振子的能量与其频率成正比。

让狄拉克大失所望的是，他发现了一个振动模式的无穷数列，其能量之和是发散的。也就是说，总能量是无穷大的，这显然不符合实际的观察结果。他只能人为地选择一项，到那里就停止计算，这样才能得到一个与实际相吻合的结果。

如果用晾衣绳做类比，可以想象晾衣绳上挂了一排床单，每个床单都以不同的节奏在风中摆动。我们一个一个地把床单挂到晾衣绳上，它们的振动频率并不相同。不久，我们发现床单的振动模式有无数种可能性，但我们仍想纵观全局，把每种可能性都考虑在内。我们手忙脚乱地挂上一个又一个床单，直到疲惫不堪。晾衣绳上的床单越来越密集，但似乎永远没有尽头！

看完狄拉克的推导过程后，费曼想到或许只要有光锥中的那条因果关系线就足够了。如果根本不存在电磁场，电子间只有纯粹的因果关系，由此产生的结果就是一种有延迟的超距作用。经典牛顿力学中的超距作用是没有延迟的，这促进了广义相对论等场论的发展，延迟得以被很好地容纳进去。电子可以跨越遥远的距离，在光锥的引导下实现有延迟的直接传播，这确保了因果事件以正确的步调——光速发生，哪怕电子之间根本没有东西在运动。

费曼大胆地设想，如果抛弃场，或许就可以避开无穷大的求和结果。这样一来，电子之间唯一的信号就是它们的直接相互作用。只要我们晃动一个电子，另一个电子也会跟着晃动，就好像通过晾衣绳相连的摇椅一样，而晾衣绳上不再有无穷多个床单。

费曼相信，有延迟的超距作用是一个值得考虑的想法，特别是在处理不理想的无穷大求和结果的问题上。或许在我们肉眼观测不到的量子微观世界中，麦克斯韦定律需要修正。虽然费曼只相信他自己能够证明的东西，但他的思维足够开放，乐于尝试各种极端的非主流理论，比如在亚原子尺度上舍弃标准电磁理论。

促使费曼考虑舍弃电磁场的还有电动力学中另一个广为人知的问题：不管是运用经典电动力学还是（当时的）量子电动力学，算出的电子自能似乎都是无穷大的。自能指构建一个粒子（或者其他结构）所需的能量，就好比你要建一栋大楼，需要使用多种多样的资源，包括材料和人力。

根据标准定义，自能包括粒子的静止能量（通过粒子质量和爱因斯坦著名的质能方程计算），以及它与自身产生的电磁场的相互作用。对于一个有限大小的粒子，这种计算是可以实现的，因为它产生的场的强度从它的中心到四周逐渐减弱。对于一个有限大的带电球体，已知它的各部分因它自身产生的电磁场而受到的力，你可以算出构建它需要多少能量。这类似于估算楼房的屋顶会给支撑它的楼层带来多大的冲击力。

然而，如果你假设电子是一个直径无穷小的点粒子，它中心的电场强度就是无穷大的。因此，对应于电子与它自身产生的电磁场的相互作用的能量也是无穷大的。这样一来，电子自能的计算结果就是一个无穷大的值，这显然不符合实际现象。

费曼想到，一个简单的补救方法就是禁止电子与它自身产生的场发生相互作用。这样一来，场就消失了，电子只需与其他电子发生相互作用即可。通过这种方法算出的电子自能与利用爱因斯坦质能方程算出的能量相吻合，它是有限的，也是合理的。

用超距作用解释辐射阻尼

　　抛弃场而只考虑电子间直接的延迟相互作用的假说，是费曼在麻省理工学院读书期间提出的。等他来到普林斯顿大学与惠勒一起工作时，他发现这个假说存在一个主要问题。电动力学中有一种为人熟知的现象叫作"辐射阻尼"，它描述的是电子和其他带电粒子比电中性（不带电）粒子更难加速的现象。比如，虽然质子和中子的质量差不多，但加速质子比加速中子难。合理的解释是，带电粒子在加速时会以电磁波的形式产生辐射，辐射反过来会作用于粒子本身，阻碍它们的运动。用摇椅和晾衣绳打比方，我们可以理解为晾衣绳上挂着的床单对摇椅产生了反作用，阻碍了摇椅的摇动。电中性的物体感受不到"床单"的重量，因此它们比带电物体更容易移动。为了解释辐射阻尼，是否最终仍有必要引入电磁场相互作用呢？还是可以想出其他方法来解释这一现象呢？费曼开始思考这一问题。

　　在费曼与惠勒一起研究散射问题的间隙，费曼决定跟惠勒说一下他的这一想法遇到的问题，以及他在解决问题时面临的困难。费曼提出了一个可能的解决方法，即假设辐射阻尼是空间中其他所有电子作用于这个电子所产生的直接效应，而非通过电磁场产生的效应。我们晃动一个电子，其他所有带电粒子都会对此做出反应，向该电子发出信号，以某种不通过场的超距方式。其他带电粒子产生的一系列作用之和会对该粒子施加一个合力，这可以解释为什么它更难加速。

　　在摇椅的类比中，这意味着任意一把给定的摇椅都通过晾衣绳与其他无数把摇椅相连，摇晃它会让其他所有摇椅都开始摇晃，其他摇椅的摇晃反过来又会作用于这把摇椅。这样一来，我们就不需要通过晾衣绳上挂着的床单来解释辐射阻尼了。

惠勒非常专心地听完费曼的描述后，立刻指出了几个关键问题：如果辐射阻尼取决于其他带电粒子对电子的作用，那么其他带电粒子的性质（质量、电荷、距离等）也会影响辐射阻尼，这样一来，在理论上每个电子受到的辐射阻尼应该各不相同，并取决于它们各自的环境，但人们在自然界中并没有观察到这种现象。相反，在考虑每个电子在空间中的运动时，它们的辐射阻尼都相同。

不仅如此，信号从电子传播到其他带电粒子再传播回来，这个过程是需要时间的。但实验表明，辐射阻尼瞬间就会发生，不会有延迟。另外，如果考虑宇宙中所有电荷产生的作用，它们的总和就是无穷大的，而我们不能用一个不可能的结果去代替另一个不可能的结果。

惠勒在这么短的时间内就发现了模型的弱点，这让费曼大吃一惊。他刚刚才把自己的想法讲给惠勒听，但惠勒的反应却好像他已经花了很长时间思考和检验这个问题，并找出了它的各种缺陷。费曼觉得自己在惠勒面前就是一个彻头彻尾的白痴。

实际上，惠勒也花了数年时间思考如何在电磁理论中用更直接的超距作用代替场的问题。为了减少理论包含的要素从而简化物理过程，他也赞同恢复牛顿力学将力视为把物体连接在一起的"无形的线"的观点，而不是以电磁场作为中介。为了让电磁场变成一种可感知的局域现象，迈克尔·法拉第和詹姆斯·克拉克·麦克斯韦提出了场的概念，但或许场并不适用于量子层面。

惠勒认为，超距作用会让粒子物理学变得更简单，这样一来，电子就成了自己命运的唯一主宰，可以自行掌控它们之间的相互作用，而无须任何中介。惠勒把这一想法称为"所有物体都是电子"，它不仅包含了电磁理论，而且包含了其他粒子和力。基于这个想法，整个宇宙将会变得优美、统一和简洁。

在量子电动力学中恢复超距作用的动机，部分来自科学家对量子纠缠的日益增长的理解。纠缠是指，多个量子现象跨越遥远的距离产生相关性的现象。当两个粒子具有的量子数（用来标记特定量子态的数）互补，比如自旋向上和自旋向下时，量子纠缠就会发生，无论它们之间的距离有多远。

我们以氢原子最低能级上的一对电子为例。泡利不相容原理要求它们不能拥有完全相同的量子数，因此它们的自旋态必须相反：如果一个电子自旋向上，另一个电子就必须自旋向下。然而，在实际测量它们的自旋态之前，研究人员并不知道哪个电子自旋向上，哪个电子自旋向下。因此，在测量之前，每个电子都处于两种自旋方向构成的叠加态（指量子态的混合）。

现在想象一下，研究人员在测量两个电子的自旋态之前，让它们相隔很远的距离，比如，他们把其中一个电子送上了月球，把另一个留在地球上。虽然相隔这么远的距离，如果月球上的宇航员测量那里的电子是自旋向上，研究人员就能立刻知道留在地球上的电子是自旋向下，反之亦然。这个过程有点儿像量子"荡秋千"。

爱因斯坦认为这种超距作用就像伪科学的"远距离传动"一样不可能实现，因而他称之为"幽灵般的超距作用"。一个电子怎么可能提前知道另一个电子的自旋方向呢？ 1935 年，爱因斯坦、鲍里斯·波多尔斯基和内森·罗森共同写了一篇论文（主要由波多尔斯基执笔），描述了这个被称为"EPR 佯谬"的问题，并重点考虑了纠缠可能会引出的矛盾，比如粒子在被测量之前就能预测出它们的性质，等等。

对于爱因斯坦的批评，大多数物理学家要么没注意到，要么不予理会。如果量子力学界有一位哲学国王，那个人必然是玻尔。玻尔曾宣称，量子力学领域乐于接受互相矛盾的两个方面的存在，比如波动性和粒子性。玻尔把这种互相矛盾的两个方面共存的现象称为互补性，并把它形象地描述为中国道家的阴阳符号——黑色与白色的区域以旋涡的形状融合在一起，这个符号存在于他的家族纹章上。

在哲学层面，惠勒坚定地站在玻尔的阵营里，认为量子的不确定性和互补性真实存在。然而，他碰巧又很了解爱因斯坦，并且很欣赏爱因斯坦的推理风格。爱因斯坦的住处距离惠勒家只有几个街区，有时惠勒会看见爱因斯坦与他的两位助手彼得·贝格曼、瓦伦丁·巴格曼一起在街上散步。他们三人正尝试着建立一个统一场论，用它来统一所有的自然力，借此消灭量子力学中的非局域性和概率性，并代之以一个局域性和决定性的广义相对论的延伸理论。玻尔认为爱因斯坦的这种做法是误入歧途之举，惠勒虽然同意玻尔的看法，但也钦佩爱因斯坦独立思考的态度。惠勒希望理论物理学方面的新进展最终可以提供强有力的证据，让爱因斯坦和玻尔都欣然接受。

与爱因斯坦不同，惠勒并不认为超距作用是一种禁忌，相反，纠缠现象已经清晰地表明，量子物理学是非局域性的。以不同电子自旋态之间的远距离相互协调为前提，惠勒愿意更进一步去认为电磁相互作用也是非局域性的。如果你晃动一个电子，距离它很远的另一个电子也会跟着晃动，就像一群舞者排成一队跳康加舞一样，只不过舞者之间的距离非常远。关键区别在于，在电磁学中，信号的传递存在延迟，因为狭义相对论要求信号的传播速度（即舞蹈动作在队列中传递的速度）不能超过光速。

在时间中曲折前行

惠勒开始研究电子的辐射阻尼问题，并和费曼共同探讨如何在舍弃电磁场的情况下推导出辐射阻尼。他们需要找到一种方法，让任何一个加速到给定速率的电子瞬间受到与电磁场情况下同样的辐射阻尼，不管宇宙中的其他所有电荷如何排列。这就好比让一辆车的刹车一直以同样的方式工作，不管路况如何或其他车辆有何举动。

为了构建一个更为实际的模型，惠勒设想了一个电子在做加速运动并且遇到周围的带电粒子对它产生阻尼时会发生什么。这个电子首先会发出某种信号，然后就像镜面反射一样，环境中的某种东西会发回一个信号，阻碍这个电子的运动。因为这个过程发生在一瞬间，所以在第一个信号发出去和第二个信号传回来之间不可能存在时间延迟，第二个信号到达的时间必然等同于第一个信号发出的时间。惠勒意识到，只有让第二个信号沿着时间反向运动，才能实现这个结果。

惠勒知道麦克斯韦方程在时间方面是完全对称的。对于每一列向着未来运动的波，都有一列向着过去运动的波。后者被称为“超前波”，传统上物理学家会选择忽略它，因为大家都知道时钟只会向着未来而不会向着过去走动。然而，思维极其开放的惠勒想看看，如果把超前波包括在内会发生什么。也就是说，电子在向周围介质（宇宙中除了该电子之外的其他所有东西）发出信号的一瞬间，介质也会发出一个沿时间反向传播的信号。

惠勒的提议吸引了费曼，他立刻开始计算这个过程产生的效应。费曼尝试了各种各样的发射信号和反射信号组合，以产生符合辐射电阻的总效应。不久，他就发现了正确的配比：超前信号和推迟信号各占50%，也就是说它们在时间上是完全对称的。在这种情况下，他无须引入电磁场就可以描述辐射电阻，也就规避了给狄拉克和其他物理学家带来巨大痛苦的总能量发散问题。没有了光子，光就成了电子之间的直接相互作用，简单纯粹。这一理论后来被称为"惠勒–费曼吸收体理论"。

物理学界的米开朗琪罗

有了费曼的计算在手，惠勒喜上眉梢，觉得他们的新方法有望为理论物理学带来一场革命。他告诉费曼，可以做一场报告讲讲他们的新想法了。两个人都知道，他们的课题还没有结束，使用的也是经典物理学方法，而非量子物理学方法。想完全解决电子自能和其他紧迫的问题，他们需要建立一套完整的量子电动力学，而当时还没有人做到这一点。在使用经典物理学方法的情况下，尝试把电动力学量子化（即推导出它的量子形式），会在自能和其他量上产生无穷大的结果，这在数学上是无法接受的。

而量子理论把经典理论中精确、确定性的机制变成一种基于"算符"这种数学函数的概率性描述。量子化需要引入一种特定的模糊性和不确定性，以反映亚原子尺度的量子物体的概率特征。惠勒拥有一种天真的乐观心态，他让费曼先负责报告经典物理学的部分，他自己负责快速解决量子物理学的部分。他答应费曼，一旦他的研究完成，他就会做一场有关量子物理学部分的后续报告。

对于自己研究生涯的第一次报告，费曼难免有些紧张。惠勒安抚了他，并告诉他这是锻炼演讲能力的宝贵机会。费曼同意做这次报告后，惠勒找到物理系负责组织报告会的维格纳，请他把这次报告安排在物理系的日程上。

在做报告的前几天，费曼沿着法恩楼的走廊闲逛时遇到了维格纳。维格纳说费曼选了一个好课题，并且提到有几位教授也会受邀出席。其中包括约翰·冯·诺依曼——公认的天才，世界知名的量子测量理论专家，还有著名天文学家亨利·诺利斯·罗素，他因恒星分类系统等成就而扬名。此外，从苏黎世来到高等研究院访问的泡利也会出席，还有爱因斯坦——他几乎从不参加物理系的报告会，但这次他被费曼的题目吸引，也打算出席。听到有这么多以思维敏锐著称的杰出人物都要来听他的报告，费曼更加坐立不安，心乱如麻，就像加速器实验室里乱七八糟的电线。

惠勒再次鼓励了他。惠勒说，如果观众提出的问题太难回答，他会帮费曼解围。费曼定下心来，开始有条不紊地准备报告会。

报告会即将开始，费曼在黑板上写着公式。突然，一个60多岁、操着一口德国南部口音的老人打断了他。"你好，我来听你的报告。"[27] 爱因斯坦说，"不过，茶在哪儿呢？"

费曼指了指茶点区，松了一口气：至少他能回答爱因斯坦提出的这个问题。看起来这场报告不会太差，事实证明确实不差。费曼沉浸在计算中，几乎忘记了观众正注视着他。他进入了一种放松状态，就好像参加催眠实验时一样。

来自泡利的尖锐问题把费曼的思绪拉回现实。泡利指出了这个理论中的数学问题，他认为费曼的求和运算不会得到预期的结果。这位来自维也纳的物理学家可是出了名的吹毛求疵和不近人情。他有一种魔鬼般的天赋，擅长发现任何理论大厦中的结构性问题，并以最冷酷和最直接的方式指出来。他马上就发现了费曼理论中的计算错误，它本身就无法成立，更不要说成为量子理论的根基了。因此，泡利直截了当地说，这个理论是错的。

后来，泡利私下跟费曼说，惠勒妄图量子化这个理论的想法无异于白日做梦。他严厉地谴责了惠勒，认为他不应该对自己的学生隐瞒量子化在数学上的难度。泡利无情地预言，惠勒绝不可能完成量子物理学部分的研究。

相较之下，爱因斯坦则对费曼的报告持友好中立的态度。那时爱因斯坦已经全身心投入统一场论的构建，与量子物理学渐行渐远，也就没有什么可补充的了。他只是注意到，惠勒–费曼吸收体理论可能很难与广义相对论相兼容，要做到这一点，必须把它整合到电磁学与引力的统一场论中去。但与泡利不同的是，爱因斯坦不愿意舍弃这个理论，认为它目前看起来还不错。

不久，惠勒带着费曼去拜访爱因斯坦，爱因斯坦给了他们更多的帮助。从1936年爱因斯坦的妻子埃尔莎去世后，他就和他的妹妹、继女和秘书住在一起，他们三人都懂得不去浪费爱因斯坦的时间。尽管爱因斯坦享受长时间独自思考带来的乐趣，但他也喜欢与人就物理学哲学进行深刻讨论，尤其是像惠勒和费曼这样的年轻人，他们更易于接受他不循常规的想法。

惠勒直截了当地问爱因斯坦，信号沿时间反向传播的想法是否可行。爱因斯坦表示认同，并引用了他之前和物理学家沃尔特·里兹合写的一篇论文，表达了基础物理学应当对时间正向和反向的情况同时成立的观点。

爱因斯坦的支持让惠勒备受鼓舞，他决定无视泡利的否定态度，继续思考如何量子化吸收体理论。但在前行的过程中，他遇到的困难越来越多，最终他发现自己已深陷泥沼。

更糟糕的是，惠勒此前已经告知美国物理学会，他要在学会的年度会议上做报告，介绍一个关于超距作用的量子理论。然而，惠勒没有取得任何值得报告的成果，只得退而求其次地介绍一下进展。他邀请费曼参加这场报告会，费曼也急切地想知道自己的导师如何解决（或者尝试解决）这一问题。

报告会开始了，费曼等啊等，但惠勒一直在介绍经典理论的细节，却丝毫没有提及量子理论，之后又突然转向另一个话题。费曼忍不住站起来，举起手打断了惠勒。费曼抱怨道，这场报告会的内容与它的主题完全无关，到目前惠勒没有介绍任何量子理论。

费曼并非有意对自己的导师出言不逊，他只是觉得，在科学领域只有诚实才是进步的唯一途径。哪怕只是弄错了一场报告会的题目，都有可能让人们对已知的进展产生误解。

惠勒同意费曼的评价。在他们离场时，惠勒向费曼坦承他做这场报告是一个彻头彻尾的错误决定。他没有得出结果，更不应该假装自己做到了。

泡利的预言一如既往地应验了。惠勒意识到，他需要再次借助费曼的敏锐思维去清除数学上的淤泥，从而推进这个课题的研究。不过，他可能不好意思说出这番话，因此他没有直接告诉费曼自己已经山穷水尽了，而是看着费曼独自苦干，取得了更多进展。费曼精于计算，这与惠勒的感知性哲学思考（经常产生独一无二的想法）刚好形成完美互补。如果说惠勒像列奥纳多·达·芬奇，可以设计出巧妙的框架（但常常停留在草图阶段），费曼就像米开朗琪罗，能创作出令人叹为观止的作品。惠勒默不作声地为这位科学雕塑家铺设了技能提升之路。

艺术与科学的巧妙结合

很早，费曼就开始欣赏艺术，并且有一位向往成为艺术家的女朋友。对他而言，世界很大，不只有了无生趣的数学公式。画作可以直接展示事物赤裸裸的真相。虽然数学很有趣，充满谜题，但它归根结底只是尝试模拟事物背后机制的工具。虽然大自然的书桌里总是隐藏着塞满了计算过程的抽屉，但它在阳光下闪闪发光的外表远比隐藏的抽屉引人入胜和启迪心灵。

艺术是永恒的，爱情也是。年轻的情侣们希望他们的爱情可以永恒，在一个美好的瞬间，过去和未来似乎就此定格。

不幸的是，现实的残酷冷雨很快就把他们多彩的梦冲刷得斑驳不堪。虽然费曼全力支持阿琳的艺术之路，但他也逐渐意识到，眼前的道路绝非坦途。阿琳拼命工作，赚到的钱却仍然不能养活自己。雪上加霜的是，她的身体也出现了不适。

有一天，费曼去找阿琳时，注意到她的脖子上长出了一个肿块。阿琳往上面涂了一些药膏，但过了好几周，肿块仍未消退，并且她开始发烧。家庭医生诊断她可能患了伤寒，催促她去医院做检查。阿琳在医院隔离了一段时间，检查结果表明她未患伤寒，医院就让她回家了。

不久，阿琳的淋巴结附近长出了更多肿块，她又发烧了，只得回到医院做了很多项其他检查。医生努力想弄清楚她患了什么病，费曼也在普林斯顿大学图书馆疯狂翻阅医学书籍，试图找出她的病因。在仔细研究了阿琳的症状之后，费曼推断她可能患了霍奇金淋巴瘤，这是一种严重的癌症。如果确实如此，他们在一起的快乐时光就将所剩无几。

费曼决定对阿琳坦诚相待，便把自己的研究结果告诉了她。不过，费曼也提醒阿琳，有时外行人翻阅医学书籍后认为自己得了某种病，但事实并非如此。阿琳感激费曼的坦诚，并鼓励他永远忠于事实。阿琳询问医生自己会不会患了霍奇金淋巴瘤，医生很重视并且马上把这种可能性写在她的检查单上。要想得出确切的诊断结果，还需要做更多的检查。

有一次，费曼从普林斯顿大学过来看望阿琳，并陪她去医院看病。拿到一部分检查结果后，医生表情凝重地把费曼叫到一边，告诉他阿琳很有可能患上了霍奇金淋巴瘤。如果真是这样，那么阿琳最多只有几年的生命了。医生建议费曼不要告诉阿琳这个坏消息，没有必要用一个可怕的诊断结果去压垮阿琳脆弱的精神状态。

但是，费曼此前向阿琳保证过会永远说真话，他也知道阿琳的心理其实十分强大，所以他想告诉阿琳真相。家人担心阿琳得知真相后会崩溃，就让费曼不要把病情说得那么严重，费曼不情愿地答应了，告诉阿琳她患的是腺热（单核细胞增多症）。后来，费曼忍不住向她吐露了真相，正如费曼所料，阿琳以极大的勇气接受了这个不幸的消息。

显然，这时候的阿琳已经无法养活自己了，她需要帮助，因此费曼觉得当务之急是尽早和她结婚。他的博士计划有一项要求是读博期间不能结婚，如果他结婚了，就会失去奖学金，也无法获得博士学位，只能在像贝尔实验室这样的公司里找份工作来维持两人的生计。但费曼也想完成与惠勒共同进行的研究工作，在研究课题期间他可以暂时放下对阿琳健康的担忧。

虽然阿琳病得很严重，但她仍然保持着乐观的态度。她真挚地爱着费曼，用自己能想到的所有方式鼓励他。当费曼灰心丧气时，她帮他重燃希望；当费曼取得成功时，她为他欢欣鼓舞。比如，当费曼告诉阿琳他与惠勒的研究结果终于可以发表的时候，阿琳写信对他说："我发自内心地为你高兴……你终于要发表研究成果了。你的工作得到了认可，这让我激动不已。我希望你坚持下去，为科学界乃至整个世界竭尽所能。"[28]

费曼没有放弃他的博士学业，他继续研究电子之间的相互作用。他发现如果运用时空图，就可以方便地表现出这类相互作用。时空图的横轴表示空间，纵轴表示时间，两条对角线（光锥的二维描述）表示以光速发生的相互作用，它们既可以沿着时间正向进行，也可以反向进行。

在时空图中，反向信号与正向信号看起来同样合理。费曼并不担心违背因果律，他认为在爱因斯坦的宇宙中，没有什么定律规定原因必须发生在结果之前。就像左右可以颠倒一样，未来和过去也可以颠倒。显然，因果律是真实的，人们每天都在体验它，但它对粒子之间的相互作用没有影响。不仅如此，惠勒也已经指出，宇宙中大部分时间反向的信号都可以与时间正向的信号相抵消，因此我们直接观察到因果律被破坏的现象的可能性极小，甚至根本不会发生。

费曼运用狄拉克的方法，把信号表示成多个频率和振幅（波峰的峰值）的谐振子的组合形式。这类弹簧般的简单振动系统具有清晰的物理和数学结构，是物理学家研究更复杂模式的理想要素。但是，费曼把电子之间的相互作用描述为直接发生的，而非通过光子进行的，这就排除了电子与其自身作用的可能性。

费曼热爱经典力学的决定论特性，但他也知道量子过程会引入某种模糊性。海森堡不确定性原理指出，我们永远无法同时精确地知道粒子的位置和动量。这种模糊性表明，用画图的方式表示电子的行为根本不可能。海森堡认为把物理过程视觉化毫无必要，而且有误导性。然而，费曼坚持使用图示法。他习惯用视觉化的方式来思考，因此需要借助草图来工作，而不只是抽象的数学公式。

在此期间，阿琳那边传来了好消息（至少跟先前的诊断结果相比是一个好消息），这也是激励费曼继续从事科研的动力。医生对阿琳颈部的肿胀腺体进行了活组织切片，检验结果表明她患上的不是霍奇金淋巴瘤，而是淋巴结核，虽然这也是一种严重的病，但预期存活时间要比霍奇金淋巴瘤长一些。当时，没有任何方法可以治愈结核病，所以它被称为"白色瘟疫"，但有些幸运的病人在进行了缓解症状的治疗之后得以痊愈。阿琳仍需接受很多治疗，或许还得住在疗养院中，但她存活下去的希望很大。阿琳不会很快病逝，这给了费曼更多的时间，让他可以拿到博士学位后再结婚。对婚姻生活的憧憬也给了他更大的动力，促使他尽快完成博士论文。

跟随光的轨迹

在费曼提出对量子历史求和的革命性方法之前，把物理学理论的经典形式转化为量子形式的标准方法是，将位置和动量等变量用一种名叫"算符"的数学函数来代替。这些算符大多与表示粒子态的波函数中时间和空间的瞬时变化（被称为空间与时间的导数）有关。最重要的算符叫作"哈密顿量"，它由表示动能和势能的算符组合而成。通过对粒子波函数进行求导和其他操作，它可以得出粒子在特定条件下的总能量值。

在微积分中，导数表示某个量在很短的空间或者时间内发生的细微变化。比如，如果你用一张表格来记录孩子的成长，身高曲线的导数表示的就是每一瞬间孩子长高了多少。因此，导数的测量需要具备局域性（发生在时空中的某个特定位置上）和连续性（被测量的量不能突然从一个值变成另一个值）。

薛定谔方程就是基于哈密顿量建立的，它简洁地描述了波函数在空间中的分布和在时间中的演化。方程包含了某个特定位置和时刻的导数，其决定着粒子在下一个位置和时刻会发生什么。因此，薛定谔方程只适用于从一点到另一点之间连续的局域过程，而与惠勒和费曼构建的超距作用体系不兼容。

　　狄拉克方程同样包含导数，也无法与费曼和惠勒的体系兼容。狄拉克没有分别使用空间和时间的算符，而是把它们组合起来形成时空算符，并给标准波函数添加了更复杂的变量——旋量。但是，狄拉克方程仍然要求时空是局域性的，因此也不适用于超距作用方法。

　　费曼意识到，为了建立超距作用理论的量子版本，他需要从头开始，重构一种能把时空中相距很远的事件联系起来的手段。在电磁理论的超距作用表述中，不管是经典版本还是量子版本，两个电子都需要靠遥远的相互作用直接相连，而非通过它们之间的某种媒介，但任何基于哈密顿量的理论都做不到这一点。

　　虽然电子之间的相互作用不需要依赖光子，但费曼知道他需要引入一个光速的延迟。爱因斯坦早已证明，信息不可能超光速传播，这是不可违背的铁律。在时空图中，表示相互作用的两个电子的两点，必须位于同一光锥之上。两个电子必须以光速互相发送信号，无论信号是时间正向还是时间反向的。因此，光的轨迹提供了一个很好的线索，有助于他继续思考。

　　早在高中时代，费曼就在关于光学和力学的书籍中了解了费马最短时间原理。这个原理完美地预测了光的行为，它告诉我们，在特定的介质中，光从一点到另一点所经的路径就是时间最短路径——一条直线。如果光从一种介质传播到另一种介质中，它的路线就会发生弯折，其弯折角度符合折射定律。

　　为了理解费马原理，你可以想象从某个光源发出的光尝试以任何可能的路径去往某个目的地。每束光都有一个特定的相位，在物理学中相位指波的一个周期里的相对位置。如果两列波的相位差为180度，一列波的波峰就与另一列波的波谷对齐。如果两列波的相位差为另外一个非零值，那么它们既不完全对齐又不完全相反，就像咪齿错位的拉链。

沿着完全相同的路径传播的两列光波的相位差一般很小，如果两列光波的传播路径不同，其时间差就会带来显著的相位差。因此，路径越近，越容易保证相位差最小。

相似路径和不同路径的差别，体现在干涉过程上。干涉是把两列以上的波叠加起来，看似合成一列波的过程。没有相位差或相位差很小的两列波会形成相长干涉，这意味着它们的波峰与波峰叠加，波谷与波谷叠加，从而形成一列振幅更大的波；而相位差为180度或接近180度的波会形成相消干涉，这意味着它们的波峰会遇上波谷，从而相互抵消，振幅变小。因此，两列采取类似传播路径的波会形成相长干涉，而路径相差很大的两列波的相位差也很大，通常会形成多种多样的干涉条纹，而不会形成相长干涉。

至此，费马原理就开始发挥作用了。想象从光源到目的地沿着所有可能路径传播的波都互相干涉，其中传播时间最短的波（大致位于同一路径的周围）的相位几乎一致，因此它们会发生相长干涉，其振幅之和最大。而选择其他传播路径的波则会相互抵消，振幅变小。因此，我们看到选择时间最短路径的光线最多，从而形成了两点间的直线光束。

在经典力学中，物体并不一定会走时间/距离最短的路径。如果你把一个篮球扔向篮筐，发现它竟然像光束一样沿直线运动，那么你可能会大吃一惊。在这种情况下，篮球一般不会沿直线而会沿抛物线运动。不过，事实证明，你可以用另一个物理学原理——最小作用量原理——预测它的路径。

作用力是一个特殊的物理量，它的单位是能量乘以时间。与位置和速度等与时空中不同点有关的量不同，它的定义取决于一整条连接时空中的两个时刻的路径。它与另一个被称为拉格朗日量（简称拉氏量）的物理量有关，拉氏量指特定物体（或一组物体）的动能与势能的差值。简单来讲，作用量是特定路径上的物体在每个时刻的拉格朗日量的积分（求和）[29]。

以篮球为例，当你把篮球抛向空中时，在上升的过程中，它的动能会转化成势能，拉氏量会随着时间的推移而减小。在篮球下降直到落入篮筐的过程中，它的势能转化成动能，拉氏量随着时间的推移而增加。让每个时刻的拉氏量乘以一个无穷小的时间间隔，再把所有结果加起来（积分），你就能算出这条路径的作用量。

最小作用量原理由爱尔兰数学家威廉·哈密顿提出。该原理表明，一个物体最终采取的路径，就是使它的作用量取极值（最大值或最小值）的路径，通常来讲是使作用量取最小值的路径。因此，如果你计算篮球可能采取的所有路径，其中作用量取最小值的路径就是篮球真正的运动轨迹。在数学上，计算所有可能路径的作用量，并取最小值的过程，最后得到的结果是一组关系式，被称为拉格朗日方程，它描述了物体实际的运动路径。在篮球的例子中，它的拉格朗日方程是一条抛物线，一端是你的手，另一端是篮筐。

最小作用量原理是一个奇迹，因为它以非常直观的方式再现经典物理学。宇宙中的一切物体都在寻找一条从起点到终点的最佳路径，最省力的路径会胜出，这在某种程度上有点儿像进化论的适者生存。就像学校的记录反映了一名学生的表现好坏一样，作用量量化了每条路径的效率，从而找出最佳路径。事实表明，这正是经典物理学世界中每个物体最终采取的运动路径。

寻找缺失的那块"拼图"

虽然费曼在将量子方法应用于吸收体理论方面已经有了很多想法，但他很难找到精确的数学方式来实现这一过程。已有的数学技巧都不能把相距遥远的事物联系起来，并让它们跨越遥远的距离相互作用。费曼意识到，他需要从头做起，用最小作用量原理重构量子力学。但是，怎么做呢？

从校园穿过拿骚街，就是时髦的帕尔默广场了，那里有普林斯顿最知名的酒吧——拿骚酒馆（如今变成了拿骚旅馆）。为了从理论思考中抽身出来休息一下，费曼决定参加在拿骚酒馆举行的一场啤酒聚会。幸运的是，他在这场聚会中遇到了带来他的量子拼图缺失的最后一块的人。

赫伯特·耶勒是一位流亡在外的德国物理学家。他向费曼做了自我介绍，然后随口询问费曼最近在研究什么。此前，耶勒因为反战主义和反法西斯主义的观点而被纳粹关押在法国南部臭名昭著的居尔集中营，他刚刚逃亡到美国，暂时待在普林斯顿。

费曼解释了他目前所做的研究之后，耶勒认真地思考了一番，想起了狄拉克于1933年发表的一篇重要论文《量子力学中的拉格朗日函数》（*The Lagrangian in Quantum Mechanics*）。这篇论文几乎不为人所知（至少在美国理论物理学家中如此），因为它发表在一份名气较小的杂志——《苏联物理学杂志》（*Physikalische Zeitschrift der Sowjetunion*）上。狄拉克在这篇论文中指出，任意两个量子态之间的跃迁都可以表述为一种特殊数学因子的乘积。这种数学因子被称为"广义变换函数"，它取决于与拉氏量相关的作用量在每个点的值。前文提到，拉氏量由物体在每一点的动能和势能之差决定，而这些能量又取决于动力学变量，即位置和动量。广义变换函数把作用量转化成这种数学因子，它们在相乘之后可以通过一系列中间步骤，把初始量子态变成最终量子态。要形成这样一个乘积，就必须把一个量子过程分割成无穷小的变换，就好像把一卷电影胶片分解成一帧帧的静态画面一样。

尽管这个过程涉及的数学知识十分专业，但我们仍然可以通过类比来阐释一下它的核心思想。我们用一组多米诺骨牌来表示量子过程，每张骨牌表示一个量子态，在一个高低不平的地方（表示动力学变量）向下传播。动力学变量让广义变换函数沿着某个特定路径逐一转换量子态的过程，就像我们在高低不平的地势上让多米诺骨牌沿着某个特定路线逐一倒下的过程。每张骨牌倒下的方式与其所在位置的具体地势有关，量子态在特定时刻的动力学变量也决定了它"倒下"并形成下一个量子态的方式。所有这些变换叠加起来，就构成了从头到尾的量子过程。

上帝掷骰子吗？

费曼立刻听取了耶勒的建议，他详细阅读了狄拉克的那篇论文，并意识到论文中提到的拉氏量方法正好适用于费曼–惠勒吸收体理论的量子化。通过把这一理论表述成作用量原理的形式，以及定义经典轨迹是作用量最小的路径，他可以使吸收体理论呈现出一系列的量子可能性。用多米诺骨牌打比方，倒下骨牌最密集的路线（对应于最有可能采取的经典路径）周围一定环绕着很多不那么密集的路线（对应于可能性更小的路径）。换句话说，虽然动力学地势倾向于引导骨牌以特定的方式倒下，形成一条可能性最大的路径，但它们也有可能形成概率更小的路径。类似地，费曼找到了一种方法证明，虽然最有可能出现的路径是经典路径，但它只是一座尖峰的峰顶，下面还存在着其他的可能性。这样一来，他就可以在吸收体理论中注入量子物理学的不确定性。

费曼意识到，量子力学的不确定性意味着粒子间的相互作用无法被限制在一条特定的轨道上，就如同你无法用一根电线来引导一整团雷雨云。量子物体的位置就像雷雨云一样，是模糊且不确定的，但当闪电出现的时候，它照亮的路径确实是电荷运动的最有效的路径。不过，它不是唯一路径，而只是可能性最大的路径。与之类似，在一个量子过程的"雷雨云"里，我们也可以找出一个最佳路径，这个如同照亮云层的闪电般的路径就是经典路径。

为了产生量子不确定性，费曼给每一对相互作用的粒子都引入了所有可能产生的相互作用组合。他不仅纳入了经典路径，还纳入了其他可能的路径，包括一些看起来十分迂回的可能性不大的路径。可能的路径有无穷多条，表面看上去它们都是平等的，但引用乔治·奥威尔的《动物庄园》中的一句话，有些路径比其他路径"更平等"。

为了确保粒子最可能采取的路径是经典路径，费曼在他的理论方法中给每条路径都赋予了一个表示可能性大小的权重，通过狄拉克论文中的广义变换函数得到。对于每条路径，费曼运用狄拉克的数学技巧找出了每个时间点上的动力学变量，算出其对应的拉氏量，将其转化为变换函数，并让它们相乘，从而形成一整条事件链。然后，他把所有的可能性都加在一起，并运用最小作用量原理，证明了可能性最大的路径正是经典路径。费曼称这套特殊的量子相加方法为"路径积分"。

　　费曼的方法把表明光信号沿直线传播所需时间最短的费马原理与最小作用量原理优美地联系在一起，因此它自然而然地展示了为什么电子间的经典信号会沿光锥传播。每条路径的变换函数在本质上都是一个相位延迟因子，表明了信号在沿着该路径传播时的延迟情况。因为同时存在很多条路径，所以存在一系列不同的延迟。就像光波的干涉一样，所有信号叠加起来形成整体的波。在路径的加权平均中，沿效率最高的路径传播的信号的相位相似，发生相长干涉，因此它们在最终的结果中贡献最多。根据费马原理，这类最佳轨迹就是光的直线轨迹。通过这种方式，费曼巧妙地证明他的方法中可能性最大的路径就是他与惠勒一同建立的经典路径，除此之外，还有很多可能性更小的量子路径，像云一样包围着经典路径。换句话说，费曼的方法把原本单一的经典相互作用变成了一系列量子相互作用的组合。

　　惠勒发现了费曼的路径积分方法的真正惊人之处，它把量子动力学的艰深机制变得像光学原理一样简单。惠勒认为，路径积分方法以一种比海森堡和薛定谔的形式体系更自然的方式把经典理论和量子理论联系在一起，这得益于费曼卓越的创造性思维。为了帮助费曼宣传这一革命性的概念，惠勒决定给路径积分取一个"对历史求和"的别名。惠勒的另一名学生、惠勒回忆录的作者之一、物理学家肯尼斯·福特回忆道："惠勒告诉我，他给费曼的路径积分方法起了这个别名。惠勒终其一生喜欢寻找吸引人的名字和短语。"[30]

惠勒对费曼的路径积分方法的兴趣与日俱增，他甚至觉得可以向爱因斯坦介绍这个方法，让爱因斯坦感受它的巧妙之处。于是，他又一次来到爱因斯坦家，在楼上的书房里与爱因斯坦进行了一次长谈。惠勒问爱因斯坦，费曼的方法能否让他不再反对量子力学，但爱因斯坦注意到路径积分方法涉及概率的成分，因而不为所动。

"我不相信上帝会掷骰子。"[31]爱因斯坦说，"但是，如今的我或许已经有权利犯错了。"

一个电子的时间旅行

在费曼研究路径积分方法期间，有一天，费曼正在研究生院休息，突然他宿舍里的电话响了。费曼拿起听筒，另一端传来惠勒激动的声音，他的导师又想到了一个"疯狂"的主意。

惠勒告诉费曼，他弄明白了为什么人们探测到的所有电子的电荷、质量及其他性质都相同，因为整个宇宙中只有一个电子。我们看到的所有电子不过是同一个电子沿着时间正向或反向运动的结果而已，就像壁球场上四处弹射的壁球一样。这就是为什么每个电子看起来都一样。

我们之所以认为世界上有很多电子，是因为我们只能看到某一个时刻的场景，它不过是整个现实的一个剖面。在这个剖面中，我们看到同一个电子以不同的版本出现，在它沿着蜿蜒的轨迹做永恒运动的过程中占据着不同的地方。同一个电子的不同版本可能会相互作用，就像一根线不断地穿过一个纽扣，从而紧紧地缠绕在一起。

我们可以通过电影《回到未来 2》的主人公马蒂·麦克弗莱试图回到他在《回到未来》中经历的场景和时代（1955 年的希尔谷）的情节来理解这种情况。这样一来，在那个时间和地点就会有两个他，分别构成他的时间线中的两个回路。想象一下，如果他无数次地回到那个时代，那个小镇中就有无数个马蒂·麦克弗莱。

有远见的作家罗伯特·海因莱因在短篇小说《你们这些回魂尸》中设想了一种类似的情况：一个人物在时间中不断地循环，改变性别，与不同时空的自己互动，化身为自己的母亲、父亲和朋友。如果时间可以反向运动，这种诡异的状况可能真会发生。

惠勒设想宇宙中只存在一个电子，在它的时间探险之旅中，它是唯一的主角。在任意给定的时间和地点，我们可能会看到这个电子的时间旅行轨迹的多个余波。在数学上，根据狄拉克方程，一个携带负电荷的电子向着过去运动，就相当于一个携带着正电荷的电子向着未来运动。在同一个方程中，同时改变电荷与时间的方向（如果电子在空间中运动，还要改变它在空间中的运动方向）将会得到同一个解。如果探测到这类电子，我们就称其为正电子，把它当作进行时间反向旅行的带负电粒子还是进行时间正向旅行的带正电粒子，就只是语言上的问题。

一开始，费曼对惠勒的这一想法怀有疑虑。如果这个想法是对的，那么所有正电子都去哪里了？如果电子真能在时间中来回运动，做正向运动的是带正电粒子，而做反向运动的是带负电粒子，那么研究者探测到的电子和正电子的数目应该相等。但事实恰恰相反，正电子的数量远少于电子。

在思考了电子与正电子数量不平衡的问题之后，惠勒给出了回答。他猜想，宇宙中的大多数正电子都嵌入了质子。他认为，质子也许是一种复合粒子，其内部隐藏着正电子，这与夸克有些相似之处。

这个解释让费曼放心地认为，正电子真的是时间反向的电子。它可以用简单的方式解释正电子，并且与方程相吻合，计算起来也比较容易。当时费曼并未对质子是复合粒子的想法做太多思考，但多年以后他又回到了质子组成的问题上，只不过那时候他眼中的质子组分不再是正电子，而是所谓的"部分子"。

结束这次电话讨论之后，费曼和惠勒都没再花时间思考所有电子其实是同一个粒子的想法。这个想法过于疯狂，也没有什么显而易见的方式可以检验它。而且，他们面前还有更实际的问题等待解决。

被战争中断的美梦

从"一切物体都在散射"到"一切物体都是电子"，再到"一切物体都是一个电子"，惠勒活跃的思维就像一只蝴蝶，在一个个诱人的想法上短暂地驻足。在一个想法上汲取一口花蜜后，马上又飞向其他诱人的想法。所以，急性子的惠勒通常等不到自己的想法得到实验验证的时候。

费曼十分了解自己导师的风格，而且毫不介意。毕竟，马克斯·普朗克的光量子概念、爱因斯坦的相对论、玻尔的波粒二象性和海森堡的不确定性原理，一开始看起来也极其怪诞，但最后都成了主流观点。费曼知道，惠勒也有谨慎的一面，他的思考一直都在物理学定律的框架之内。在进行谨慎的计算和详尽的推理论证之前，惠勒不会把猜测性的想法带到口头讨论和笔记本之外的地方。费曼和惠勒都知道，科学研究是一项严肃的工作，需要一丝不苟的证明。当然，当某个领域的进展受阻时，科学家有时必须提出某种宏大的想法，而惠勒酷爱物理学的这一面。

"再忙，我都有时间做梦。"[32]惠勒回忆道，"我会梦见世界是如何组合在一起的，以及它的组分之间是如何相互作用的。这与任何计算一样，都为我的大脑提供了必需的养分。"

惠勒的职业生涯就像跷跷板一样，在疯狂不羁的梦想和审慎的考虑之间来回转换。正如前文讲过的手表的故事，他一直尽力充分利用自己的时间，在花哨的奢侈品和朴实的必需品之间寻找适当的平衡。

1941 年 12 月 7 日，一个严峻的消息传来，让惠勒的天平彻底向后者倾斜。日本轰炸机突然大规模袭击了美军位于夏威夷的珍珠港海军基地，这是继 19 世纪墨西哥战争后美国领土遭遇的又一次袭击。第二天，美国向日本宣战。几天以后，日本的盟国德国和意大利也反过来向美国宣战。一夕之间，美国被卷入了"二战"，美国人要开始为欧洲和太平洋上的战争做准备了。

惠勒回想起将近三年前玻尔发出的关于德国发现核裂变的警示，他的那些来自欧洲的同事和朋友，比如爱因斯坦、维格纳、费米、利奥·西拉德和爱德华·特勒，则更加忧心忡忡。此前，惠勒一直以为战事只会在其他国家发生——在历史上，欧洲似乎一直充斥着各种政治斗争和争端。

然而，美国的参战改变了他的看法。美国需要尽快赢得战争，这意味着必须研制出更先进的武器。为了防止轴心国掌握原子核的威力，同盟国需要尽它们的最大努力。

惠勒很快就会发现，富兰克林·罗斯福总统已经做出了这个决定。12月6日，就在珍珠港事件发生的前一天，美国科学研究和发展办公室启动了一个核能研究项目，由S–1铀委员会领导，后归美国陆军部管理。这个项目后来被称为"曼哈顿计划"，在1942—1943年逐渐发展成一项艰巨复杂的计划，它的目标是研究核武器、生产裂变材料和制造原子弹（如果可行）。惠勒和费曼都将在这个计划中扮演重要的角色。

在他们一起合作了两年多的时间后，惠勒和费曼都很清楚，他们在普林斯顿大学讨论理论物理学的日子屈指可数了。他们很快就要响应政府的征召，利用他们的专业知识为美国众多的军事项目服务。或许在某个平行宇宙中，他们仍能悠闲地坐在法恩楼或者帕尔默实验楼舒适的办公室里继续讨论"疯狂的想法"，但在这个宇宙中，命运即将把他们拖到距离天堂十分遥远的地方。

时间不断分岔，通向数不清的未来。

——豪尔赫·路易斯·博尔赫斯，

《小径分岔的花园》

第 3 章

一座充满可能性的时间迷宫

在历史上，很多十分有趣的讨论都源于一个简单的问题："如果……会怎么样？"如果诺曼人从未侵略英格兰，会怎么样？如果美利坚联盟国赢得美国内战，会怎么样？如果20世纪30年代的苏联由列夫·托洛茨基领导，会怎么样？如果有一间宽敞明亮的屋子，并供应充足的葡萄酒和奶酪，客人们或许就这些假设性的问题争论好几个小时。

当然，没有人真正知道在这些虚构的历史中会发生什么。由于没有人能证实或者证伪任何假说，所以这类争论很少分出胜负。它们纯粹是一种智力训练。

在当代，很多关于虚构历史的讨论都围绕着"二战"展开。在"二战"中，交战双方都做出了大量关键决策，为今天的人们提供了很多二次猜测的机会。比如，阿道夫·希特勒撕毁了与斯大林的盟约并入侵苏联，从而唤醒了一位沉睡的巨人。如果希特勒没有做出这种背叛性行为，或许他能继续保持优势。

关于同盟国，最具争议性的决策可能是在日本的广岛和长崎投放原子弹了。这两颗核弹夺走了数十万人的生命。有批评者认为，杀死如此多的平民百姓既残忍也没必要。美国军方应该选择其他打击目标，或者只进行警告，或者佯动。但其他人认为，投放原子弹阻止了太平洋战争进一步的流血牺牲；如果不投放原子弹，美军可能会直接从地面攻入日本，使更多平民死于非命。如果战争继续下去，伤亡人数将远超原子弹造成的伤亡人数。

在曼哈顿计划启动之时，它的目标显然是与纳粹德国已经开始的核弹研究相抗衡。没有人知道原子弹最终能否研制成功，也没有人能预测到它会造成如此多的人员伤亡。事实表明，在整场战争中，纳粹德国在制造原子弹方面几乎没有取得任何进展。如果美国事先知道这一点，或许就会把投入到曼哈顿计划中的大量经费和人力用于其他地方，谁知道呢？

对个人而言，在任何关键时刻做出的选择都会影响自己的未来，没有人知道在另一种情况下会发生什么。如果某种地外生命拥有展望所有可能情况的能力，会怎样？它们或许可以在某台宇宙电视机上不断换频道，看见有希特勒的世界和没有希特勒的世界分别是什么样子，有罗斯福和没有罗斯福的世界分别是什么样子。假设确实存在其他宇宙，但我们无法接触到它们，而只能接收到多个频道中的唯一一个，那么会不会一切有可能发生的事情确实都在某一条时间线里发生了，从而让历史失去必然性呢？

理查德·费曼的对历史求和的想法，在量子层面上引入了一种分岔的时间观。粒子之间的相互作用不再只有一种，而是以我们能想到的、符合物理学定律的所有方式进行，为了计算出整体结果，我们需要通过一台能接收到所有频道的"量子电视机"。只有跟踪并纳入所有可能的路径，我们才能得到关于现实的完整图像。

时间的韵律

在历史上，人类有过很多种时间模型。在古代，占主导地位的是周期性的时间观，这或许并不令人惊讶。我们身体的节律是周期性的，天体的运动模式是周期性的，无休止的季节轮回也在提醒我们时间是周而复始的。占星术和转世再生的概念长盛不衰，表明周期性时间观在人们心中是多么根深蒂固。

大自然拥有无数种呈现其节奏的方式。宇宙中有互相嵌套的大小周期：从地球每天自转一周，到它每年稳定地绕太阳公转一周，再到太阳绕着银河系中心旋转。夜以继日，霜冻复融。月球绕着地球旋转给潮汐赋予了周期，每个天体的能量平衡决定了它自身的周期节奏。

生物会对这些周期性模式做出反应，形成它们自己的周期性行为。鸟类会迁徙，熊会冬眠，鲑鱼每年都要到河流的上游产卵。人类的生活也有类似的生物钟，我们会按照固定的时间间隔起床、吃饭、睡觉，哪怕生活在阳光照射不到的角落时亦如此。如果试图无视这些生理节奏，我们的身体就会背叛我们，让我们自动醒来、饥肠辘辘、浑身疲乏。

既然日夜与季节都是循环交替的，就难怪大多数古代文化都认为时间在本质上是周期性的。从玛雅人刻在圆形石头上的日历到古代中国的太极图，从古埃及的衔尾蛇（一条咬住自己尾巴的蛇）到古印度的阿育王之轮，全世界都有表示周期循环的符号。备受尊敬的古代历法不仅包含日、月和年，还包含更长的周期——宇宙的毁灭与重生。

比如，根据以梵语写成的古印度圣言经文《往世书》（4世纪），世界由时长不同的一个个周期组成。历史在一系列不断重复的时段之间前行，这种时段被称为"时代"，每个时代都包含几十万年以上的时间。在有些叙述中，还有一种更长的时间周期，被称为"大时代"，它包含数百万年的时间。每个大时代又是一个更长的时间周期的组成部分，这个更长的时间周期被称为"劫"，它长达数十亿年。行星的排列等天文事件，以及地上的洪灾、火灾等灾难性事件，都标志着这些周期之间的过渡。

周期性时间具有重复、可逆和决定论的特征。正如《圣经·传道书》中所说："凡事都有定期"。只要等待得足够久，周期中的每个阶段都会重来。

然而，周期性时间观并不能解释所有问题。自然世界中数不清的特征都表明，时间有时候更像一个单向箭头。有这样一个箭头来自热力学，势力学是研究热量和能量的学科。根据德国物理学家鲁道夫·克劳修斯在19世纪中叶提出的热力学第二定律，对于任何封闭过程，有一个叫作"熵"的量要么保持不变，要么增加，但它永远不会减少。熵反映了一个系统中有多少能量不能用来做功，熵越大，被浪费的能量就越多。

熵也可以用来衡量一个系统独特性的缺失，一个系统越是独一无二，它的熵就越小，反之亦然。通常来说，有序系统的熵要小于无序系统。这里所说的"有序"，是指系统中粒子排列的独特性。

比如，同样是水分子，把它们组合成一片具有特定图案的雪花，就比组合成水坑中的一洼水要难得多。雪花中的各个水分子形成了极为复杂的排列，这比水坑中混乱的液态排列不寻常得多，因此前者的熵也小得多。根据热力学第二定律，落在地面上的雪花可以融化成一洼没有特定形状的液体，但水坑中的水永远不可能自发变成美丽的雪花。

开尔文勋爵猜想，宇宙的熵会随着时间的推移逐渐增加，导致可用的能量越来越少，整个宇宙最终会进入一种被称为"热寂"的惰性状态。到那时，为恒星内核提供能量的大熔炉（我们现在知道，其能量来源是核能）将会停止运行，恒星的外壳会蒸发或者爆炸，只留下惰性的内核。哪怕是这些温度较低的残骸（现在我们知道它们可能是白矮星、中子星或黑洞，依原始恒星的质量而定），随着时间的推移，它们也会缓慢地把能量散布到太空中，直到整个宇宙变得毫无生机、索然无味。指向这一凄凉未来的路标，被称为"热力学的时间之箭"。

然而，生物进化的方向与这一箭头的方向完全相反。生物学告诉我们，至少在我们居住的这个星球上，进化产生的结果是越来越复杂，而不是越来越简单。生命几十亿年来的进化历程展现了简单的有机体如何通过自然选择进化为高度复杂的生命形式，比如海豚、猩猩、狗和人类。即使最悲观的人也会承认，人类比变形虫复杂得多。人类拥有理解自身、预测未来、改造环境、绘制宇宙图景等各种卓越的能力。人类智慧的产物——技术，变得越来越先进。因此，进化似乎赋予了我们另一个不断上升的时间之箭。

那么，哪个箭头最终会胜利呢，是热力学的箭头还是进化的箭头？在没有特殊变化的情况下，热力学的箭头最终会主宰我们的命运。生命的维系需要有序的能量源源不断地注入，比如太阳或者其他可用的能量源。到最后，所有生物都会因能量失衡而死亡。地球上的生命如此脆弱，所以宇宙的寿命应该远比他们长。不过，在一些人的想象中，比如艾萨克·阿西莫夫的科幻小说《最后的问题》，先进文明最终掌握了逆转热力学第二定律的技能，使生命组织的力量战胜了衰败的趋势。

我们所有人，包括不理解热力学时间之箭的人，都能强烈地感觉到时间的流逝。我们的意识似乎会一直推动着我们沿着时间前行，从出生到死亡。依据我们熟悉的日常经验，原因似乎总在结果之前。

虽然时间是无形的，但我们似乎无法摆脱它永不停息的流逝。是什么让时间不停地流逝呢？我们对时间向前流逝的感觉会不会只是一种幻觉，就好像我们看到的动画片其实只是一系列静止图片的快速翻动一样？或者说，时间的流逝是一种真实现象，与某种箭头有关？不管时间源于何处，不管它是幻觉还是真实存在，我们的意识都反映了另一种时间之箭。

然而，在描述自然的最基本层面上，线性的时间观也有缺陷。约翰·惠勒和理查德·费曼的工作表明，量子世界中的某些过程似乎违反了因果律。麦克斯韦方程组产生的信号既可以沿时间正向运动，也可以反向运动，惠勒–费曼吸收体理论则把两种方向的运动混合在一起。费曼迅速采纳了惠勒的提议，即把正电子看作沿时间反向运动的电子，这进一步瓦解了粒子物理学中任何类似于时间之箭的东西。

迷宫般的时间

对历史求和的方法既不是周期性的，也不是箭头式的，它提供了看待时间的第三种方式：由多种不断分岔的可能性组成的迷宫。时间中的每个点都伸出许多指向未来的枝蔓，也生出许多指向过去的根须。这些枝蔓和根须不断扭曲、转向、融合，又再次分岔。在量子世界中，只沿着一个枝条前行是不够的，你需要纵览整棵树才能洞悉它的全貌，不管它有多么错综复杂。

迷宫一词可以追溯到一个著名的希腊神话，它讲述了被囚禁在无法逃脱的迷宫中的半人半牛怪物弥诺陶洛斯的故事。在这个故事中，弥诺斯王指派才智过人的科学家、建筑师和发明家代达罗斯（生于雅典，但被流放于克里特岛）为这个可憎的怪物建一处住所。代达罗斯建造了一座极为复杂的官殿，里面有迂回曲折的走廊、螺旋状的楼梯、高耸的塔楼和毫无可辨特征的房间，并给它取名"迷宫"，这是克里特岛上的一个双头斧形神圣标志的名字。在这座官殿完工后，代达罗斯把弥诺陶洛斯囚于官殿中央，并告诉国王这个怪兽绝不可能逃脱。

弥诺斯的儿子在去往雅典的路上被一头危险的公牛杀死了，为了复仇，弥诺斯决定每隔9年就把雅典的7个童男和7个童女送去克里特岛，作为祭品献给弥诺陶洛斯。这些童男童女一到克里特岛，就被送入迷宫，没有任何机会逃脱，只能绝望地被弥诺陶洛斯吃掉。

迷宫的设计如此精妙，他们根本逃不掉，只能漫无目的地在蜿蜒的走廊、复杂的通道和无尽的房间中徘徊，不知会在何时何地遇到怪兽的袭击。在经历长时间绝望的等待之后，最终被怪兽吃掉。

一位名叫忒修斯的小伙子十分同情这些童男童女的命运，决定破解迷宫，并杀死里面的怪兽。弥诺斯的小女儿阿里阿德涅想帮助他，便听从代达罗斯的建议，给了忒修斯一个线团，并把线的一头系在迷宫的大门上。忒修斯走进迷宫，手里紧握着线的另一头，一路寻找弥诺陶洛斯。他发现了正在睡觉的弥诺陶洛斯，把它死死地按在地上，赤手空拳地打死了它。之后，忒修斯凭借手中的线，艰难地逃离了迷宫。回到雅典后，他被人们奉为英雄，最终成了雅典国王。

许多学者，比如已过世的符号学家安伯托·艾柯，都将这个关于迷宫的传说看作一个比喻，代指人类尝试描绘并复制宇宙复杂性的过程。在这类诠释中，代达罗斯代表典型的科学家。艾柯在《玫瑰之名》（ *Postscript to the Name of the Rose* ）一书中指出，迷宫的复杂性有不同的等级。单迷宫只有一条可行之路，而复迷宫有很多条可行之路。最复杂的迷宫被称为根状迷宫，它有无数条可能的路径。

在量子迷宫里，忒修斯可以走不止一条路，而可以同时走很多条路。他不只能牵着一条线，而是可以布下由很多条线组成的天罗地网，同时探索多条路。在其中一些路上，他可以在自己精力充沛的时候就找到怪兽并打死它，而另一些路可能极端迂回曲折，以至于他走到精疲力竭，无力完成任务。这样一来，雅典人在讲述他的故事时，就需要把每一条可能的路径都纳入其中，对他更有可能选择的路径则要偏重一些。大多数时候，雅典人在复述这个故事时讲述的都是忒修斯做出的最明智、最直接的选择，但他们偶尔也要提及他做出的可能会把他自己送进地狱的愚蠢选择。这种叙事方式不同于经典的历史叙事，它需要对历史进行量子求和，这恐怕会让研究希腊神话的学生更加困惑不解。

小径分岔的花园

巧合的是，就在费曼提出对历史求和方法的同一年（1941 年），阿根廷作家豪尔赫·路易斯·博尔赫斯出版了《小径分岔的花园》，这是一篇出色的短篇小说，主题是"迷宫般的时间"。故事发生在"一战"的背景下，一位名叫余准的中国间谍有意接近英国汉学家斯蒂芬·艾伯特，与他成为朋友，然后刺杀了他。这一出乎意料的情节变换揭示了时间流的变化无常。故事告诉我们，既然时间有这么多可能的分支，一个纯粹巧合的事件就有可能完全改变某个人一生的轨迹——从一帆风顺到一片灰暗。

余准接近艾伯特的表面理由是，向艾伯特请教关于他的祖先、博学的总督彭崔的事。彭崔是一位天文学家、神秘学家和数学家，他曾说离开官场后要写一部小说，并建造一座迷宫。然而，奇怪的是，他确实写了一本书，但从未建造出一座真正的迷宫。

后来人们发现，迷宫就是他写的那本书。它是一本编年史，在任何一个关键节点上，都出现了数不清的互相矛盾的结局。在其中一章里，一个人物死了，而在下一章中，他又奇迹般地活过来了。对于同一场战役，一段描述称士气低落的军队靠牺牲换取了胜利，而另一段描述称士气高昂的军队轻易地取得了胜利。这本小说的最后一页与第一页完全相同，暗示读者可以反复阅读和诠释。确实，这本书远比任何一个根状迷宫复杂难解。

艾伯特向余准展示了这本书，并阐释了它的奥秘：

> 小径分岔的花园是彭崔心目中的宇宙形象，它不完整但绝非虚假。你的祖先和牛顿、叔本华的不同之处在于，他认为时间没有同一性和绝对性，而是由无数分离的、汇合的和平行的时间织成的一张不断增长、错综复杂的网。由互相靠拢、分离、交错或者互不干扰的时间织成的网络，包含了所有可能性。在大部分时间分支里，我们都不存在；在有些时间分支里，有你而无我；在有些时间分支里，有我而没有你；在有些时间分支里，你我都存在。[33]

似乎是为了以某种方式证明自己祖先的观点，即宇宙是由一系列随机的可能性构成的网络，余准突然杀死了艾伯特。起初这场谋杀看起来毫无意义，但后来事实表明，余准是一名德国间谍，他想通知德国人轰炸一座名为"艾伯特"的城市，但他想不到其他方法可以把这个情报传递出去，于是只能谋杀一个同名的人。这一决定也体现了时间的偶然性和迷宫般的本质。在另一个时间分支中，余准或许与艾伯特成了终生的朋友，但在这个时间分支里，他不得不杀死艾伯特。

现在，我们会把一本包含多个可能结局的小说称为"超文本"。多亏有了互联网，大多数人每天都会遇到超文本。每当我们在网上阅读新闻，并点击另一个网页链接时，我们就开启了一场文字迷宫的冒险之旅。一段时间之后，我们可能会觉得奇怪，一开始浏览网页明明是想研究"二战"的后果，为什么后来却读起关于图瓦喉音演唱或者邦戈鼓演奏方法的文章了呢？在网上阅读文章时，我们所做的选择会引导我们的阅读过程，形成独一无二的个人阅读路线。我们每天在网上冲浪时，每个链接都构成了分岔，即另外的选项。就这样，迷宫般的时间成为我们熟悉的日常生活的一部分。

加入曼哈顿计划

战争的一个可怕之处在于，它会把朋友变成敌人，这在博尔赫斯的小说中也有体现。"二战"把国际物理学界分成了两派，一派是同盟国的守卫者，另一派则是同盟国的敌人。前者的实力更强，但后者也不乏一些重要人物，比如沃尔纳·海森堡。虽然海森堡坚定地反对纳粹，但他选择继续留在德国，进行科学研究。纳粹任命他为一个团队的负责人，研究核能与核武器的应用前景，但该团队得到的资源支持十分有限，最终并未取得什么进展。

海森堡的举动让尼尔斯·玻尔等前同事高度警觉起来，虽然他们之前十分尊敬海森堡，但现在很多人都开始鄙视他。也有一些人坚信，海森堡一定是在有意拖延德国制造原子弹的进度（战后海森堡本人也是这样说的）。

与德国的原子弹计划相反，曼哈顿计划以史无前例的规模聚集起全美的资源、技术和人员。一开始，它的中心在芝加哥大学和哥伦比亚大学。欧内斯特·劳伦斯在加州大学伯克利分校建立的辐射实验室（回旋加速器在这里建成）和麻省理工学院的辐射实验室也起到了重要作用。后来，美国政府又在几个地方建立了秘密的研究中心，吸纳了数千位研究人员和其他工作人员，包括新墨西哥州的洛斯阿莫斯、田纳西州的橡树岭和华盛顿州的汉福德，等等。

在从玻尔和惠勒的关键论文发表到美国宣战的这段时间，核化学家格伦·西博格利用一台回旋加速器生产出第一批人工合成的放射性元素钚。根据玻尔和惠勒的计算，钚239和铀235都有可能成为裂变原子弹的材料。在论文发表之后，虽然惠勒继续与比他年长的普林斯顿大学教授鲁道夫·拉登堡及拉登堡的博士生亨利·巴沙尔一起研究原子核结构，但他的研究重心已经转移到和费曼合作进行的散射研究上。然而，美国参战改变了一切，惠勒在原子核方面的造诣正是战争需要的。

1942年1月，惠勒应邀来到芝加哥大学，探讨制造一座反应堆产生足够的钚的可行性。在阿瑟·康普顿的领导下，芝加哥大学迅速成为战时美国的钚研究中心。恩里科·费米被征召至此，此前他在哥伦比亚大学的核反应堆中成功的实现链式反应。尤金·维格纳也来到了这里。芝加哥大学的这个团队代号为"冶金计划"，他们需要更多的杰出人才，来确定产生钚反应堆所需的钚，以及分离出原子弹所需关键材料的最有效方法。

不久，惠勒就意识到冶金计划需要他全身心投入，所以他不得不放弃与费曼的合作。尽管搁置自己的理论研究梦想让他深感遗憾，但他明白，为了赢得战争，他有责任尽他所能。

同时，普林斯顿大学的年轻研究员、劳伦斯以前的学生罗伯特·R. 威尔逊（昵称"鲍勃"）找到费曼，并提出了一个秘密请求。一项军事计划在普林斯顿大学秘密地进行着，这项计划与如何分离制造原子弹所需的铀同位素有关。威尔逊问费曼有没有兴趣了解一下这项计划，如果有兴趣，可以去参加当天下午3点举行的一场会议。

当时的费曼正在完成他的博士论文，即将拿到学位。他已经通过了资格考试的口试，其中一个问题是为什么彩虹的颜色会以特定的顺序排列。他不记得这个问题的答案了，只能当场进行推导。他还写了一篇27页纸的论文，分别以经典形式和量子形式解释了他的超距作用理论。这篇论文已经达到发表水平，足以成为他学位论文的核心部分。他盼望着获得博士学位，然后就能与阿琳结婚，也能找到一份工作——最好是学术界的工作，在像贝尔实验室这类研究型公司工作也不错。

因此，对于威尔逊的请求，费曼的第一反应是表示拒绝。他向威尔逊解释说，完成学位论文是他当前的第一要务，完成后才能考虑别的事情。此外，他最不想做的事情就是研发武器，因为这不是他投身物理学的目的。

费曼回到房间，开始构思论文草稿。然后，他又思考起轴心国的胜利将会带来什么破坏性影响：如果纳粹制造出原子弹，并且用来攻击同盟国，会怎么样？如果纳粹使用大规模核爆炸来毁灭城市，他又怎么可能过好自己的小日子呢？想到这些可怕的景象后，费曼把自己的学位论文收进了抽屉。

当天下午3点的那场会议开的时间很短，信息量却很大。威尔逊等研究者讲述了一种利用名为"同位素分离器"的电磁设备分离铀同位素的方法。会后，费曼立即在一间有活动盖板办公桌和大量论文的办公室里开始了计算。他决定把这件事放到第一优先级上。

不久，威尔逊的团队就生产出大量的铀235，费曼的计算也贡献了一分力量。他们把样品送到哥伦比亚大学等地进行检测。科学界的人不时地来到普林斯顿大学检查他们使用的分离设备，每当有新的来访者，威尔逊就让费曼向他们介绍分离过程的技术细节。

获得博士学位

1942年的春季学期，惠勒和费曼两人都忙于研究不同核裂变材料的分离。不过，两人存在一个关键区别：惠勒已经有一个稳定的学术职位了，而费曼没有。普林斯顿大学物理系主任亨利·史密斯（昵称"哈里"）是核物理方面的专家，也是美国S–1铀委员会的成员，因此他十分支持惠勒的核物理研究。史密斯给了惠勒很大的自由度，可以灵活安排教学和其他任务，以便他往来于芝加哥大学和普林斯顿大学。

惠勒担心费曼手头的核物理工作会耽误他按时毕业，因此他在 3 月 26 日在芝加哥大学给费曼写了一封信，敦促费曼抓紧完成学位论文。"维格纳和拉登堡告诉我，你所做的研究足以完成你的博士论文了……我强烈建议你在剩下的几周时间里赶快完成论文，因为之后你就会像我一样，完全没有时间研究超距作用理论。"³⁴ 在信的末尾，惠勒还加上了一句私人的问候："我希望阿琳（的病）好些了。"

然而，阿琳的病丝毫未见好转，这成为费曼心头的重负。阿琳的情况日趋严重，天天咯血。她的病情已经发展到结核病的晚期阶段，医生对此无能为力，只能把她安置在疗养院里隔离。

理查德仍想和他亲爱的"小猫咪"结婚，至少在她的病情好转之前照顾她，给她情感上的支持。不过，理查德的父母担心这场婚姻会成为他一生的重大错误。理查德的父亲对他的事业有很高的期许，担心他与一个有慢性传染病的女孩结婚会妨碍他找到好工作。理查德的母亲是一个神经高度紧张的人，一切问题都会让她忧心不已。

费曼就父亲的建议咨询了系主任史密斯，史密斯认为他找到工作完全不成问题。为了让费曼安心，史密斯还为他引见了普林斯顿大学校医院的医生韦伯·约克。

约克医生给费曼提供了很多有用的建议。他详细分析了跟一位患有传染性结核病的女性结婚将要面临的挑战，约克医生冷静、理性的态度让费曼放松下来。约克医生说，婚姻可以给阿琳安全感，这有助于她的恢复。约克医生再次向费曼保证，在疗养院的各项措施的保障下，费曼被阿琳传染的概率极低，他完全可以在学术界工作和教学。

但约克医生也强调不能让阿琳怀孕，费曼承诺绝不会让这件事发生。最后，约克医生把他拉到一边，严肃地提醒他，结核病有可能治不好。费曼告诉约克医生，他完全了解其中的风险，但不管怎样，他都要和阿琳结婚。

在惠勒的敦促下，费曼加倍努力地完成他的博士论文。虽然他预计论文里即使只写他已经得出结果的部分，即经典超距作用和一部分量子过程的研究结果，惠勒也能让他通过，但他觉得自己应该把量子部分完成，让研究工作完整连贯。否则，等他回头重新研究散射理论的时候，他留下的笔记就跟天书般无法理解了，他也无法重复得到之前的结果。

为了给自己的研究工作画上一个圆满的句号，费曼请了一个月假，暂时从铀分离项目中抽身出来。被核物理计算折腾得筋疲力尽的他，在休假的前几天只是躺在草地上凝望天空。为了进行接下来的量子计算，并完成论文的余下部分，这样的休息是必要的。惠勒也回到了普林斯顿大学，因此这是一个绝佳时机。费曼把写完的论文复印了两份交给惠勒和同在答辩委员会的维格纳，惠勒和维格纳肯定地通过了费曼的论文，让他拿到了博士学位。

我愿意，无论健康或疾病……

6月16日，费曼穿上传统的学位服、戴上学位帽，参加了普林斯顿大学的毕业典礼。他的父母出席了典礼，笑容满面。虽然他们已经习惯了自己的儿子不断受到来自各方面的赞扬，获得很多数学竞赛奖牌，但只花三年时间就获得了普林斯顿大学的博士学位，这可不是一般人能做到的。

因为有跟战争相关的任务在身，费曼清楚他可能整个夏天都要继续留在普林斯顿大学，甚至更久。他收到了一个非常有诱惑力的职位邀请：威斯康星大学的访问助理教授。如果他完成了战时任务（或者战争奇迹般地结束了），这份工作就从9月份开始；如果战时任务完不成，他可以申请推迟一年到岗。基于上述灵活的条件，费曼接受了这个邀请。但后来，他不得不推迟到岗时间，最终也没有去成。

眼下他最紧要的事情是履行他发过誓的另一份责任——跟阿琳·格林鲍姆小姐结婚。他们多年前就已经订婚，现在是时候结婚了。阿琳的家人非常支持他们的决定，但费曼的父母十分担忧阿琳的健康状况。

费曼的母亲认为，结婚只是某种不得不履行的义务，敦促费曼重新考虑一下。当她发觉费曼是真的想结婚时，她近乎疯狂地阻止他犯下这个耽误一生的错误。母亲在给费曼的信中写道，结婚不是过家家，不要让婚姻成为他一生的负担。如果与阿琳结婚，他就必须承担阿琳的医疗费，还得在情感上支持与呵护她，这会成为费曼事业上的阻力。母亲强烈建议费曼先与阿琳维持订婚状态，直到阿琳的身体完全康复了再结婚。

费曼回信说，他已经打定了主意要结婚。他向母亲解释道，他爱阿琳，想照顾她，他也不觉得结婚会影响他的物理学研究事业；事实上，阿琳的爱和支持可能有助于他的工作。简言之，他想让母亲相信，不管发生什么，他都会好好生活和工作。

理查德和阿琳于6月29日在纽约市政厅举行了婚礼，仪式十分简单，没有家人到场。蜜月旅行也只是坐轮船去了一趟斯塔滕岛，船票只花了5美分，每天都有很多人乘坐该轮船通勤。之后，费曼把他的新婚妻子送

图 3-1　理查德·费曼和阿琳·格林鲍姆·费曼在新泽西亚特兰大城度假
资料来源: AIP Emilio Segrè Visual Archives, Physics Today Collection, gift of Gweneth Feynman。

到了位于新泽西州布朗斯米尔斯的德博拉医院。这是一家著名的疗养院，距离普林斯顿大学只有35英里，阿琳接下来将住在这里。德博拉医院坐落在一片只有松树的田野里，空气清新，带着一股松香味，有助于人放松心情。如此近的距离，便于费曼随时来探望阿琳，就像住在一起的新婚夫妻一样。

讽刺的是，就在离阿琳的疗养院不远的地方，一项结核病的新疗法正在孕育中。在距离德博拉医院大约50英里的罗格斯大学农学院的农场里，有一堆肥料，它可不是普通的肥料，而是治疗结核病的秘密武器。

1943 年 8 月 23 日，在阿琳住进德博拉医院的大约一年后，罗格斯大学农学院的研究生艾伯特·沙茨在他的导师塞尔曼·瓦克斯曼的指导下，对肥料样本进行了分析，从中发现了一种名为链霉素的抗生素，事实证明它是治疗结核病的特效药。20 世纪 40 年代末，这种药物开始上市，它能在几个月内缓解结核病的症状，让收治结核病患者的疗养院变得不再有必要，德博拉医院后来改为收治患有其他心肺疾病的人。

在好莱坞电影里或是在其他结局更好的平行宇宙里，费曼夫妇会在新泽西的某个地方偶遇沙茨，阿琳服用了新药，再也不咳嗽了。她的病将会痊愈，这对夫妇从此幸福地生活在一起。然而，现实并不是电影。当沙茨发现链霉素时，阿琳和理查德已经去了新墨西哥州，理查德要在那里秘密研发核武器。有时候，最残酷的问题莫过于"如果……会怎么样？"。

核实验室的秘密工作

到 1942 年年末，在科研负责人罗伯特·奥本海默和军事负责人莱斯利·格罗夫斯将军的领导下，曼哈顿计划快速发展壮大，加州大学伯克利分校、麻省理工学院、普林斯顿大学和芝加哥大学等高校已经应付不过来了。为了在一个与世隔绝的地方继续展开研究，美国政府决定买下洛斯阿拉莫斯牧场学校的所在地，并将其改造成绝密的核物理实验室。到 1943 年年初，政府已经拿下了这块地方，并开始把它建设成军事研究基地。

当费曼得知他所在的研究团队要从普林斯顿大学迁至洛斯阿拉莫斯时，他最关心的问题是阿琳怎么办。1943年3月，他写信给奥本海默及其在加州大学伯克利分校的助理J. H. 史蒂文森，询问秘密基地（代号为"Y计划"）附近有没有医院或者疗养院。奥本海默和史蒂文森给费曼提供了几个选择，费曼最终选定了阿尔伯克基的长老会医院，这家医院以治疗结核病冗长。

尽管病情很严重，但阿琳一如既往地积极向上。她对从普林斯顿到芝加哥再到新墨西哥州圣塔菲的长途火车旅行充满期待，她盼望能与理查德过上真正的家庭生活，至少能多些共处的时间，她希望这趟长途旅行能成为他们美好生活的开端。新墨西哥州有着干燥的沙漠性气候，很多结核病患者都在那里得以康复。阿琳满心希望她的病情在那里能够好转，让她可以成为配得上理查德的体贴妻子。阿琳甚至希望在条件合适的时候，她和理查德能有一个孩子。

为了避免引起公众注意，普林斯顿大学核武器研发团队的大多数成员都是从其他火车站出发前往新墨西哥的，但他们的行李还是会从普林斯顿火车站运往新墨西哥。费曼夫妇决定采取不同的方式，直接从普林斯顿火车站出发。由于他们是唯一去往新墨西哥的夫妇，火车上的工作人员以为所有从普林斯顿火车站搬上来的行李都是他们的，这让他们忍俊不禁。

在相对豪华的车厢里享受横跨美国的旅途，费曼夫妇终于体验到了真正的蜜月滋味。阿琳不知道理查德要去那里做什么工作，因为这项计划是保密的。所有寄往洛斯阿拉莫斯的信件都先被投递到新墨西哥州圣塔菲的1663邮箱，再经过分拣和审查，最后分发给研究人员和其他工作人员。

费曼被分配到理论组，由康奈尔大学的教授、核物理专家汉斯·贝特领导。贝特此前发表了核物理理论领域的"圣经"：一篇由三部分组成的论文，详细描述了该领域的所有已知之事。巧合的是，在费曼去理论组报到的那天，其他很多物理学家都不在。贝特需要通过面对面讨论的方式来梳理思路，所以当天他好几次到费曼的办公室找他讨论问题，费曼关于什么行得通而什么行不通的敏锐直觉给贝特留下了深刻印象。"我很快就意识到，他是一个现象级的天才。"[35]贝特回忆道，"费曼或许是整个理论组中最聪明的人，我们进行了许多合作。"

贝特和费曼总是围绕各种与核弹设计相关的理论问题，进行针锋相对但却友好的争论，这件事让整个实验室津津乐道。贝特的思路非常有条理，他会一个接一个地抛出论点，并以充分的数学证据做支撑，就像一位经验丰富的律师分析案件一样。每当费曼认为贝特说得不对时，他都会立刻说出"不对，不对，你疯了！"[36]或者"简直是一派胡言！"之类的话。贝特会耐心地继续讲述自己的观点，然后再次被费曼厉声打断。附近的其他研究者不可避免地会听到费曼的驳斥声，他们通常觉得这十分有趣，特别是考虑到贝特是一位备受尊敬的教授。

贝特和费曼在做计算的时候都有摆弄铜丝或者塑料的习惯，他们把这些小玩意儿称为"思考玩具"。有一天，费曼开玩笑地把自己和贝特的"思考玩具"换了过来。[37]令人吃惊的是，费曼发现自己变得更加慎重和有条理了，思路和动作都慢了下来；而贝特则表现得更活泼，甚至做出一些狂野的手势。同事们看到两人极其鲜明的特征竟然换了过来，都乐不可支。

在与贝特密切合作的同时，费曼与奥本海默也渐渐熟识起来，奥本海默也认为费曼是少有的天才。到1943年年末，贝特和奥本海默已经开始暗中角力，都想把费曼拉到自己所在的大学工作。他们都意识到，费曼有潜力成为一名出色的教授，他的前途一片光明。

奥本海默给他所在的加州大学伯克利分校物理系主任雷蒙德·伯奇写信推荐费曼：

> 从各种角度说，他都是这里最杰出的年轻物理学家，他的优秀众所周知。他的个性和性格极其迷人，思路极其清晰，各方面都合乎标准。他还非常擅长教学，对物理学充满热爱……
>
> 贝特曾说，他宁愿失去自己组里的另外两个成员，也不愿意失去费曼。维格纳也说："他是第二个狄拉克，但更具人性。"[38]

伯奇没有把握在尚未了解费曼的情况下就聘任他，所以加州大学伯克利分校没有立即向费曼发出邀约。相比之下贝特所在的康奈尔大学物理系的行动更加迅速，他们承诺给费曼一个教职，战争结束即可赴任，费曼也接受了。

在洛斯阿拉莫斯的两年里，费曼做了些什么呢？其实，我们应该问的问题是，有什么工作是费曼没有做过的？费曼几乎在一切仪器上都留下了他的指纹，他的智慧之光闪现在很多关键计算中。每当一台新的计算机或者其他仪器（通常是拆开的状态，需要人工组装）被运进来，费曼通常是第一个打开箱子、拿出部件并把它们组装起来的人。他也会彻底掌握这些机器的运转机制，从接通电源到解读显示结果，一旦机器出了问题，同事们的第一反应就是找他解决。

费曼做出的一项关键的早期贡献，与铀235发射的快中子的行为有关。它们扩散的方式很难进行准确的计算，费曼接受了这个挑战，设计了一套循序渐进的流程（从某种角度看很像他在普林斯顿大学提出的求和方法），并把它编程置入原始的IBM（国际商业机器公司）计算机。当时编程是一个把各种插管和电线杂乱地拼凑在一起的过程，这正是他喜欢的实操类工作。

后来，在组装钚弹的过程中，费曼又多次展现了他杰出的计算能力。他快速算出钚弹在各个阶段可能会发生的具体现象，从引爆机制到爆炸威力。他在数学、计算机和粒子物理学方面的专业知识，为世界上威力最大的武器的诞生做出了重要的贡献。

虽然费曼全身心投入这种大规模杀伤性武器的研究，但他几乎没有时间思考制造出这种武器在道德层面上意味着什么。当时的他一心攻克技术难题，完成自己的任务，帮助同盟国打败德国。直到后来，他才会考虑原子弹爆炸引发的深刻道德问题。

核基地的捣蛋小子

费曼也在努力做一个好丈夫。他只能尽自己所能，毕竟他和阿琳住的医院之间还有一段距离，他的工作性质特殊，阿琳的健康状况又不容乐观。费曼陪阿琳说话，逗她开心，尽一切努力让她振作起来，阿琳也用爱和玩笑来回应他。

在这个距离纽约亲友数千英里远的地方，这对年轻夫妇充分发挥了他们天性中淘气幽默的一面。每逢周末理查德去阿尔伯克基探望阿琳，阿琳都会想出多种多样的游戏和玩法逗费曼开心。比如，他们假装阿琳的病房里有一头大象，并给它取名"斯纳格尔"（Snuggle）[1]。为了把两个人的注意力从她的病情上移开，阿琳总会向费曼汇报斯纳格尔又做了些什么。他们梦想着有一天能开始真正的家庭生活，到那个时候他们或许可以养一头真的大象。

要去阿尔伯克基的时候，费曼通常会借他的朋友、研究员克劳斯·富克斯的车。他完全不知道富克斯的隐藏身份，5年后富克斯因为苏联间谍的身份被捕入狱，出狱后移民民主德国。

在费曼27岁生日那天，阿琳制作了一批"假"报纸，头条是"全国人民热烈庆祝费曼先生的生日"，并事先把这批报纸送到洛斯阿拉莫斯费曼所在的研究团队。这些假报纸被张贴得到处都是，引得同事们哈哈大笑，费曼也乐不可支。

看到他可爱的"小猫咪"如此了解他，还愿意配合他搞恶作剧，费曼也喜欢对阿琳讲他自己干的淘气事。费曼一边偷笑一边告诉阿琳，他如何突破了实验室号称"戒备森严"的安保措施（当然，没有泄露任何机密信息）。他在楼房外面的围墙上找到了一个洞，从那里溜了出去，这样实验室就不会留下他的外出记录。不幸的是，阿琳的身体一天比一天弱，费曼必须想尽一切办法让她高兴起来。

费曼对自己的撬锁能力引以为豪，这项技能是他在普林斯顿大学读研期间从一位同学那里学来的。只要有一枚回形针，他就能打开任何一把锁。他时常打开一个又一个用挂锁锁住的档案柜，把里面的东西拿到会议室，并当众抱怨没有什么东西是安全的。爱德华·特勒向费曼夸口他办

---

① "Snuggle"在英语里是"依偎"的意思。——译者注

公桌的抽屉（里面装着机密文件）牢不可破，费曼接受了这个挑战，透过特勒办公桌后面的一条缝隙把他抽屉里的文件全"偷"走了。"费曼一半是物理学家，一半是搞怪的人。"[39]特勒回忆道。

在管理人员把基地的锁从挂锁全部换成组合锁以后，费曼觉得有必要捍卫一下他的撬锁之王的声誉。于是，他花了几个月的时间摆弄锁盘，聆听锁芯发出的声音，记录关于每个组合锁的笔记，还读了关于组合锁的书，终于掌握了破解组合锁的技能。当同事们看到他能打开难以破解的保险柜组合锁时，他们脸上的表情让费曼陶醉不已。就像一位技艺高超的魔术师，他喜欢靠自己的技能让人们大吃一惊。

费曼更希望周围的人把他当作一个普通人，只是碰巧能表演几个惊人的把戏，比如撬开保险柜、破解难题，以及做极为复杂的计算。在同事们的眼中，他就是一个昵称为"迪克"的普通人，朴实无华。他立志做个真正的男人，当然，他也会喝酒、抽烟、说粗话。不过，有天晚上他喝得烂醉，并为此写信向阿琳保证以后一定改邪归正，不再抽烟喝酒。

很明显，费曼对自己在艺术创作方面的追求颇感自豪，比如他打邦戈鼓的超凡技艺。这项爱好始于他在洛斯阿拉莫斯工作期间，并伴随他终生。特勒回忆道："他每天晚上都在打鼓。[40]每当我回忆起那段时间，我总能想起邦戈鼓声。"

东奔西跑的日子

惠勒服务于曼哈顿计划的经历与费曼大为不同。一个很重要的原因在于，他有三个年纪尚小的孩子。因此，远离普林斯顿大学平静的校园生活，对他来说并不是一段解放天性的经历，相反，为了完成任务而带着家人在各地奔走，对于他是一种负担。

总的来说，惠勒不是一个随心所欲和爱开玩笑的人。与费曼的质朴粗犷相比，他的举止颇有风度，就像主日学校的老师一样。他的幽默感细微内敛、不形于色，主要表现为智慧和善意的调侃。简言之，如果说研制原子弹的经历给了费曼一个变得更加狂野的机会，惠勒则没有这样的机会，他也没有这种需求。让家人经历多次搬家还能保持心情愉快，是惠勒的首要目标。

1942年夏天，惠勒最小的孩子艾莉森刚出生不久，惠勒一家就开始了奔波的生活。约翰在芝加哥大学旁边租了一所房子，将一家人临时安顿下来。当时，他的儿子杰米得了风湿热，珍妮特的产后并发症还在恢复当中，因此这段日子对惠勒一家来说并不好过。

1943年3月，康普顿在特拉华州的威明顿给惠勒安排了一个职务，担任与杜邦公司实验室的联络员，惠勒一家只得再次搬家。他们在威明顿待了一年多的时间，又举家搬迁到美国的另一端，就像康普顿散射实验里的电子一样。从1944年夏天到1945年夏天战争结束，惠勒一家一直住在华盛顿州的里奇兰，便于惠勒在邻近的汉福德监督钚生产反应堆的建设和运行。有时候惠勒还得在汉福德和威明顿之间"通勤"，这是一段艰辛的火车旅程，中间需要多次换乘。

为了完成在汉福德的任务，惠勒去过几次洛斯阿拉莫斯，就钚的安全性等问题咨询那里的专家。没人能够确定至多可以安全地产出多少钚。他们需要花费很多钱建造新的储存设施，把产出的钚分开存储，以免聚集起来的钚超过临界质量而引发危险的核熔毁吗？又或者，把所有的钚都存放在单一容器里也没问题？

费曼再次利用他高超的计算技能来回答惠勒的问题，只不过这一次他们讨论的不是抽象的理论，而是生死攸关的大问题。进行了一番计算以后，费曼给惠勒提供了一些数据。惠勒把这些数据带回了汉福德，在与反应堆主管比尔·麦基讨论之后，他和同事共同设计出将风险降至最低的方案。[41]

惠勒深切地同情生命垂危的阿琳和心如刀绞的费曼，每次到洛斯阿拉莫斯他都会去医院看望阿琳，给她鼓劲儿，祝愿她能好起来。费曼非常感激惠勒如此善意的举动，在费曼心目中惠勒犹如圣人一般，虽然这位圣人时常有一些古怪的想法。

此时的惠勒和费曼必须专注于研制原子弹，也就没有多少时间思考之前的研究。其间，惠勒或许比费曼思考得多一点儿。费曼负责计算，惠勒负责想象。即使在把精力集中在更为实际的事务上时，其间也忍不住想象大自然背后隐藏的真相。

在承受繁重的战时工作的同时，惠勒也盼望未来能回到普林斯顿大学，透过帕尔默实验楼的窗户俯瞰树木葱郁的校园，深刻地思考与现实本质相关的问题。他可以只用电子来解释一切现象吗？电子（或许只有一个电子）有没有可能就是现实的最小组成单元？电子之下还存在更基本的组分吗？能不能找到某种解释，让尼尔斯·玻尔和阿尔伯特·爱因斯坦都满意呢？

流亡的掌舵人

"二战"爆发后，玻尔最关心的事情不再是与爱因斯坦在量子力学方面的争论。1940年4月，纳粹占领了丹麦，但为了继续领导丹麦科学界，不让研究所被纳粹荼毒，玻尔一直留在哥本哈根。

1943年9月，丹麦抵抗军给玻尔送来消息，纳粹当局准备逮捕他，因为他的母亲是犹太人。丹麦抵抗军表示愿意安排玻尔及其家人逃往中立国瑞典，于是玻尔在一个夜深人静的夜晚出发，带着一个装着重水（可用于减缓核反应速度）的绿色瓶子还有他的家人，乘渔船跨越了丹麦海峡。

有人提议他乘飞机去英国，为了离纳粹更远一些，玻尔同意了。为了防止在飞越已被纳粹占领的挪威上空时被导弹击落，他乘坐的是一架蚊式轰炸机，可以进行高空飞行。登机时，工作人员告知玻尔要戴好氧气面罩。他的儿子阿格当时在学习核物理，搭乘的是另一架飞机。

出于某种原因（可能是因为头围太大或者忘记了），玻尔没有戴上氧气面罩，途中就晕倒了。幸好，抵达英国后他被抢救过来。然而，他手里紧紧抓着的绿色瓶子里装的是啤酒，也就是说，他拿错瓶子了。丹麦抵抗军不得不冒险潜入玻尔家，取走那瓶珍贵的重水。

1943年12月，尼尔斯和阿格受邀前往美国，为曼哈顿计划提供支持。到达华盛顿特区后，他们见到了格罗夫斯将军，将军为他们介绍了目前的进展。为了减少被外国特工认出来的可能性，他们俩分别化名尼古拉斯·贝克和詹姆斯·贝克。当时，曼哈顿计划已经进行到最后阶段，他们去了几趟洛斯阿拉莫斯，提出了一些建议，但主要目的是鼓舞士气。

费曼还记得"贝克和他的儿子"初次来到实验室时大家激动不已的心情，从最高级别的官员到最低级别的研究员，每个人都坐立不安地等待着这位鼎鼎大名的丹麦物理学家的评鉴。"哪怕在曼哈顿计划中最高级别的人物眼里，玻尔也是一位伟大的人物。"[42]费曼回忆道。

让费曼十分惊讶的是，有一次在玻尔到访之前，费曼接到了阿格的电话，通知他一大早去开会讨论如何修改原子弹的设计。让费曼百思不得其解的是，为什么玻尔会在这么多人当中选择了他，而不是其他更有名气的人。当然，费曼一口答应了。

在一间僻静的办公室里，尼尔斯·玻尔、阿格和费曼三个人坐了下来。玻尔转向费曼并开始讲话，他的声音非常轻，几乎是喃喃自语。他停下来吸了一口烟，然后继续喃喃自语。费曼完全听不清玻尔在说什么，幸好有阿格在，他可以充当他父亲的"翻译员"，向费曼解释他父亲的意思。

即使面对像玻尔这样知名的人物，费曼也是一如既往地坦诚。他解释说，玻尔提出的建议在技术细节上不可行。虽然费曼并不同意玻尔的提议，但玻尔仍然很感谢费曼开诚布公的分析。

1944年年中，曼哈顿计划正在如火如荼地推进。同时，全球局势发生了很大的变化。6月6日，盟军穿越英吉利海峡，在法国的诺曼底登陆。这一天后来被称为"登陆日"，标志着欧洲战场局势的转折。几个月内，越来越多的同盟军军队以诺曼底为落脚点，向柏林挺进。在此期间，苏联军队也挥师西进，朝着柏林进发。1945年9月5日（后来被称为"欧洲胜利日"），柏林被盟军占领，欧洲战场的战争结束了。但由于日本拒绝接受盟军提出的无条件投降的要求，太平洋战场的战事仍在继续。

玻尔迫不及待地想回到哥本哈根，重新掌舵理论物理研究所。一个重要的日子即将到来，1945年10月7日是玻尔的60周岁生日，鉴于他在现代物理学领域有如此崇高的地位，并且受到这么多人的尊敬和爱戴，庆祝活动需要尽早筹备。

物理学界有一个神圣的传统：在任何一位对物理学做出过杰出贡献的物理学家过60岁生日时，他的同行和学生都要撰写致敬他的文章，并汇编成纪念文集。通常，文集中的文章都要展现这位物理学家在相关领域提出了哪些新的理论和见解。考虑到玻尔的工作涉及如此多的领域，汇编这样一本文集向他致敬，想必不难。

1945年春天，著名物理学期刊《现代物理学综述》出版了一本关于玻尔的专刊，其实就相当于献给他的纪念文集。整本专刊全是关于玻尔的文章，其作者也都是量子与核物理领域的知名物理学家，包括马克斯·玻恩、保罗·狄拉克、乔治·伽莫夫。其中还有爱因斯坦及其助手恩斯特·施特劳斯共同撰写的一篇文章，主题是关于引力与膨胀宇宙的。

开篇文章由沃尔夫冈·泡利撰写，它历数了玻尔的成就，为整本专刊奠定了基调。这位向来很难相处的理论物理学家热情洋溢地赞颂了原子理论之父的贡献。在泡利之后，一篇又一篇的文章也纷纷称赞了玻尔的成就，并着重强调了其贡献对于物理学的方方面面的影响。

虽然惠勒在曼哈顿计划中的工作还未结束，但他也想写一篇文章祝贺玻尔的生日。他与费曼共同建立的吸收体理论恰好是一个绝佳的主题，惠勒也不想把这项工作搁置太久。在理论物理学领域，如果你推迟发表一个理论，就意味着别人可能会抢先发表。惠勒认为，在致敬玻尔的专刊上发表文章是一个理想的机会，至少可以让物理学界注意到超距作用理论的一部分结果。于是，惠勒迅速写出了一篇文章（大部分内容都由他执笔，但署名是他和费曼两人），囊括了他们研究工作的大部分发现。

当未来塑造了过去

惠勒和费曼发表的这篇文章题为《与吸收体相互作用的辐射机制》（*Interaction with the Absorber as the Mechanism of Radiation*），它从一开始就相当不寻常，标题中包含了长长的注释。惠勒在注释中说道，这篇文章中的大部分工作都是他和费曼在几年前做的，但被战争打断了。因此，读者应当把它视作一项还在进行中的工作，它只是其中一部分，后续还会有其他部分。

费曼遵从了惠勒对文章的架构和内容的安排，但他觉得"多个部分"的说法没什么必要，而且也有点儿不切实际。事实证明，他们最终仅就这项研究写了两篇论文，之间相隔 4 年时间。

因为这是一篇致敬玻尔的文章，所以惠勒在开头处引用了这位伟大的丹麦物理学家于 1934 年出版的著作里的一句神秘的话："我们需要做好这样的心理准备：要想在这个领域里更进一步，就必须放弃我们在描述时空模式时所要求的特征。"[43]

不管惠勒的假设多么高深莫测又虚无缥缈，他习惯于把它们建立在他尊敬的前辈与导师（尤其是玻尔和爱因斯坦）打下的坚实基础之上。对他而言，引用玻尔或爱因斯坦的话可以让读者确信，他的这些"疯狂的想法"并非凭空产生，而是在主流研究的基础上加以延伸和思考的产物。因此，惠勒之所以引用玻尔的这句话，是为了表明玻尔对在另一套基础上重构量子力学的态度是宽容的，也暗示他的吸收体理论或许标志着量子力学的一大进步。

论文的引言部分继续用推销员似的口吻强调了物理学中超距作用的悠久传统，从艾萨克·牛顿到德国数学家卡尔·高斯等人都构思过这种作用。虽然这类想法已经被充满空间的能量场概念替代，但为了解决与辐射有关的难题，物理学界或许应该重拾超距作用的概念。文章继续说道，具体而言，复兴超距作用可以为解释辐射阻尼现象提供一种绝妙的方法。

之后，惠勒又引用了他的另一位重要的人生导师爱因斯坦的话，来支持他的吸收体理论。他提到爱因斯坦与一位不太知名的荷兰物理学家雨果·泰特洛德在1922年提出的设想，即任何辐射不仅要有辐射源，还应该有能吸收它的东西。用泰特洛德的话说："如果整个空间里只有太阳，而没有可以吸收太阳辐射的东西，太阳就不会发光了。"[44]

如果这篇论文由费曼独自执笔，他绝不会在背景介绍、猜测和引文上浪费如此多的笔墨。他从未读过泰特洛德的论文，也没有兴趣读。他会开门见山地指出辐射阻尼的问题，然后展示自己的研究结果。费曼写出来的论文会像他的博士学位论文一样，简洁直接。但由惠勒执笔写作大部分内容，使得这篇论文和费曼的博士论文风格迥异。

在详细计算了惠勒-费曼吸收体理论中辐射粒子的行为（这是费曼的工作核心）之后，文章转向了惠勒擅长的猜测性想法。这篇论文最后讨论了一个极具哲学性的话题：时间之箭。如果吸收体未来的行为可以决定辐射粒子过去的行为，将对因果律有何影响？惠勒写道：

> 预加速和引起预加速的辐射作用力，都偏离了我们曾经秉持的自然观，即粒子在给定时刻的运动完全由此前其他粒子的运动来决定……我们以前认为过去完全不受未来的影响。但如果粒子可以在来自周围电荷的延迟场到达之前随之运动，这种理想化的因果观念就不再成立了。[45]

惠勒和费曼的这篇论文以一个革命性的观点结尾：想象在一个世界中，未来可以影响过去，反之亦然。它消除了时间正向因果律和时间反向因果律的区别，这比粒子可以沿时间反向运动的说法更进一步。可以说，它把未来与过去放在了同等重要的位置上。

表观的时间可逆性和实际的时间可逆性是有区别的。很多事情看似都可以沿时间反向演化，比如，你大叫一声"啊疼！"，然后向前跑，撞上墙反弹回来后再叫一声"啊疼！"。把这些举动拍成视频，再沿时间轴反向播放，看起来或许是一样的。然而，你喊的第一声"啊疼！"，并不是因为你在此之前撞了墙。但是，在惠勒–费曼吸收体理论中，粒子确实感受到了未来事件的影响，即通过吸收它们的辐射产生的超前信号。

惠勒与费曼的超前信号的概念就像种子一样，萌发出一整套全新的电动力学方法。他们的洞见把粒子物理学从时间正向运动的桎梏中解放出来，让过去、现在和未来可以相互对话。

从瓶子中放出来的魔鬼

原子弹的爆炸取决于一系列级联的核反应，原则上，每个反应在时间上都是可逆的。如果像惠勒－费曼吸收体理论所说的，辐射的机制在时间上是对称的，你可能会想象我们可以把粒子之间的相互作用录下来，然后沿时间反向播放。这样一来，蘑菇云就会缩小，铀和其他制造原子弹的材料也会重新聚集起来，整个设备回到初始状态。

然而，从时间之箭的角度看，大尺度的现实与粒子世界完全不同。比如，热力学第二定律指出，很多过程都会把大部分可用的能量转变为无用的能量。原子弹爆炸造成的巨大热量冲击波和大范围损毁，正是这种不可逆性的绝佳例子。没有人能把时钟回拨，撤销原子弹给一个城市带来的毁灭性影响，这一切根本无法想象。

1945年8月，在美国向广岛和长崎投下两颗原子弹后，日本宣布投降，第二次世界大战结束了。哈里·杜鲁门在富兰克林·罗斯福去世后接任美国总统，就是他做出了向日本投放原子弹的决定。大家对战争的结束感到欣慰，但很多人也开始思考这个导致如此多人被原子弹爆炸引发的大火活活烧死或受辐射而死的事件背后的伦理问题，尽管原子弹的投放从表面来看阻止了更多的人员伤亡。许多曾向罗斯福发出纳粹可能在研制原子弹警示的科学家，比如爱因斯坦和西拉德，还有参与曼哈顿计划的威尔逊等人，他们都担心美国政府会把原子弹用在无辜的日本平民身上，因为他们原本以为曼哈顿计划只是用来威慑纳粹的。在得知德国的原子弹计划毫无进展后，向日本本土投放原子弹的举动看起来就格外残忍。

　　有没有可能把这个从瓶子里放出来的魔鬼关回去，以免未来引发更多的灾难呢？一旦制造核武器的秘密被揭开，它就再也收不回去了。玻尔坚定地支持科学的开放性，激烈地辩称所有信息都应该公之于众，但他也和爱因斯坦、威尔逊、西拉德等人一起支持在全球进行核武器控制。物理学界的大部分人，包括很多参与了核武器制造的人，都成为核武器控制管理机构的支持者和组织者。

　　而以特勒为首的一小部分人则警告美国，美苏正在进行军备竞赛，建议西方国家保守制造核武器方法的秘密。他催促美国着手制造比原子弹威力更强的"超级炸弹"——后来被称为氢弹——以备日后对付苏联。即使在曼哈顿计划结束后的很长一段时间里，他也一直在研究先进武器，并以"氢弹之父"的称号闻名于世。著名电影《奇爱博士》就讽刺了他和那些支持核计划的人。

如果……会怎么样？

　　出人意料的是，惠勒也站在以特勒为首的支持核计划的阵营里，虽然他不像特勒那么直言不讳和激进。曼哈顿计划结束后，他也在继续研究核武器，直到1953年。惠勒为氢弹开发做出了重要贡献，也公开表示支持。

　　为什么像惠勒这样一个安静平和的人会在核武器的问题上变得如此激进呢，更何况他还是国际主义者玻尔和爱因斯坦的学生？这可能跟一场悲剧有关。惠勒的弟弟乔战死沙场，年仅30岁。或许正是弟弟的牺牲，让惠勒选择了支持核武器研发的立场。

乔是一位有才华的年轻历史学家，在布朗大学获得了博士学位。在学术生涯前景光明之时，他加入了美国陆军，成为一名一等兵。乔在意大利与德军作战，当时正是战事最为激烈的时候。1944年的一天，他给约翰寄来了一张明信片，上面写着"快！"。

惠勒猜测，因为乔知道他在做核裂变方面的研究，可能由此猜到他在研发某种超级武器，从而终结战争。虽然盟军快要打败希特勒了，但更强有力的武器或许可以让战争提前结束。

但是，悲剧发生了。在寄出那张明信片后不久，乔就在一场战斗中失踪了，他那残缺不全的遗骸直到1946年才被找到。当约翰及其家人听到这个噩耗时，他们悲痛欲绝。

从那一刻开始，乔在寄给惠勒的明信片上留下的信息，就一直盘旋在惠勒的脑海中。他沉迷于想象这样一个平行宇宙：20世纪40年代初，他并未在核裂变研究与电动力学研究之间来回切换并最终专注于后者，而是一直专注于核裂变研究与核武器的研发，那么，凭借他的知识背景和协调能力，或许就能加快曼哈顿计划的进度，促使罗斯福政府向其中投入更多的人力与资源。这样一来，到美国参战时，科学家可能已经开始制造原子弹了。如果原子弹能在1944年年中制造出来，纳粹德国就会早一年宣布投降，从而拯救上千万人的生命，包括在战争末期牺牲的士兵和平民，以及在大屠杀中惨遭杀害的犹太人。

"我确信，在盟国英国和加拿大的帮助下，美国可以更早地研制出原子弹……如果科学和政治方面的领导人能早些专注于这项任务。"[46]惠勒后来在回忆录中写道，"我们不能否认，如果原子弹计划早一年开始并且早一年结束，1 500万人可能就不会丧生，包括我的弟弟乔。"

在弟弟去世数十年后，惠勒每次在公开场合提到那个时期，都抑制不住地自责，后悔没有及早推动并更加努力地完成原子弹计划。当说到如果盟军早一点儿打败纳粹，他的弟弟有可能还活着的时候，他的眼睛里会泛起泪花。又是那个令人心碎的问题："如果……会怎么样？"

末日时钟

在原子时代，一个非常形象的符号是"末日时钟"，1947年它最早出现在《原子科学家公报》（Bulletin of the Atomic Scientists）的封面上。这份杂志是由参与过曼哈顿计划并支持控制核武器的科学家创办的。末日之钟提醒大家，核灾难的威胁近在眼前。它的指针一开始被设定为23时53分，可以随着危险程度前后调整，午夜象征着核灾难。随着核武器越来越强大，核灾难越来越有可能发生，它或许会终结文明，甚至毁灭地球上的一切生物。

从原子弹的第一次试验（奥本海默称之为"三一试验"）起，科学家就产生了对核灾难的恐惧。这次试验于1945年7月16日清晨在一个被称为"霍尔纳达−德尔穆埃托"（在西班牙语中的意思是"死亡之旅"）的沙漠地区进行，位于洛斯阿拉莫斯南部约200英里处。在引爆倒计时的几天前，一个钚弹被放置在引爆塔上。贝特和费曼已经非常仔细地计算了炸弹预计会释放的能量，他们使用的公式被称为"贝特−费曼公式"。为了检验他们预估的结果和其他方面的数据是否准确，工作人员在试验地点周边放置了很多仪器。前来观测的科学家和重要官员被安置于距离引爆塔约6英里处的地堡,该事件的其他见证者则待在大约20英里以外的地方观看。每个人都分到了一副特殊的暗色护目镜,以防被爆炸产生的强光刺伤眼睛。随着倒计时的临近,大家不禁担心起炸弹将会产生的影响。有的人,比如格罗夫斯将军,担心炸弹根本不会爆炸,而有的人则担心它的威力过大,会引发一系列的毁灭性事件,甚至点燃大气层。为了缓和现场的沉重气氛,费米设下了一个赌局,让大家赌:爆炸会不会点燃大气层?如果大气层真被点燃了,它会只把新墨西哥州夷为平地,还是整个世界?

永远怀着一颗好奇心的费曼害怕护目镜会干扰自己的视野,决定摘掉它,在一辆装载武器的卡车里观看爆炸。根据他的估算,卡车的挡风玻璃可以挡住炸弹发出的紫外辐射,既能防止它们伤害人眼,又能让可见光通过。他大胆地这样做了,事实也确如他所料。

突然之间,费曼的眼前闪过一团耀眼的白光,试验成功了!他本能地扭头,看到了一个紫色斑点,而且无论他看向哪个方向,都能看到紫色斑点,即使闭上眼睛也能看到。他没有因此惊慌,因为他知道这只是那团白光在他眼中暂时留下的残像。想到这里,他睁开了眼睛,看到一个黄色的火球越来越大,看上去就像第二个升起的太阳。膨胀到一定程度后,这个火球变为橙色,它的下面有厚厚的一层烟雾,形状犹如蘑菇。其间,费曼的心里好像一直有一个冷静的"解说员",详细地向他播报原子弹爆炸的每个阶段涉及的物理学定律。最终,他听到雷鸣般的轰响。他知道,在距离相等的情况下,声音传播所需的时间比光要长得多,在离爆炸地点20英里的地方,从看到爆炸产生的光到听到声音,时间间隔大约为一分半钟。

几周后，两颗原子弹被投放到日本的广岛和长崎。对此，费曼并未觉得恐惧，也不觉得愧疚、自责和担忧，而是和大家一样，为战争的结束感到欣慰。在实验室里，劝说费曼加入曼哈顿计划的威尔逊，激烈地抨击着他们将一种何等邪恶的东西带到了人间。让费曼不解的是，为什么鲍勃会不承认自己的"孩子"呢？对费曼来说，感受到他为之做出了如此重大贡献的新技术的影响，还需要一段时间。

为什么像费曼这么敏感的人，一开始会对核爆炸这种具有破坏性杀伤力的事件漠不关心呢？这或许是因为，在几周之前，他的世界已经终结过一次了。他的爱人阿琳永远地离开了这个世界，他的内心变得像三位试验场一样荒芜。

6月中旬，费曼接到了阿琳父亲的电话。阿琳父亲当时正在医院里，他告诉费曼阿琳生命垂危。费曼开着同事富克斯的车，飞奔赶往阿尔伯克基，路上车胎两次漏气，他不得不停下修理。当费曼赶到时，阿琳已经失去了意识，呼吸也很微弱。6月16日，阿琳去世了。

在这个过程中，费曼出奇地冷静。他的大脑告诉他，死亡是一个自然的生理过程。他和他的"小猫咪"已经共同经历了一段如此充实的冒险之旅，即使在她生病期间。不管他们婚后一起生活了几十年，还是短短的几年，最后的结局都一样。

费曼注意到，阿琳床头的闹钟刚好停在她离世的时间：晚上9点21分。难道在他的爱人去世的那一刻，时间恰好也停止了吗？当然不是。他头脑里不停运转的理性齿轮提供了一个更加合理的解释：这个闹钟本就经常坏，可能是护士在确认阿琳的死亡时间时碰到了它，导致它停止运转。[47]

在费曼的情感生活里，仿佛也有一个闹钟突然停止了运行，虽然他自己当时并没有意识到。对在洛斯阿拉莫斯的朋友而言，费曼似乎和以往一样无忧无虑。在观看三一试验和听到美国向日本投放原子弹的消息时，他都是一副漫不经心的态度。然而，他逐渐意识到有什么事情不太对劲，在他内心深处好像有什么东西缺失了。他的身体和大脑仿佛处于自动驾驶状态，中央处理器宕机了，输出的结果毫无意义。如何才能修好他内心的闹钟，让它重新走起来呢？

第 4 章

拉开量子电动力学的序幕

"每当我们走到岔路口，我们都会选择更难
走但看起来也更有意思的那一条路。"
——《费曼手札》中理德·费曼的女儿
米歇尔·费曼回忆她父亲说过的话

"二战"造成了史无前例的大规模伤亡，冲淡了公众对战争结束的喜悦之情。欧洲、日本和世界其他地方的伤亡人数时时提醒着幸存者，历史走上了何等糟糕的一条道路。有很多人都在想，如果没有阿道夫·希特勒，这个世界会是什么样子。在这个平行宇宙中，世界会更加和平吗？又或者说，战争是不可避免的，即使没有希特勒，也会有其他残忍的刽子手？

　　也有很多人在想，如果希特勒获胜了，会怎么样。关于这个话题的虚构历史作品有很多，菲利普·迪克（Philip Dick）的小说《高堡奇人》就是其中一部经典著作，它最早出版于1962年。在这本小说中，出于种种原因，同盟国败给了轴心国，纳粹德国和日本瓜分了整个世界，只留下少数几个中立地区。

　　迪克的创作有几个灵感来源，其中包括沃德·穆尔1953年出版的小说《迎禧年》（*Bring the Jubilee*），它设想了如果南方美利坚联盟国赢得了美国内战，会怎么样。中国古老的《易经》也给了他启发，书中包含一系列可随机选择的卦象，每个卦象都是由一系列线段组成的图案，它们各不相同，预示着多种未来中的一种。

在迪克撰写的故事中，有几个人物完全依赖《易经》来做决定。其中一位名叫霍索恩·阿本德森的作家用《易经》的占卜结果写了一本书，书名为《负重的蚂蚱》。这本书在纳粹统治的地区被列为禁书，但在其他地区却很受欢迎，它讲述了与故事中的历史截然不同的另一段历史——纳粹被打败了，但他们被打败的方式和时间跟真实的历史也不一样。

另一个笃信《易经》的人朱莉安娜是《负重的蚂蚱》的狂热书迷，她一直想找到阿本德森，跟他当面探讨这本小说的意义。见到阿本德森后，朱莉安娜得出了一个惊人的结论：书中虚构的纳粹战败的情节，比她本人所在的时间线更真实。换句话说，纳粹注定失败，而非获胜。朱莉安娜意识到，她所知道的历史其实只是一种幻觉，是时空中的一条错误路径。

迪克创作的这个复杂难懂却发人深思的故事，再次引出了一个被很多哲学家提到过的问题：有没有这样一种可能，各种各样版本的历史都真实存在，只是它们被写在我们看不见的书页上？如果真是这样，我们能不能像小说里的有些人物一样，对其他版本的历史有所感知？

德国数学家、逻辑学家莱布尼茨曾经猜想，上帝也许可以感知到每一个历史分支，在权衡了所有分支的利弊后，他选择了那条最佳路径。在"二战"的例子中，最佳路径也许就是实际发生的那条路径：纳粹在1945年被打败。莱布尼茨可能会说，如果希特勒可以更早地被打败，让上千万人免于丧生，上帝就会选择那条路径了。

在《老实人》中，法国作家伏尔泰嘲讽了莱布尼茨的"我们总是住在所有可能的世界中最好的那个世界里"的观点。不管发生多么恐怖的事情，书中的潘格洛斯博士都乐观地相信一切都是最好的安排，否则上帝就会选择另一个更好的结局。

虽然在讨论人类事件的过程中，虚构历史的想法只是猜测性的，但理查德·费曼的路径积分法却真正地适用于量子世界。要计算任何粒子相互作用的结果，就必须考虑所有可能的历史进程。在操纵这个由各种可能性组成的算盘时，事实证明经典路径就是最优路径，大自然似乎也在遵循《易经》的预测。

战后的忧伤岁月

战争的结束虽然让惠勒和费曼松了一口气，但对他们俩来说，战后的一段时间，尤其是1946年，是被愁云惨雾笼罩的日子。惠勒失去了亲爱的弟弟，费曼失去了深爱的妻子和灵感缪斯。对于费曼痛失爱妻的遭遇，作为导师的惠勒也深表同情。

不过，惠勒一家终于可以返回故乡了，这给了他们些许安慰。他们回到普林斯顿巴特尔路舒适的家里，奔波的岁月似乎告一段落了。（几年后，他们会去洛斯阿拉莫斯，但不再像战时那样手忙脚乱。）惠勒夫妇把生活重心转移到孩子的学业和其他家庭事务上，这在一定程度上帮他们把战争带来的痛苦抛在脑后。

然而，费曼没有这样的家庭生活来帮他摆脱焦虑。在过去几年里，他把大部分精力都投入到原子弹计划上，而现在这个计划已如蘑菇云般烟消云散。放下道德问题不谈，他此前在洛斯阿拉莫斯的工作还是颇有成

图 4-1　惠勒家在新泽西州普林斯顿市战役路的房子
资料来源：照片由保罗·哈尔彭提供。

就感的，包括破解保险柜的组合锁和其他滑稽的把戏。但这些成就感已经不在，只留下无尽的空虚。

　　当年10月，费曼的父亲也去世了，这加剧了他内心的痛苦。梅尔维尔·费曼对科学怀有无限的热情和巨大的好奇心，他也是理查德·费曼研究科学的动力，总在思考应该怎么给父亲解释某个概念。理查德也为失去了伴侣的母亲担心，因此对母亲呵护备至。

　　一天下午，费曼和母亲在纽约城吃饭，突然被一股抑郁的情绪击中。他看着周围街道上的行人——商人、游客和其他在摩天大楼间闲逛的人——心里估算了一下，如果一颗原子弹投放到这里会造成多大的人员伤亡，如果别的国家制造出原子弹，曼哈顿因此遭遇与广岛、长崎相同命运的可能性。一瞬间，他意识到自己和同事在洛斯阿拉莫斯制造出来的是一种多么可怕的东西。他得出了一个结论：这个世界没有希望了，一切都毫无意义。

费曼知道，他是一个人，不是像正电子那样的基本粒子，也不是超前的电磁波，所以他不可能回到过去改变历史，而只能从自己犯下的错误中汲取一个重要的教训。他错误地认为，为了实现曼哈顿计划的目标，即阻止纳粹制造出原子弹，他们必须完成这一计划。实际上，当发现纳粹在原子弹方面并未取得进展时，他和同事们应该果断选择退出曼哈顿计划。如果没有这柄高悬着的达摩克利斯之剑，世界将会变得更加美好。费曼暗自发誓，在未来的工作中，他要不断地重新审视自己的假设，并根据实际情况及时调整计划。

大约在同一时间，费曼产生了一股强烈的冲动，想要告诉阿琳他仍然非常爱她和思念她。他决定给阿琳写一封信，把她在世时没能告诉她的事都说给她听。他在信中对阿琳说，虽然她一直担心自己的病会给费曼带来负担，但事实完全相反，阿琳给了费曼无穷的支持和帮助，即使在她身患重病的时候。阿琳是他的灵感之源，如果没有她，生活就没什么意思了。费曼写道："你是我的创意源泉，我们一起经历的这场冒险之旅，都来自你的鼓励。"[48]

费曼很清楚自己不可能给已故的人寄信。他自己也指出，这封信不可能到达阿琳手上，但他又坦承阿琳对于他的意义远胜所有活着的人。"我爱我的妻子，我的妻子不在了。"[49]这封信从未寄出，但它已经破损不堪，这表明费曼很可能把它看了一遍又一遍。

神圣的简洁性

战后，惠勒回到普林斯顿大学继续从事他热爱的两项工作：教学和基础研究。他又可以透过办公室的窗户俯瞰校园里的树木（他的办公室从法恩楼搬到了帕尔默实验楼），观察树枝扭曲的形状，并深深地思考自然的本质了。

出于某种哲学信念，惠勒仍然相信这个复杂的世界可能是由简单的要素构成的，就像一个复杂的城市模型是由最基础的乐高积木块搭建而成的一样。他与费曼的研究似乎也验证了他的直觉，即一切事物都是由电子和它们的反粒子——正电子组成的。整个宇宙中或许只有一个电子在时间中蜿蜒运动，当它做正向运动时就是电子，当它做反向运动时则是正电子。

就像不同的乐器可以一起演奏出美妙的和声一样，电子也能通过相互作用产生彩虹、夕阳、雷电，以及许多其他可见或不可见的光现象。虽然标准的量子理论认为光子充当了电子间相互作用的载体（光子是所谓的"交换粒子"），电子间通过交换光子发生相互作用，但惠勒-费曼吸收体理论去除了光子这个中介，认为电子（和正电子）可以通过直接的相互作用产生光。这样一来，粒子世界就变得更简洁了。

惠勒认为，他对极简主义的热爱来自他简朴的新教徒背景。具体而言，他终生都是一神论信徒，坚信从众多信仰中可以提取出统一的原则。受这种价值观的驱使，他积极探寻事物的本质，试图从表面上的差异背后提取出共同的本质。

就像制造震颤派家具的工匠用锯子、锤子和钉子展现自己的手艺一样，惠勒把简洁视为一种美德。他构建的东西或许会随着时间改变，但他的基本追求始终如一。他用下面这段话描述了自己的理想：

> 当时的大多数学生都被灌输了一套陈词滥调，即有4种相互作用力——强力、弱力、电磁力和引力。但作为一个在新教背景下成长的人，我拒绝这种"标准答案"。我还能找到更简洁的信仰吗？既然这种统一和简洁的目标或许还需要过很多年才能实现，我们就选择其中一种力——电磁力来探索，把它剖析到极致。这就是我全身心投入的研究主题，它足够纯粹，也足够宏大。[50]

为了在追求简洁的道路上更进一步，惠勒尝试利用电子和正电子构建其他所有已知的粒子和作用力。他发表了一篇文章，把组成"原子"和"分子"的电子–正电子对称为"多电子"，他希望能通过某种方式观测到已知粒子的这种结构。单个电子与单个正电子配对组成的极不稳定的"假原子"，被称为电子偶素，两个电子偶素可以组成一个"分子"，被称为二电子偶素。惠勒的创新性在于，他想象了一个完全由电子和正电子组成的世界，原子、分子都由电子和正电子聚集而成。从某种角度看，这比传统观点中由质子、中子和电子等粒子组成的世界更加基本。虽然事实最终证明质子和中子并不是由电子和正电子组成的，但他的思路是对的。几十年后，科学家发现，质子和中子都由夸克和反夸克组成，夸克和反夸克是跟电子和正电子类似的点粒子。也就是说，粒子家族的成员比惠勒想象的更多。

惠勒的多电子猜想虽然一直停留在猜测阶段，却广受赞誉。1947年，吸纳了众多知名学者的纽约科学院给惠勒颁发了著名的莫里森奖，并在纽约科学院的年刊上发表了他的这项工作成果。这是惠勒漫长的职业生涯中获得的第一个奖项。

那时，物理学家逐渐意识到，自然界中至少有3种基本作用力，或许有4种。理论物理学家正在尝试用量子力学的语言解释这些基本作用力的机制。惠勒和费曼专注研究的是电磁力，这种力在经典情况下已经被解释得很透彻了。麦克斯韦方程组描述的就是经典电磁力，物理学家准备研究其量子描述。另一种被研究得比较透彻的基本作用力是引力，阿尔伯特·爱因斯坦的广义相对论已被证明是全面理解引力的经典方法。有少数理论物理学家尝试把这几种作用力量子化，但都不太成功。

虽然电磁理论和引力理论可以解释很大一部分自然现象，从电机的运转到行星的运动，但它们无法解释原子核层面的几种现象。其中之一就是中子转变成质子、电子和反中微子的放射性衰变，即β衰变。这种现象一直未得到完整的解释，虽然恩里科·费米等科学家建立了一个理论模型来描述它。对β衰变的完整描述涉及弱相互作用，费曼在该理论的发展中也扮演了重要角色。

还有一种仅依靠经典电磁理论无法解释的现象是，把原子核内的核子（质子和中子）捆绑在一起的核过程。这种强有力的短程吸引力后来被称为强相互作用。汤川秀树于1935年提出了一种可能的机制，即这种相互作用通过交换介子来进行。与光子不同的是，介子拥有较大的质量。这就好比把一个较重的保龄球抛到空中，它只能上升很短一段距离，介子的质量也限制了其作用范围。因此，强核力的作用范围仅限原子核之内。

巧合的是，在汤川提出介子概念的第二年，卡尔·安德森和赛斯·内德梅耶在分析一束宇宙射线时，发现了一种质量与汤川所预言粒子类似的粒子，这种粒子被称为μ介子，简称μ子。然而，物理学家失望地发现，μ子并不能发挥汤川所说的那种作用。实际上，μ子根本不具备把核子捆绑在一起的能力，因为它不受强力的作用。它们在大自然中似乎并未扮演什么重要的角色，除了出现在宇宙射线中和作为各种过程的产物。对于μ子这种看似毫无目的的存在，物理学家伊西多·拉比曾提出一个著名的问题："这是谁规定的？"

汤川预言的介子其实是π介子，简称π子，1947年这种粒子同样是在宇宙射线中发现的。π子是一种有质量的短程作用粒子，可以接受强力的作用，因此符合要求。然而，几十年后物理学家意识到，这种介子仍然不是基本粒子。强相互作用的真正机制与胶子有关，它是另一种交换粒子。

惠勒希望多电子模型可以解释在宇宙射线中发现的介子和其他粒子。他试图以电子–反电子对为基本单元构建出介子，这样就可以用我们熟悉的电磁力和常见的电子解释充斥宇宙的奇异粒子和相互作用。就像元素周期表展示了化学元素各自包含了多少核子和电子一样，基本粒子或许也可以表示成电子的组合。在π子被发现的时候，惠勒告诉《纽约时报》记者："越来越多的证据表明，更重的粒子可能是由电子和正电子组成的，只不过我们不知道其组成机制。"[51]

不过，惠勒从来都不会把鸡蛋放在一个篮子里。虽然多电子模型让他在科学界名声鹊起，但把整个科研事业都押注在这个未经证实的猜测性假说之上是不明智之举。因此，在20世纪40年代末50年代初，他发表了一系列关于核物理与粒子物理学的正式论文，包括对μ子和π子的相互作用的描述，对宇宙射线来源的讨论，以及对发射两个光子的特定过程的分析。

鉴于惠勒是尼尔斯·玻尔学术成果的重要继承人，并且与玻尔共同发表了奠定核裂变研究基础的关键论文，很多人邀请惠勒做公开讲座，并在政府委员会中担任顾问。惠勒还发表了几篇讨论核能未来的论文，毕竟这曾经是他涉足的专业领域。他也为玻尔和美国物理学先驱约瑟夫·亨利撰写了传记性文章，这反映了他对物理学史的兴趣与日俱增。

1946 年 9 月，玻尔回到普林斯顿大学参加名为"核科学之未来"的大会，并且恰逢普林斯顿大学建校 200 周年。惠勒十分乐意招待他的导师玻尔，以及其他著名物理学家，包括费曼、拉比、费米、奥本海默和保罗·狄拉克等，大家共同讨论了战后物理学的方向。这也给了费曼一个和狄拉克做短暂交流的机会，费曼同狄拉克介绍了他把最小作用量原理应用于量子力学的做法，这其实是狄拉克此前提出的一种方法的延伸。狄拉克听了一会儿，但他只关注自己的想法。

这次会议讨论了粒子物理学是否应当追求简洁的问题。从费曼的评论看，他似乎站在惠勒一边。"基本粒子在未来会变成什么样呢？粒子会变得更多还是更少？抑或说，所有我们以为'不同'的粒子，其实并不是不同的粒子，而只是同一种粒子的不同状态？……我们在数学形式方面的直觉需要有一种跨越式的发展，就像狄拉克的电子理论一样。我们需要天才的神来之笔。"[52]

会议讨论的另外一个话题是，政府和企业的资金如潮水般涌入科学研究可能会导致腐败问题。[53] 很多与会者都认为，物理学家应该努力保持自我的独立性。

惠勒坚信，作为一位美国公民，他应该支持美国政府，不管是在战时还是在和平时期。他与曼哈顿计划的同事仍保持着密切联系，并发誓作为一名核物理学家，他不仅会致力于民用技术的发展，也会跟上军事技术发展的步伐。他认为自己战前搁置核武器研究，以致能有效影响政治家的决策过程是一个错误，并发誓不再犯同样的错误。他认为，物理学家应当积极参与国防决策，以防政府做出不明智的决定。

而费曼则对军事工作完全失去了兴趣。虽然他不像罗伯特·威尔逊那样热衷于通过政治活动宣扬自己的观点，但他的心路历程与威尔逊大体相似。威尔逊放下基础研究工作并投身原子弹研发的国防工作，完全是为了阻止希特勒研制出核武器，当他听说纳粹并未研制出原子弹后，他对核武器研发的热情便消失殆尽。虽然他仍然坚持到曼哈顿计划结束，但他的心早已不在这里了。

战后，威尔逊迫不及待地回归普通人的生活，专注探索物理世界的诸多奥秘，费曼也是一样。虽然费曼并未谴责制造原子弹的行为，但他也不想继续下去了。因此，他礼貌地拒绝了在洛斯阿拉莫斯等地担任顾问的工作邀请。对他来说，解开自然之谜远比寻找把地球炸毁的新方式更有成就感。

康奈尔大学的新成员

曼哈顿计划结束后，费曼眼前摆着各种各样的职业选择，很多大学都向他抛出了橄榄枝。他可以选择接受此前已经答应的威斯康星大学的邀

请，也可以选择去加州大学伯克利分校。奥本海默曾竭力劝说加州大学
伯克利分校邀请费曼加入，物理系主任雷蒙德·伯奇虽然没有立即向他发
出邀请，但最终还是这样做了。

相较之下，费曼觉得其中最有吸引力的还是汉斯·贝特向他发出的
去康奈尔大学做教学和研究工作的邀请。费曼十分敬重康奈尔大学在核
物理学实验方面取得的成就，认为这样的环境或许有助于他的理论研究。
在个人生活方面，康奈尔大学距离纽约市只有几个小时的车程，便于费
曼看望家人，并参加在纽约举行的全美物理学会议。

另一个被费曼拒绝的选项是成为普林斯顿高等研究院（简称"高研
院"）的一名研究员，高研院的研究员无须教学，只需深刻地思考终极问
题，便能拿到丰厚的薪水。

然而，费曼已经看到，高研院中包括爱因斯坦在内的很多研究者都变
得越发孤立，不再与外界的现实密切联系。有时候，最新的物理学进展
无法翻过高等研究院的高墙。在不用教学的情况下，研究员的大脑可以
自由自在地漫游、发问、沉思，但沉思什么呢？费曼对抽象的纯粹数学
问题不感兴趣，他也不想解决自然力统一的问题，至少在这个阶段如此。
如果没有备课和教课的动力，那么他可能会失去紧跟时代潮流的积极性，
像爱因斯坦一样逐渐陷入理论的理想国。

不仅如此，费曼深知，对任何一位理论物理学家而言，解决问题的
道路都不会一帆风顺。如果他在大学里工作，即使在研究方面停滞不前，
也可以转而以教学为中心，这有助于他摆脱自认为一事无成的负罪感。
毕竟，他热爱教学，教课对他来说也很容易。当时的费曼深陷抑郁状态，
哪怕是萌生重拾研究的念头对他来说也很困难，因此他想选择一条最稳

妥的道路。基于以上种种考虑，他在众多选项中选择了康奈尔大学。

费曼去到康奈尔大学第一天的遭遇，在某种程度上与《圣经》中的约瑟和马利亚初到伯利恒的境况有些相似。费曼抵达的时候已经是午夜，他没有预料到旅馆会客满，也就没有提前预订房间。在伊萨卡，即康奈尔大学所在的小而多山的大学城，新学期刚开始的时候旅馆总是人满为患。不过，费曼的需求很简单，他随便找了一个恰巧没上锁的房间，走进去在沙发上睡了一晚。

第二天醒来后他径直去了物理系，问他要教授的数学物理方法课在哪里上。物理系的人告诉他，他早到了一周。费曼失望地说他已经准备好了第一节课的内容，却要过好几天才能用得上。住处仍无着落的他打算拖着行李偷偷回到前一天晚上睡觉的地方，但他被发现了。住房管理员警告他说："听着，这里的住房情况非常紧张，信不信由你，昨天晚上有位教授不得不睡在门厅。"[54]

幸好康奈尔大学的很多物理学家都认识费曼，也了解他古怪的性格。贝特在康奈尔大学成立了一个骨干小组，成员都是来自洛斯阿拉莫斯或者其他核物理实验室的青年才俊。这个小组的成员之一威尔逊，在费曼接受邀请后不久也来到这里工作。还有一位参加过曼哈顿计划的成员是菲利普·莫里森，把三一试验的原子弹芯放在一辆轿车的后备厢里运送到试验场，以及把计划投到日本的原子弹装到轰炸机上的人就是他。这些人组成了一个完美的团队，在洛斯阿拉莫斯以出众的技能设计并组装了原子弹，回到大学后则将他们的才能投到当代物理学中最困难的问题上。对这些从洛斯阿拉莫斯时期就与费曼共事的人而言，费曼的邦戈鼓声从不停歇，就像春天里鸟儿的鸣叫声一样。

课堂上的魔术师

对伊萨卡这个冬天总被皑皑冰雪覆盖的小城来说，春天一直是最受欢迎的季节。在一年中最冷的那几个月，人们在出门时都会祈祷走在陡峭湿滑的路面上不要摔倒。情侣们会偎依在火炉前，互相给对方温暖。而对刚刚失去妻子的费曼而言，寒冷的日子让他难以忍受。

费曼尽一切努力不去想阿琳，并重新投入研究。但他越是想把注意力集中到物理理论上，就越感到挫败，也越发担心自己江郎才尽。他觉得康奈尔大学聘用他是一个错误。

于是，费曼转而把精力倾注到教学上，并迅速意识到他确实擅长做这份工作。在课堂上，他是一位真正的魔术师，在用娱乐化的方式讲授科学知识方面，他简直是行家。当他用令人着迷的故事解释大自然的奇异奥秘时，所有学生的目光都集中在他身上。他曾用各种各样的小戏法向他的妹妹、惠勒的孩子和其他人展示科学的魅力，现在他通过妙趣横生的描述和丰富多彩的解释向学生们传递事物运行的机制。就像他在惠勒家表演的汤罐头魔术一样，他会找到任何可用的东西——简单而常见的物品——来演示物理学定律，以及这些定律是如何支配万物的。

课后费曼也在思考，除了教学之外，他还能做些什么。他越发觉得，像加州大学伯克利分校和普林斯顿高等研究院之类的机构竟然愿意聘请他，简直太荒谬了。除了跟惠勒合作发展的论文之外，他在科研方面几乎没有什么拿得出手的成果，这些机构又怎么能把他跟奥本海默、爱因斯坦等大人物相提并论呢？

幸运的是，费曼在康奈尔大学的同事发自内心地欣赏他的才能，并且为他提供了极大的支持。他们设身处地地为费曼着想，并安慰他说，如果他们这么年轻就失去了爱人，他们也很难在学术上有所建树。威尔逊开解费曼，不要总是担心自己拿不出令人惊艳的科研成果，毕竟他的教学工作做得十分出色，而科研总归有风险。在威尔逊的鼓励下，费曼的抑郁情绪渐渐消散。

焦虑的心态也会发挥神奇的作用。有时候，如果你一直在为达成一个目标而努力，你就会像眼睁睁地看着自己推上山的石头又滚下来的西西弗斯一样深感挫败。战后的费曼一开始对于自己的研究工作就是这种感觉。但如果你把注意力放到另一个任务上，例如教学，并把之前的目标当作业余爱好，你会突然间发现自己能愉快地接受它了。

就在威尔逊开解他后不久，有一天费曼坐在康奈尔大学的餐厅里，看到有人正在向空中抛盘子玩。盘子在空中旋转摆动，费曼突然发现，通过观察盘子上康奈尔大学校徽旋转的情况（当盘子旋转时，红色的校徽看上去好似盘子周围的一团红云），他可以计算出盘子摆动和旋转的速率比。费曼立即写下摆动和旋转物体的动力学方程，证实了自己的观察结果，他算对了！费曼兴奋地把这件事讲给贝特听，贝特困惑地问他：这种计算有何意义呢？贝特觉得这跟费曼的研究毫无关系。但费曼认为，计算这件事本身就很有趣，这种头脑锻炼也使他确信，他依然拥有出色的计算能力和怀有对物理学的热爱。

一旦费曼大脑中的齿轮重新运转起来，他就开始思考如何继续进行他的博士论文的相关研究工作了。他与惠勒共同完成的工作让他学会了熟练运用关于粒子相互作用的各种模型，成长为一位能高效运用数学模型的专家。然而，费曼博士论文的研究工作存在局限性，并未包含狭义相对论、量子自旋以及现代物理学的其他重要效应。他还想起了狄拉克提出的那个悬而未决的问题，对电子行为的量子描述的理论基础如此薄弱，他必须赶紧回归研究工作去找寻其中的乐趣了。

棘手的发散难题

在惠勒和费曼共同建立吸收体理论的同时，有许多其他物理学家也在尝试修补狄拉克理论的裂缝。比如，优秀的荷兰物理学家亨德里克·克拉默斯（昵称"汉斯"）坚持不懈地指出量子电动力学的缺陷，他曾是玻尔的得力助手，因此他的观点也有一定的影响力。

虽然狄拉克的理论很美妙，但克拉默斯敏锐地注意到它的不足之处。克拉默斯仔细地研究了狄拉克理论中的所有数学缺陷，并发现其中大多数都可以用一个词来概括：发散。我们提到过，狄拉克理论会导致无穷大的求和计算结果，这正是费曼和惠勒建立吸收体理论的动力。克拉默斯指出，在狄拉克的量子电动力学中，存在无数类似的无穷大现象。无穷大在抽象的数学思考方面显得很有意思，但物理学家对它唯恐避之不及，因为无穷大的和让任何计算都变得毫无意义，特别是在精确测量的实验结果指向一个有限值的情况下。

与惠勒–费曼吸收体理论不同，克拉默斯相信电子一定会与电磁场发生作用。因为电磁理论对场的解释既优美又简洁，他并不认为惠勒与费曼"抛弃场"的激进方法能够解决问题，转而寻找剥离场效应，只留下"裸"电子的方法。这里的"裸"指的是假设场不存在的情况。克拉默斯认为，实验测得的电子质量是电子的裸质量加上电子与场的相互作用产生的质量（根据著名的爱因斯坦质能方程，质量可以从能量中产生）。克拉默斯声称，通过一种被称为"重正化"的过程，我们可以从实验测得的质量中减去电子与场的相互作用产生的质量，从而得到一个更符合实际情况的电子质量。克拉默斯希望最终可以消除量子电动力学中的所有无穷大量，得到关于电子自能和其他物理量的有限、合理的值。

任何革命性的方法都需要经过仔细检验，以证实或证伪其所有预测，这对于克拉默斯的假说、惠勒–费曼吸收体理论和其他尝试破解量子电动力学的无穷大之谜的方法都是一样的。1947年年初进行的一项新实验得出的精确结果，以及该结果在谢尔特岛会议上的公布，指引着费曼和其他杰出的物理学家利用克拉默斯等人的想法，为量子电动力学奠定了稳固的基础。

物理学的群星闪耀时

在谢尔特岛举行的这次会议和后续的几次会议，其出发点是洛克菲勒研究所的邓肯·麦金尼斯想到的一个绝妙主意，即利用战时的学术明星的科学能力，去解决物理学领域最深奥的问题。他还提出了建立美国国家科学院的设想，得到官员们的热情支持，这一系列举措对现代科学产生了不可估量的影响。

美国国家科学院院长弗兰克·朱伊特与麦金尼斯一同安排了这些会议。朱伊特倾向于召开仅限顶尖专家参加的小型研讨会，与会者围绕某几个主题进行讨论。为此，美国国家科学院慷慨地拿出了大量资金，在风景宜人的地方为与会者提供了舒适的环境。

开幕会议的主题是生物物理学，第二场会议的主题是"量子理论的基础性问题"。为了组织这场会议，两位著名物理学家提供了帮助：一位是卡尔·达罗，他是美国物理学会秘书；另一位是达罗的朋友莱昂·布里渊，他在组织著名的索尔维会议方面富有经验。布里渊又提议向沃尔夫冈·泡利寻求帮助。[55]

然而，泡利的建议跟麦金尼斯和朱伊特的设想可谓南辕北辙。他建议召开大型会议，邀请资历较深的研究者，即那些早在战前就开始做量子力学研究的物理学家，共同参与讨论。总体而言，泡利对美国物理学界评价不高，因此他主张邀请的大多数是欧洲物理学家。

在与朱伊特商量过后，麦金尼斯决定给泡利回信，婉拒他的建议。麦金尼斯一再向泡利致谢，但他又解释说，他们想要组织小型会议，邀请崭露头角的年轻物理学研究者参会，而不想举办由德高望重的教授参加的大型会议。泡利在回信中建议他们找惠勒聊聊，因为惠勒或许对新人更熟悉。

泡利推荐的人果然没错（泡利说的话总是对的），惠勒是在两代物理学家之间建立桥梁的完美人选。一方面，他风度翩翩、谦虚有礼，还能讲一口流利的德语，这让他颇受上一代欧洲物理学家的尊重；另一方面，他朴素却又慷慨热情的风格，以及他的幽默感，又让他在年轻的美国研究者中备受欢迎。

惠勒愉快地接受了协助筹备会议的任务。他倾向于邀请著名物理学家一起讨论他最关心的话题，比如电子之间的相互作用和介子的作用等。一开始，惠勒和泡利提议把会议地点定在哥本哈根玻尔研究所，但达罗担心美国物理学家不愿舟车劳顿去丹麦，当然也有资金方面的考虑，因此他强烈建议在美国举办这次会议。这场会议最终只花了不到 1 000 美元。

经过几个月的策划，筹备小组认为谢尔特岛的公羊头酒店是最合适的会址。这座小岛可以为顶尖物理学家之间的交流提供理想又安静的环境：它刚好在长岛的北面，离纽约市和新英格兰南部较近，作为一个大西洋中的小岛又保留了一种与世隔绝之感。会议的日期根据奥本海默的空闲时间决定，当时奥本海默是最著名的美国物理学家，也是美国物理学界的支柱。

麦金尼斯和惠勒一起列出了计划邀请的科学家名单。他们决定把会议分成三场讨论，每场请一位知名物理学家担任主持人，分别是奥本海默、克拉默斯和来自麻省理工学院的奥地利裔物理学家维克多·魏斯科普夫。

会议邀请了多位参与过曼哈顿计划的"老兵"，魏斯科普夫就是其中一位。与克拉默斯一样，魏斯科普夫也是玻尔的弟子。值得一提的是，他还跟随玻恩（玻恩是他的博士生导师）、薛定谔、狄拉克和泡利学习过，他的导师列表无异于量子力学界的名人录。

1939 年，受到泡利的一条建议的启发，魏斯科普夫提出了一种计算电子自能的创新性方法，以期得到一个有限值。（魏斯科普夫的方法保留了电磁场，这与克拉默斯的方法类似，但与惠勒–费曼吸收体理论不同。）为了得到一个合适的自能值，他考虑了"真空涨落"效应。

真空涨落是指，粒子从看似空无一物的空间中自发出现，持续很短的时间后又湮没在空间中，就好像一只海豚跃出海面后又潜入大海。比如，一个电子和一个正电子可能会成对出现，转瞬之间又互相湮灭。在海森堡不确定性原理中，这种从虚无中迅速产生物质的现象是允许存在的，只要它们持续的时间足够短暂（物质的质量越大，持续的时间就越短）。

对于这些瞬间出现又瞬间湮灭的粒子（被称为"虚粒子"），还有一个限制条件，即它们的电荷必须守恒。这就是为什么电子必须和正电子共同产生，并且电荷互相抵消。大自然的真空就像一个信用额度，你可以借钱，但要受到严格的限制。

一个电子（或另一种带电粒子）周围会有一片虚粒子"海洋"，其关键特征之一是趋于极化，即电荷就像手电筒里的电池一样，沿着从正到负的方向排列。这种现象被称为"真空极化"。

就实际效果而言，真空极化以电荷云代替了电子原本的点电荷结构。带相反电荷的虚粒子对把电子团团围住并向外辐射，就像一只受到惊吓的刺猬一样。在每一对虚粒子中，都是带正电荷（与电子携带的电荷相反）的那个朝里，带负电荷的那个朝外。这样一层虚粒子把裸电子包裹住，把直径无穷小的点电荷变成了有限大小的电荷云。从本质上说，它们扩展了电子的质量和电荷。

魏斯科普夫惊喜地发现，真空极化效应可以让电子自能回归有限值，这为他解决量子电动力学的关键难题打开了一扇门。自能的计算结果仍然是无穷大，但它的增加速度已经慢了一些。如果说之前的无穷大就像木屋遭遇了火灾，现在的无穷大则像木屋受到了白蚁的侵袭。虽然结果都一样，但过程放缓了，也更有可能变得可控。魏斯科普夫的假说为物理学家带来了些许希望，对这一结果进行进一步的数学操作，或许就能带来人们期盼已久的有限结果了。

除了三名主持人以外，会议还邀请了其他20多位物理学家。惠勒自然而然地选择了费曼，还有他自己，使他们师徒在分别几年后有机会再次聚在一起，自由地讨论新想法。其他受到邀请的科学家还有尤金·维格纳、约翰·冯·诺依曼、汉斯·贝特、格雷戈里·布赖特（惠勒的博士后导师之一）、恩里科·费米，以及年轻有为的哈佛大学理论物理学家朱利安·施温格。与费曼一样施温格出生在纽约，他曾与奥本海默共事，在物理学界已经有了一定的名望。施温格与魏斯科普夫关系密切，因为他们所在的学校距离很近（魏斯科普夫在麻省理工学院），都在马萨诸塞州剑桥市，从哈佛大学物理系出发沿着一条马路走过去就是麻省理工学院物理系了。

不过，所有受邀参会的物理学家并不都是理论物理学家。哥伦比亚大学的威利斯·兰姆是原子测量方面的专家，正是他报告的关键实验结果主导了整场会议的讨论方向。施温格在哥伦比亚大学的导师拉比既精通理论又擅长实验，他也将展示关键的研究结果。

兰姆移位和量子电动力学

惠勒非常了解兰姆，对他的工作也倍加推崇。1939年，兰姆在加州大学伯克利分校获得博士学位后不久，惠勒就和他共同发表了一篇论文，讨论大气中的原子如何影响快速穿行大气的高能宇宙射线。宇宙射线中的电子受到大气的阻力而损失部分能量，通过"级联"衰变成其他粒子。惠勒和兰姆计算了大气中的原子对这类粒子的产生过程有何影响（1956

年，他们发现原始计算中有一个错误，于是进行了更正，并发表了一篇后续文章）。

不过，兰姆最知名的研究成果诞生于1947年春天，当时谢尔特岛会议的筹备工作已经进行到最后阶段。兰姆和他的博士生罗伯特·雷瑟福采用了一种新方法来探测氢原子，证伪了狄拉克理论的一个预言。根据狄拉克的计算，氢原子的两个电子态（用原子物理学的术语来说是 $^2S_{1/2}$ 和 $^2P_{1/2}$）的能量应该完全相等，但兰姆–雷瑟福实验表明，这两个电子态的能量之间存在一个微小但却重要的差异，这揭示了氢原子光谱的精细结构，即谱线之间的微小偏移，表示两个电子态的能量存在细微的差异。这一实验结果表明，原先的原子模型并不能准确地描述原子的实际情况，这为理论物理学家进一步推进量子电动力学的理论研究提供了动力。

兰姆此前在哥伦比亚辐射实验室做过国防方面的研究工作，为了进行雷达数据传输，他熟练地掌握了产生集中、相对高频的微波的方法。微波的波长比无线电波短，因此它探测目标的精度也比无线电波高，可以识别出能级间的细微偏差。战后，兰姆决定利用他在这方面的专业技能来探测原子性质，他尤其想知道狄拉克的模型是不是真能准备预测出氢原子光谱。

4月26日，在几次尝试用微波探测氢原子后，兰姆和雷瑟福取得了成功。他们发现，在对氢原子施加一个每秒10亿周期的信号后，电子可以从 $^2P_{1/2}$ 态被激发到 $^2S_{1/2}$ 态。根据早在马克斯·普朗克和阿尔伯特·爱因斯坦奠基之时就定下的量子原理，这个特定的频率对应于一个极小的能量值。他们因此证明，氢原子的两个电子态之间存在一个微小但确定的能量差，它被称为兰姆移位。

关于实验结果的流言已经传播开来，于是兰姆决定在谢尔特岛会议上做一场报告。他对原子中电子的观测精度已经远超其他实验物理学家，可以探测到前人无法探测到的电子能级间的细微差异。

魏斯科普夫通过计算，觉察到这两个电子态之间存在能量差，他认为这源于电子与量子真空之间的相互作用。然而，魏斯科普夫选择继续等待实验证据，而非直接宣布自己的结果。后来，他后悔自己没有第一时间发表这个计算结果，致使他错失了诺贝尔奖。

兰姆报告的实验结果最终证明，魏斯科普夫、克拉默斯和其他人的质疑是对的，狄拉克的量子电动力学确实需要修正。多年后，在兰姆的65岁生日那天，物理学家弗里曼·戴森夸赞道："你在精细结构方面的工作直接掀起了量子电动力学的进步浪潮……对于我这一代物理学家，以兰姆移位为研究核心的那段时间，是物理学的黄金年代。是你首次观测到这个如此难以觉察和测量的微小移位，从根本上厘清了我们对粒子和场的思考方式。"[56]

费曼持有一种绝妙的世界观。在他眼里，世界由时空中的世界线编织而成，一切事物都在其中自由运动，所有可能的历史叠加在一起，描绘出发生了什么事。

——弗里曼·戴森，
《宇宙波澜》
（*Disturbing the Universe*）

第 5 章

绘制粒子世界的奇妙图景

条条大路通罗马。如果你找10个聪明人来解决同一个问题，他们可能会找出20种不同的方法。解决量子电动力学的问题，需要集思广益、齐心协力。美国国家科学院一共主办了三次会议，分别在岛上、山上和山谷里举办。这三次会议带来了解决粒子难题的不同方法，幸运的是，理论物理学家最终把它们统一在一起。

理查德·费曼总是沿着自己开辟的道路行走。他对量子电动力学的描述最终引入了一种新的物理学语言——费曼图，并从根本上改变了这个领域。费曼图初看起来似乎是一种古怪的涂鸦，最后却成了为粒子过程建模的必备方法。

费曼加总这些涂鸦，他借鉴的是自己博士论文中对历史求和的想法，从而彻底改变了量子物理学中的时间观。费曼知道殊途同归的道理，这些方法都为亚原子世界赋予了某种灵活性。与人类不同，粒子可以通过某种方式同时选择多条路径。

谢尔特岛会议

1947年的美国阵亡将士纪念日是在一个风和日丽的周末，物理学家聚集在位于曼哈顿市中心的美国物理学会总部，准备进行一趟短途旅行。学会总部距离宾夕法尼亚火车站很近，鉴于很多人要乘坐火车去参会，这里自然是一个集合的好地方。这些物理学家就像一群要去郊游的小学生一样，上了一辆摇摇晃晃的旧巴士，前往长岛的绿港，之后搭乘轮渡去谢尔特岛。

约翰·惠勒花了几个月的时间筹备这场会议，他期盼大家能针对电子、正电子和其他粒子之间的关系展开讨论。这次会议旨在提供一个很好的契机，让一批最优秀的物理学家互相交流，其中包括被奉为美国物理学界领袖的罗伯特·奥本海默。惠勒想着，他本人的"一切都是电子"理论或许也可以借此机会获得更多人的支持，不管怎么样，这些人的反应都会很有意思。

维克多·魏斯科普夫和朱利安·施温格迫不及待地想听取兰姆的报告，他们此前已经通过某种非正式渠道得知了兰姆的令人兴奋的实验结果。在从波士顿出发的火车上，他们探讨了如何把魏斯科普夫的相对论性电子自能公式应用于兰姆观测到的两个电子态上。由于魏斯科普夫公式的发散速度较慢，所以它比原先的非相对论性结果更加可控，减去这两项能量，就能得到一个有限的位移，它类似于兰姆发现的结果。唯一要看的就是这个计算值与兰姆观测到的实际结果是否吻合。

这个时候，费曼在哪里呢？他要么没赶上这趟巴士，要么一开始就没打算坐这趟巴士（在后来的一次采访中，他表示自己也不记得是哪种情况了，也许他当时正和家人在一起）⁵⁷。他对长岛很熟悉，毕竟他是在长岛的远洛克威长大的，因此他决定自己开车去绿港。

巴士穿过皇后区和拿骚区，到达随处可见农田的萨福克县。反方向行驶的车辆很多，周末假期即将结束，人们驱车从海滩各处返回纽约。如果这些司机知道迎面而来的巴士里坐着一群原子弹的设计者，一定会十分惊讶。

这群物理学家一到绿港，当地人就意识到有什么大事要发生了。一队警车一路护送着他们穿行在小镇中，当经过一个又一个路口时，其他车辆都要停下来让行。最终，巴士驶到一家酒店门前，这些物理学家将在这里过夜。

费曼与其他物理学家在绿港的一家餐馆会合。餐馆老板不仅热情地招待他们用餐，还给他们免了单。饭后，老板向这些物理学家鼓掌致敬，感谢他们帮助美国赢得了战争。老板说，日本投降时，他的儿子正在太平洋战场上服役，因此他很感激原子弹的设计者们让他的儿子能安全回家。

第二天，他们乘坐去谢尔特岛的轮渡，到达了公羊头酒店。这次会议为期三天，从6月2日到6月4日。每天早晨，负责主持讨论的物理学家（奥本海默、克拉默斯和魏斯科普夫）先进行主旨演讲，之后不同领域的演讲者再做更加具体的报告。根据一些参会者的回忆，在这三天里奥本海默一直扮演着指挥官的角色。

施温格和魏斯科普夫期盼已久的兰姆报告是实验方面的最大亮点，除此之外其他结果也引发了一些讨论。拉比与兰姆同在哥伦比亚大学工作，但他在另一个实验室。拉比此前指导他的两个研究生约翰·内夫和爱德华·纳尔逊对电子的磁矩（一个反映电子在磁场中有何反应的物理量）进

图 5-1　1947 年，出席谢尔特岛会议的物理学家。从左到右分别为：威利斯·兰姆、亚伯拉罕·派斯、约翰·惠勒、理查德·费曼、赫尔曼·费什巴赫和朱利安·施温格资料来源：AIP Emilio Segrè Visual Archives。

行了一项高精度的测量，并在会上宣布，他的团队得到的实验结果比理论计算值略高。他还报告了他在哥伦比亚大学的同事波利卡普·库施运用不同的方法测得的反常电子磁矩。

　　格雷戈里·布赖特与拉比合作，诠释了拉比的实验结果。布赖特也做了一场报告，讲述了他对这一问题的看法。他确定，原始磁矩与修正磁矩之间的差正比于精细结构常数。精细结构常数是一个重要的理论物理学参数，用希腊字母 α 表示，其数值约为 1/137。精细结构常数决定了带电粒子之间的耦合（相互作用）强度，以此设定了电磁力强度。布赖特认为，磁矩差与精细结构常数之间的关系并非巧合，它反映了真空中的虚光子对电子磁性的影响。

兰姆移位和反常磁矩的实验结果都表明，物理学家急需修正对电子的描述，会上的大部分讨论也都围绕着解决这种问题的可能方法展开。魏斯科普夫认为电子的邻域会影响它的性质，并基于这一想法提出了他的建议。施温格同意魏斯科普夫的观点，并开始思考如何重新表述量子电动力学，将电子与真空之间的相互作用纳入其中。他渴望构建能与新的实验结果相一致的理论。

不过，婚礼事宜阻碍了施温格的工作进度。在开完谢尔特岛会议的几天后，他与他的新娘克拉丽斯·卡罗尔举行了婚礼。他们度过了一个漫长的蜜月，游历了美国各地，这推迟了施温格重新投入工作的时间。直到9月，他才开始以具有独特的系统性和数学严谨性的方式，重构量子电动力学。

费曼在谢尔特岛会议上的报告被安排在最后一天，当时大多数参会者都准备打道回府了。他报告了他提出的量子力学"时空方法"，这种方法本质上就是他在博士论文中用来描述电子间相互作用的方法，其中包括对历史求和。但在当时那个阶段，他的技巧还不足以解释像兰姆移位这样的现象。物理学界对时空方法的概念也很陌生，因此他的报告反响平平。直到会后，他才有了真正重要的发现，成功地应用了他提出的概念，最终提出了一个可与施温格分庭抗礼的理论，它也是一种新的物理学语言和一种独特的时间观。

与观测值相匹配的计算结果

会议结束后，费曼回到了康奈尔大学的特鲁莱德楼。它是一栋优等生的专用宿舍楼，食宿免费，还有舒适的空间可以让他做计算。鉴于费曼喜欢和学生打成一片，这不失为一个完美的住处。

汉斯·贝特回康奈尔大学的旅途则相对曲折，类似于费曼的对历史求和方法中的一条可能性不大的路径。他在通用电气公司担任顾问职务，为此他在斯克内克塔迪逗留了几个星期的时间。在从纽约到斯克内克塔迪的火车上，他拿出纸笔，思索着如何算出兰姆移位的实验结果。与费曼一样，贝特也喜欢在旅途中工作。当火车驶过哈得孙河谷的时候，越来越多的符号和数字从贝特的笔下"流淌出来"。他从魏斯科普夫的想法（同量子真空的相互作用影响了电子的质量和能量，这一想法在会上已经被讨论得相当充分了）出发，通过让一些特定的项相互抵消，他找到了一种可以得到有限计算结果的方法。到达斯克内克塔迪后，贝特将数据代入其中，他发现自己成功了。他得到了一个接近测量结果的值：每秒10亿周期。

这一天，贝特原计划在他家举办一场聚会，费曼也在受邀者之列。非常奇怪的是，在决定中途去斯克内克塔迪后，贝特出于某种原因竟然没有取消或推迟这场聚会，也就是说，聚会将在他缺席的情况下举行。贝特知道费曼会去他家，就决定往家里给费曼打个电话。费曼接起电话后听到贝特激动地报告了他的计算结果。得知贝特成功地复现了测量值，费曼的兴趣也会激发出来了。

贝特写出了关于兰姆移位的计算结果，给参加谢尔特岛会议的每个人都寄了一份油印件。他提交了一份可供发表的论文。这个结果还称不上是重构量子力学的成熟理论，因为它没有把相对论效应考虑进来，但它为该领域指明了一个新的方向。

魏斯科普夫为此气急败坏。把兰姆移位看作一团虚粒子相互作用的结果，这个想法是他最早提出来的。他在会议上提到了这个想法，也把它告诉了贝特，而贝特却把它当成自己一个人的功劳。魏斯科普夫认为他也应该是这篇论文的共同作者，贝特至少应该在致谢部分着重肯定他的贡献。魏斯科普夫非常后悔没有早日发表这个想法，以致错失了自己应得的荣誉。

物理学家库特·戈特弗里德曾在魏斯科普夫的指导下做研究，他回忆道："他觉得贝特出尽了风头，但他也承认在贝特发表论文的时候，他自己并没有完成这样的计算。为此，他有很长一段时间都快快不乐。"[58]

贝特回到康奈尔大学后，做了一场报告介绍他的计算结果。坐在观众席中的费曼看到，虽然贝特的计算结果与兰姆移位相一致，但这个结果仍存在偶然性，因为贝特无法充分证明其中几项为何能相到抵消，他需要摆脱无穷大的值以得到现实、有限的结果，但他无法解释为什么这些项相互抵消以后恰好能得到每秒10亿周期的期望值，就像变魔术一样。

无穷大加上一也是无穷大，无穷大加上二还是无穷大。实际上，任何数加上无穷大都是无穷大，因此，无穷大减去无穷大也可以得到任何数。那么，贝特如何证明他的无穷大减法运算得到的结果刚好命中靶心呢？

贝特完成了非相对论性的计算。在贝特的报告结束后，费曼告诉贝特他可以让计算结果与狭义相对论相一致。第二天，费曼来到贝特的办公室，展示了他的初步计算。这些尝试并不完全正确，但他不会轻言放弃。在接下来的几个月里，费曼凭借自己的聪明才智建立了一套全新的量子电动力学方法，一套可以与兰姆移位和其他实验结果相吻合的方法。

费曼图：波浪线、线段和圈

费曼尝试应用他在普林斯顿大学建立的方法，去理解电子如何与量子真空相互作用，从而使其质量和电荷发生改变。不过，他需要分几个步骤才能让他的方法与人们眼中的正常方法相一致。首先，他需要摒弃自己早在麻省理工学院读本科时就产生的想法，即电子不会与自身发生相互作用。实际上，它确实会与自身发生相互作用，表现为它有可能释放出一个虚光子，再把它吞回去。贝特的计算正是以此为基础，费曼知道自己需要接受这一观点。于是，他放弃了超距作用，重返电子通过光子相互作用的标准观念。

其次，他也需要放弃时间反向信号和逆向因果关系的想法。贝特没有考虑过这种可能性，为了保持一致，费曼不得不这样做。其实费曼也不确定自己是不是真的相信这些观念，即使吸收体理论需要它们。于是，他把一半时间正向信号和一半时间反向信号的混合体替换成全部沿时间正向传播的信号。也就是说，光子只向着未来运动，原因总在结果之前。

不过，费曼也保留了他早期工作的两个重要方面。虽然他放弃了时间反向信号，但他保留了时间反向电子，用它来表示正电子，这是来自惠勒的建议。如果不用这种方法，他就只能代之以狄拉克的空穴理论，而空穴理论在具体计算方面可是出了名的难对付。惠勒的时间反向电子概念虽然听起来疯狂，但在计算上却要容易得多。费曼只需忽略惠勒假说中"所有电子都是同一个电子"的部分，而保留它最有用的部分，即表示正电子的简单方式。

更重要的是，费曼继续应用他已经掌握的对历史求和的技巧，在他的时空方法框架内重塑了量子电动力学。通过函数乘积变换，他给每条能想象到的量子路径都赋予了一个叫作"振幅"的量值，这些振幅的平方就是粒子采取这些路径的概率，这是描述粒子物理学中量子场如何相互作用的一种聪明且强大的方法。

在惠勒的灌输下，费曼深知用画图的方法表示物理现象的重要性。费曼热爱艺术，也发现视觉表示法对于物理学研究大有益处。因此，他想出了自己的视觉速记法，用于描述粒子间相互作用的可能性。他用一个坐标轴表示空间，用另一个坐标轴表示时间，勾勒出粒子行为的本质特征。时空图还有一个额外的好处，就是非常适合将狭义相对论效应纳入其中。费曼与弗里曼·戴森讨论后，进一步完善了这种视觉表示法，这就是众所周知的"费曼图"。

费曼的早期图示法比较原始，并且有某种随意性。随着时间推移，费曼在与戴森讨论的过程中，建立起更具一致性的规则。戴森对费曼图的贡献很大，早期很多人在引用费曼图时都把这个方法同时归功于费曼和戴森。

在最终版本的费曼图中，电子（以及其他物质粒子）被描述成有方向的线段，指向未来。通常，箭头表示它们的运动方向。正电子也用有方向的线段表示，但指向过去。波浪线表示光子，它们可以被带电粒子发射或吸收，抑或偏转到空间中。一个圈表示一个虚电子和一个虚正电子（或者另一携带相反电荷的粒子–反粒子对）从真空中现身，然后通过互相湮灭回到真空中。我们也可以用另一种方式看待圈过程，即虚电子在时间中做循环运动，有时正向，有时反向，反反复复。这样一来，封闭的循环就像一种量子衔尾蛇。

因此，对于一个电子释放出一个光子，这个光子又被另一个电子吸收的过程，费曼图可以展现出表示每个入射电子的有向线段，连接入射路径的波浪线，以及表示出射电子的角度不同的线段。电子方向的改变源于光子的交换。每个电子的箭头都指向未来，否则这张图描述的就是正电子的行为了。

为了考虑对历史求和，费曼需要画出表示所有可能过程的图。当然，这些过程发生的可能性有大有小。尽管如此，求和必须包括所有可能性，并根据可能性的大小赋予相应的权重。因此，一个典型的粒子事件，比如散射，涉及一系列费曼图，而非一幅。费曼也考虑了不同量子自旋数的可能性，这是另一个重要因素。

为了表示真空效应如何产生兰姆移位，费曼画了一条有向线段表示裸电子，他称之为"直接路径"。然后，他画了一条波浪线与这条线段相连，表示如果电子发射然后又吸收了一个虚光子会发生什么。他把额外的光子称作"修正项"，因为他考虑到了某种类型的量子涨落的影响。这是众多可能历史中的一种。

之后，费曼又考虑了另一张图，即一条有向线段与一个圈通过一条波浪线相连。这张图描述的是，一个电子发射了一个虚光子，然后产生了一个虚粒子–反虚粒子对。将这两幅图表示的可能性加总，可以得到对电子能量的一阶修正（最基本的修正），它大致相当于兰姆和罗伯特·雷瑟福探测到的光谱位移。（二阶修正涉及有两个圈的费曼图，以此类推。）

不过，为了尽快得到正确值，费曼在数学上做了很多灵活处理。虽然他开发了一种清晰的图示法，但他并没有检验它的数学严密性。尽管如此，在调整了几个参数后，他的方法确实有效。这就好像将一堆电线连接起来拼凑出一个简陋的雷达系统，当看到屏幕上出现表示物体的光点时，谁还会管这套装置符不符合电气规程呢？

"你知道，我发展出来这个东西，大部分只是靠正确的猜测。"费曼在写给宾夕法尼亚大学物理学家、他在麻省理工学院的老朋友特德·韦尔顿的信中说，"所有的数学证明都是后来才补充的，我还未完全弄明白，但我认为其物理学观念都十分简单。"[59]

费曼关心的主要是，最终结果能否与实验预测相符。数学家和哲学家或许会浪费口舌争论因果逻辑，但费曼不会。只要他的图示法能以可预测的方式得出正确的结果，他就开心了。科学史家戴维·凯评价道："费曼坚信，图本身比图给出的任何推导都更基本也更重要。事实上，费曼在他的论文、课程和通信中一直在回避推导的问题。"[60]

幸好来到康奈尔大学做贝特研究生的戴森，将会帮助费曼发展和推广费曼图，并把它与量子电动力学的其他诠释更紧密地联系在一起。他将各种方法统一起来，这对证明它们的成功而言至关重要。

隐士和淘气鬼的友谊

弗里曼·戴森是一个在英格兰南部长大的男孩，他的假期是在一个海边小屋中度过的。他的父亲是一位古典音乐家，代表作是《坎特伯雷的朝圣者》，他的母亲是乔叟的狂热爱好者，因此弗里曼·戴森对书籍和静思的热爱并不让他的父母感到惊讶。不过，有一年圣诞假期，当父母看到弗里曼带回来一本关于微分方程的书，并且每天阅读它的时间多达14个小时，他们着实感到困惑。[61]弗里曼解出了那本书里所有的问题，期望能如它承诺的那样，读完整本书就可以掌握爱因斯坦的理论。这是他最喜爱的一个圣诞节。

凭借英联邦奖学金，毕业于温切斯特公学（英国的一所私立学校）和剑桥大学的戴森在贝特领导的康奈尔大学物理系度过了一年时光，其间常听到一位名叫迪克·费曼的邦戈鼓手演奏的小夜曲。一个隐士和一个淘气鬼竟然相处融洽，戴森和费曼迅速变成了亲密的朋友和知己。更重要的是，戴森将让费曼图引起整个物理学界的注意，还加固它的数学基础，并将它与施温格的相关研究工作联系起来。

1947 年 9 月，戴森以研究生的身份来到康奈尔大学，它的不拘一格的氛围让他大吃一惊。所有人都直呼贝特"汉斯"，这在当时的英国大学里可是闻所未闻。另一件让戴森震惊的事情是，贝特这位著名的物理学家的着装风格十分随意，尤其是他们初次见面时贝特脚上的那双沾满泥的鞋。[62] 如果一位剑桥大学的教师穿着这样的鞋子，大家就会猜测他掉进了水沟，而在美国，这只是再平常不过的事。

如果说贝特不循常规，费曼就是一个疯子，但端庄的戴森却喜欢这样的费曼。这位来自远洛克威的青年天才凌晨两点还在打邦戈鼓，戴森以前从来没见过这么有幽默感的人。费曼打破常规的方式超出了戴森的想象，而他竟然也是一位教授。

一开始，戴森发现费曼的方法同样怪异，但奇怪的是，它们确实有用，就像魔法一样。费曼的方法不仅复现了贝特的结果，还预言了贝特未能算出的结果。就像戴森童年时喜爱的另一本书——伊迪丝·内斯比特的《魔法城市》描述的那样，在宇宙的稀薄空气中，神奇的事情会伴随着奇怪的规则出现。

这个疯子规定，邦戈鼓必须在晚上演奏。所有可能发生的事情都会发生。电子喜欢在时间中循环，或者与来自虚空的波浪线配对。现实必须包含所有可能性。把这些加总，并通过某种魔法咒语，你就可以预测氢原子谱线了。

戴森回忆起他第一次遭遇费曼的怪异量子物理学方法时的情景："1947年，我在康奈尔大学听费曼亲口讲解对历史求和的方法，我感到惊奇却又困惑不解。之所以惊奇，是因为这幅图在物理学上是对的；之所以困惑，是因为它在数学上完全是胡言乱语。"[63]

直到很长一段时间之后，费曼才费力地厘清了这套方法背后的数学逻辑。与此同时，费曼一直在用这些图进行着谜一般的计算，就像一位魔术师严守着他的秘密。当看到他似乎根本没做计算就得出了正确结果时，人们脸上会露出惊讶的表情，这让费曼乐在其中。但是，与费曼相反，戴森将这种图示法带到了更多观众的面前（有段时间，这种图甚至被叫作"戴森图"），并且使它在数学上变得更合理。

数学家马克·卡克曾拿贝特与戴森与费曼做比较，并声明："在科学界……有两种类型的天才：一种是'普通天才'，一种是'魔术师'。"虽然贝特和戴森确实精于计算，但他们在计算时会遵循清晰、直接的步骤，而费曼与他们不同，他不是"普通天才"，而是"顶尖魔术师"，他似乎能凭空得出结果。[64]

一场马拉松式的演讲

继谢尔特岛会议之后的第二次会议于1948年3月30日至4月2日在

宾夕法尼亚州波科诺山的波科诺庄园酒店举行，这次会议同谢尔特岛会议一样重要，不过这场会议的最大亮点是引入了新的理论方法，而非报告新的实验结果。施温格主导了这次会议，展示了他的一丝不苟且极具数学严谨性版本的量子电动力学，在消去无穷大项和得到有限结果方面取得了相当大的进展。费曼的声势则小得多，他展示了对历史求和的图示法，作为一种备选方法。这次会议上出现了几张不曾在谢尔特岛会议上露面的新面孔，其中最知名的是尼尔斯·玻尔（和他的儿子阿格）、尤金·维格纳和狄拉克。

这座历史悠久的酒店有个绰号叫"山中贵妇"，它为这次会议提供了舒适的环境。奥本海默再次担纲会议主持人，对当时的美国理论物理学界而言，他仍然是地位不可撼动的"第一主持人"。

参会者每天都要长时间地听演讲，特别是施温格登台的那一天。施温格讲了大约 8 个小时，在黑板上写下一个又一个方程，有条不紊地详细阐释了一种综合性的量子电动力学方法，而且它可以与最新的实验结果相匹配。他参考了克拉默斯的重正化（重新定义质量和电荷以消除无穷大项）概念，但他没有像克拉默斯那样全盘否定狄拉克的理论。相反，他推广了狄拉克关于电子的相对论性量子概念，将电磁相互作用包括在内，以此得到合理、有限的结果。对质量和电荷所做的微调，刚好消除了导致问题的无穷大项，驱走了发散的阴云，留下一片晴空。

从无穷数列求和运算中得到有限的结果，乍看似乎是不可能的。但有时候，我们得到的答案与我们如何给各项分组有关。换一种分组和计数方式，或许可以让一个看似无穷大的和变为有限值。

比如，我们假设彼得·潘和温蒂永远生活在梦幻岛，每天都会彼此交换礼物。彼得·潘每天早上要给温蒂3件金饰，温蒂每天晚上给彼得·潘6件银饰。在梦幻岛的货币体系下，3件金饰与6件银饰的价值相等，因此，这是一桩公平的交易。任何理智的估算都会表明，彼得·潘每天的资产净收益之和均为零。

假设有一天彼得·潘因为弄丢了自己的影子而闷闷不乐，他决定盘点一下自己的生活。他计算了自己在永恒的余生中要送给温蒂的金饰数，并意识到这个和是无穷大的。彼得·潘和温蒂碰面后，温蒂也做了同样的计算，并且意识到她将要送给彼得的银饰数也是无穷大的。两个人大吵起来，直到施温格——哦，仙子小叮当——向他们展示了如何用按天分组的方法得到一个有限的答案。

小叮当指出，每天他们俩的净交易额都为零，因此，把每天的零加起来，结果仍为零。他们之所以会得出无穷大的结果，只是因为他们选择了拙劣的计数方法。这个解释让彼得·潘和温蒂都感到满意，他们从此会在这种公平的前提下幸福地生活在一起。

我们不知道在施温格进行马拉松式的演讲期间，有没有人昏昏欲睡，以至于做起了这种白日梦。尽管施温格展示的数学方法扎实、精细，但它看起来也很神奇。他可以用娴熟的技巧计算出已知的实验结果，比如兰姆移位和电子反常磁矩，这确实是一个奇迹。光是他做了这么长时间的演讲，就是一个壮举了。惠勒对这场会议做了详细记录，他用了整整40页的篇幅汇编了施温格讨论的内容，远超其他演讲者。

施温格的这一令人印象深刻的成就，建立在他过去几个月辛勤努力的基础上。从1947年9月开始，他变成了一个强大的理论独行侠。婚礼和蜜月一结束，他就全身心投入到关于量子电动力学的有效表述方法的探索当中去。魏斯科普夫发现的真空极化作用，以及克拉默斯通过重正化把电子的裸质量从实验质量中提取出来的概念，是施温格计算过程中的关键因素。施温格还倚重了由维格纳、数学家赫尔曼·外尔等人开拓的被称为群论、规范理论的数学领域，他的报告从头到尾都体现了他对该学科的精通。

施温格工作的最不同凡响之处在于，大约从那个时候开始，他就想靠自己完成一切事务。只有主厨，没有助理厨师。讽刺的是，在他的整个职业生涯中，他培养了大量的研究生，比费曼多得多。然而，他其实也会逼迫他的研究生独立完成工作。

其他物理学家会开玩笑说，施温格如何雄心勃勃地想用他自己的方法论统治整个理论物理学界。《幽默物理学期刊》（*Journal of Jocular Physics*）是一系列为庆祝玻尔生日而出版的幽默杂志，其中包括一份针对物理学界的成功出版物的讽刺性指南。模板通常这样开头："根据施温格的观点，……"并建议研究者在后面填空。施温格在波科诺会议上精雕细琢的演讲，暗示了这种跃跃欲试的统治即将到来。

一个失败的报告

在施温格史诗般的演讲结束后，听众虽然印象深刻，但也疲惫不堪。不幸的是，根据会议的日程安排，费曼是下一个做报告的人。虽然费曼通常是一位颇具吸引力的演讲者，但在这种情况下他并未准备好如何解释他奇异的新观点。因此，他没有从基础（比如最小作用量原理、对不同路径的积分）讲起，而是假装所有人都知道这个理论，直接从一个例子开始。因此，听他演讲的人感觉他们好像错过了一门高阶物理课程的前半部分，直接开始上习题课了。他们不仅疲惫不堪，而且完全不知所云。

费曼选择的例子，就是两个电子通过一个虚光子发生相互作用的情况。在他尝试迅速解释如何用他的图示法计算电子的行为后，睡眼蒙眬的听众已经完全不知道他在干什么了。费曼又急匆匆地讲了一遍对历史求和的观点和把正电子看作时间反向电子的概念。负责做会议记录的惠勒至少知道这部分费曼在讲什么，但其余听众却更困惑了。

在座的大部分听众都知道费曼为曼哈顿计划做出了杰出的贡献，其中一些人也知道他经历了失去阿琳的悲痛和战争带来的伤痛。考虑到这些，有人肯定会怀疑他完全丧失了理智。这个天才难道已经一蹶不振了吗？

在费曼做完演讲后，玻尔主持了一个讨论环节，他以一贯的轻柔声音尖锐地批评了费曼所讲的内容。玻尔并没有深入理解费曼的图示法，他指出海森堡的不确定性原理决定了我们不可能描绘出电子在时空中的精确轨迹，费曼又怎么能做到呢？玻尔还驳斥了电子可以沿时间反向运动的概念，认为这完全背离了基本的物理学原理。爱德华·特勒则表现得非常震惊，因为费曼的处理看上去并不符合泡利不相容原理，即两个电子永远不可能待在完全相同的态上。惠勒认真地做了记录，但他并没有帮费曼说话。毕竟，惠勒一直把玻尔视为他敬爱的导师和榜样，对玻尔极为尊重和顺从。

狄拉克的立场是最友好的，他和惠勒一道检视了费曼演讲中对历史求和的部分，因为其中有些正是基于他的工作，并提出了一个关键性问题。

他问费曼，在对多条路径的振幅进行加权求和的过程中，有没有检查过它们的概率之和是否为100%？费曼尴尬地回答：没有。这可是一个显著的失误，因为这意味着在计算过程中可能会少算或者多算了某些路径。这就好比有人在你面前摆了3个倒扣的杯子，他告诉你其中一个下面有一枚硬币，而且每个杯子下面有硬币的概率都是50%，也就是说，硬币出现在任何一个杯子下面的总概率是150%。这显然说不通。费曼必须检查总概率，如果（确定）有必要，还得调整那些路径的概念。

对费曼演讲的另一种批评意见是，他没有考虑真空极化效应，它是魏斯科普夫的伟大创新，也已成为施温格计算的必要组成部分。而费曼只用了一幅有一个圈的图表示它。为了简洁起见，费曼决定展示更基本的东西，即两个电子交换一个光子，但这并不能满足听众的愿望，他们希望听到对兰姆移位和电子反常磁矩等关键的实验发现的解释。显然，施温格做到了这一点，但费曼看似只是画了一些没有意义的涂鸦。

贝特对难堪地走出会场的费曼表示同情。费曼决定把自己的想法写成论文，用更透彻的方式解释他的技巧。贝特回忆道：

> 费曼看待问题的方式与其他人截然不同，我明白这一点，但其他大多数人可能会觉得奇怪，尤其是玻尔，但玻尔可是理论物理学界的领袖。尼尔斯·玻尔不理解也不相信费曼的理论，并且进行了尖锐的批评，对费曼相当不客气。费曼当然非常失望，虽然他认为自己的理论很优美，但所有量子物理学家中最伟大的一个却不相信他。因此，当他回到康奈尔大学后，我必须安慰他。我也参加了这次会议，听了他的演讲，看到了玻尔的反应。不幸的是，费曼喜欢用尽可能不走寻

常路的方式展示他的工作，至少在波科诺会议上他是这样做的，然而，这恰恰是像玻尔这样的大人物不可能理解的。[65]

狂野的西部自驾游

在波科诺会议前的几个月，费曼的创造力喷薄而出，也提振了他的精神，但会后他的自我价值感再次跌落谷底。他觉得自己未能就与会物理学家提出的问题做足准备，以致在玻尔、狄拉克、奥本海默等量子物理学界的大人物面前颜面尽失。他的人生就像科尼岛游乐园里的过山车，既有刺激的急升，又有令人反胃的骤降。在最黑暗的时刻，他觉得自己的计算毫无意义，反正它们也阻止不了原子弹扩散，以及人们被夺去生命。事实上，正是他在洛斯阿拉莫斯的计算打开了潘多拉魔盒。回首往事已经于事无补，但他和整个世界确实犯下了愚蠢的错误。

像往常一样，当他觉得自己无比愚蠢的时候，他就会把自己的创造力倾注在教学上。他感觉给学生讲课比面对那些物理学大佬自信得多。而且，与其把时间花在闷闷不乐上，引导年轻的学生踏上发现之旅显然是更好的选择。在他因为心事而失眠的时候，打一会儿邦戈鼓也能缓解他的压力。

费曼的另外一种舒缓心情的方式则是溜出校园，打量各个行业和社会阶层的年轻美丽的女孩，不管她们了不了解或喜不喜欢物理。年轻英俊的费曼也经常向女大学生献殷勤，当她们得知他是一位教授时往往会大吃一惊。

费曼一直与一位来自新墨西哥州的女子保持着联系，这是他在洛斯阿拉莫斯工作期间的一个秘书。在与费曼的通信中，这位女子提及她似乎喜欢上了另一个男人。费曼想去新墨西哥州看望她，以便及时阻止她移情别恋，并点燃他们之间爱的火花，因此他决定一路驱车去往阿尔伯克基。[66] 除了追求这名女子以外，他也十分怀念美国西部的狂野生活，想重新体验一下。1948 年的暑假是一个完美的时机。

与此同时，戴森也要西行。他报名了一个在密歇根州安娜堡举办的暑期培训班，由施温格主讲，内容是关于他的量子电动力学方法。贝特强烈建议戴森去学习一下这套技巧。

费曼提出，可以让戴森搭他的便车一起去阿尔伯克基。但从戴森的角度看，费曼的这个提议远非最便利的选择。暑期班 8 月才开始，而费曼 6 月就要出发。而且，安娜堡和阿尔伯克基虽然在字母表上的顺序相近，但实际上相隔几千英里。这肯定不是基本粒子会采取的高效时空轨迹，至少一个理性的粒子不会这样做。

好吧，让费马最短时间原理见鬼去吧。戴森想去探索美国西部，哪怕为此绕路也无所谓。他决定跟费曼一起去阿尔伯克基——驱车 4 天才能到达，然后在暑期班快开学的时候，乘坐长途汽车去安娜堡报到。戴森获得的英联邦奖学金周到地包含了他的暑期旅行费用，所以他可以这样做。

在州际高速公路建成之前，去往中西部最便捷的路是 66 号公路。这条蜿蜒的高速路连接了数不清的城镇，在那些城镇里，它扮演着主干道的角色。路边时不时出现的服务站、廉价旅馆、烟雾缭绕的酒吧和破烂的小餐馆，打破了旅途的单调气氛。

长途旅行让这两个男人之间的友谊更坚固。他们一路上驶过无边无际的农田，欣赏着欧扎克山脉连绵起伏的柔美风光，谈论着各自的背景、爱好和物理学观点。每隔一段时间，他们就会载上某个想搭便车的人，到达目的地之后又让他下去。即使是衣衫褴褛的流浪汉想搭车也没有吓退费曼。戴森虽然不知道接下来会发生什么，但他相信费曼的判断，也乐在其中。

在他们快到俄克拉何马市的时候，突然天降大雨。道路被水淹没，他们只能调转车头回到维尼塔镇，急切地寻找避雨的地方。因为其他被困的赶路者也有同样的想法，所以他们俩没有什么好的选择。费曼决定住50美分一晚的廉价旅馆，房间没有门，门口只挂了个床单充当门帘。看到一些年轻女孩在走廊里游荡，戴森意识到这不仅是一家旅社，还兼做色情生意。他紧张得要命，不敢迈出房间一步，就连去走廊尽头浴室的勇气都没有。因为无处可去，他们决定待在房间里，物尽其用。

窗外大雨如注，两位物理学家则在房间里推心置腹，交流彼此内心的观点。费曼说起他在洛斯阿拉莫斯的生活，并坦承了他的感受：世界迟早会被核武器毁灭。让戴森惊讶的是，费曼竟然能如此冷静地陈述他的世界末日论。他仿佛是一位头脑冷静的预言家，确信灾难即将来临，却能泰然处之。戴森意识到费曼才是那个神志正常的人，而世界上的其他人都疯了。

接着，他们的讨论转向了量子电动力学。费曼希望把他的方法延伸到所有已知的基本作用力上，最终实现爱因斯坦梦寐以求的统一。鉴于对历史求和的方法对电磁力行之有效，它应该也能用于核力和引力。费曼描绘了一幅宏大的图景，其中一系列表示所有可能历史的图示可以描绘出自然界中的一切事物。

戴森反驳道，最好先专注于电动力学，把各种量子方法统一起来：费曼的方法、施温格的方法，以及战时日本物理学家朝永振一郎提出的方法（在波科诺会议后不久，朝永振一郎向贝特和奥本海默介绍了这一方法）。

朝永振一郎的概念在某种程度上与施温格的方法类似，但表述方式更简洁，他早在1943年就把这一方法发表在日本的一份期刊上，但直到1948年这篇文章才被翻译成英文。贝特、奥本海默等人对朝永振一郎的远见深感惊讶，不仅因为战时的他身在与西方物理学界隔绝的日本，还因为他在兰姆移位被发现之前就做出了重大突破。

第二天雨停了，费曼与戴森驱车前往得克萨斯，在那里又共度了一晚，然后出发去阿尔伯克基。在快到阿尔伯克基时，他们因超速被捕，度收到了一张天价罚单。幸运的是，被带到警察局后，费曼成功地让警察相信他们有公务在身，于是减免了部分罚款。

在缴纳了一半的罚款后，戴森与费曼告别并登上了一辆去圣塔菲的灰狗巴士。费曼则留在阿尔伯克基，但他发现与他通信的那名女性已经找不到了。不过，费曼还是在那里待了一段时间，混迹于66号公路沿线的廉价酒吧。

如何统一量子电动力学

从圣塔菲开始，戴森换乘了一辆又一辆巴士，往东行进前往安娜堡。他缓慢而行，因为距离施温格的暑期培训班开课还有充足的时间。汽车在横贯草原的路上行驶，太阳沉入地平线，戴森与同行的乘客畅谈各自的爱好和经历，这是一段令人难忘的旅程。

为期5周的暑期班的确令人眼界大开。每节课上，施温格的粉笔都会在黑板上滑出不可思议的轨迹——从左到右，从上到下，一遍又一遍——展示出精彩的计算。每一步与上一步都由无懈可击的数学逻辑相连。他的方法的唯一缺点在于，它不够形象直观，看起来更像数学而非物理学。幸运的是，戴森在这个过程中与施温格相处融洽，私下里有很多机会问他这些想法是如何产生的。

戴森仔细地研读课堂笔记，直到他熟练地掌握了施温格的技巧，就像他熟知费曼的方法一样。他发现这两种观点之间存在一个关键的区别。施温格的理论就像一块天衣无缝的织锦，编织得完美无缺，以至于很难看出它的动机和目的。如果有一处针脚松了，而施温格又无法补上，整个理论就会瓦解，没有人能修补好它。费曼的理论则完全相反，它就像一幅原始的油画，笔触粗犷，杂乱无章，但却引人注目。当然，它也有缺陷，但更易于理解。其他人可以用费曼的方法创作出类似的作品。有没有可能通过某种巧妙的融合方式把这两种方法融合起来，使其变成一个既强大又充满活力的理论呢？

安娜堡的暑期课程结束后，戴森决定独自乘坐巴士环游美国。他选择了一条迂回的路线，先越过壮美的落基山脉向西去往旧金山，再回到东海岸。这趟漫长的旅程给了他充足的时间，去深入思考如何把不同的方法统一起来。

在旅程的最后阶段——在高速公路上几天几夜向东奔驰——一套统一版本的量子电动力学在戴森头脑中成型。他十分欣喜地发现，他可以换一种方式表述施温格的方法，使其可以自然而然地分解成一系列费曼图。换句话说，可以把这些项编组成对历史求和的形式。这样一来，他就把施温格的理论"费曼化"了！鉴于朝永振一郎的理论与施温格较为类似，戴森也可以把朝永振一郎的理论与费曼的概念统一起来。在笨重的灰狗巴士上，当周围的乘客都在看悬疑小说或者玩填字游戏时，戴森却解出了更深奥的谜题：如何统一粒子物理学。

　　在这个由旅行和发现组成的激动人心的夏天过去后，戴森来到普林斯顿，开始了在高等研究院的为期一年的工作。新院长奥本海默给他提供了一个访问学者的职位，时间从1948年秋天到1949年春天。这给他提供了一个好机会，去完成统一不同版本的量子电动力学的细节工作。他

图 5-2　弗里曼·戴森在新泽西州普林斯顿高等研究院的留影
资料来源：AIP Emilio Segrè Visual Archives, Physics Today Collection。

为自己计划写作的论文拟好了标题：朝永振一郎、施温格和费曼的辐射理论。戴森快速完成了这篇综合性论文，于1948年10月投稿给《物理评论》杂志。该论文于次年年初发表，产生了很大的影响。

在普林斯顿高等研究院，戴森有机会与其他才华横溢的年轻学者讨论他的想法，尤其是法国数学物理学家塞西尔·莫雷特，一位观点颇具独创性的女性。莫雷特也支持对历史求和的方法，这有助于增强它的合理性。

终获认可的对历史求和法

跟费曼一样，塞西尔·莫雷特年纪轻轻就遭遇了。失去所爱之人的悲剧。在纳粹占领法国的那段时间，莫雷特和家人一起生活在卡昂，它是诺曼底地区的一座城市。为了去巴黎见见世面，她决定去巴黎的一所大学学习高等数学课程，否则纳粹就不会允许她去巴黎。她在巴黎期间，诺曼底战争发生了。作为这次军事行动的一部分，盟军轰炸了卡昂，以清除那里的德国坦克和军队。悲剧的是，数千名法国平民也因此丧生了。在莫雷特参加一场考试的时候，一颗脱轨的炸弹击中了她的家，炸死了她的母亲、妹妹和祖母。当时，她只有21岁。

突然间，莫雷特不得不独自面对生活。她完成了博士阶段的学习，博士论文的主题是关于介子散射的数学物理学。在都柏林和哥本哈根的研究所做了一段时间的研究工作后，奥本海默邀请她来普林斯顿高等研究院做访问学者。1948—1950年，她一直在那里工作。

在她来到高等研究院的第一年，戴森也以访问学者的身份来到这里

（后来戴森成为终身成员）。戴森对费曼图和对历史求和的方法仍旧抱有极大的热情，但其数学基础的薄弱性也显而易见。他跟莫雷特讨论了他的担忧，但莫雷特的看法与他恰恰相反，她对证明该技巧的可靠性持乐观态度。戴森回忆道："我在1948年来到普林斯顿后，经常跟塞西尔·莫雷特（后来是德威特）讨论问题，她笃定可以给对历史求和的方法赋予数学严谨性。我竭力地跟她辩论，同时保持着开放态度。"[67]

莫雷特确实用她的数学思维为对历史求和的方法——后来被正式命名为"泛函积分"或"路径积分"——奠定了坚实的数学基础。熟悉她的工作的数学物理学家可以将这一技巧应用于许多类型的问题，这些问题很难用其他方法来解决。巴里·西蒙写过一本关于路径积分的书，他说："路径积分看起来是一个极其强大的工具，是一小群数学物理学家手中的一种秘密武器。"[68]

1948年10月，戴森和莫雷特从普林斯顿坐了10个小时的火车来到伊萨卡，与费曼共度周末。周五晚上，费曼从火车站把他们接到自己的住处，盛情招待，直到凌晨1点。其间，费曼还给他们表演了自己从新墨西哥州带来的邦戈鼓，敲击出各种节奏。第二天，费曼极其清晰地向莫雷特阐释了他的理论，让莫雷特又惊又喜，他还帮助戴森解决了两个看似无法解决的问题，让戴森也大吃一惊。戴森回忆道："那天下午，费曼源源不断地产生了许多杰出的想法，比我此前和之后见到的都多。"[69]

短暂的周末转瞬即逝，费曼依依不舍地送别了戴森和莫雷特。两人回到普林斯顿后，对费曼方法的力量迸发出更大的热情。

在那个时间，费曼发表了5篇关键性的论文。第一篇论文是《非相对论性量子力学的时空方法》，以比他在波科诺会议上的报告更易于理解和更连贯的方式介绍了他的对历史求和的方法。第二篇论文是他与惠勒合写的，进一步解释了他们共同提出的吸收体理论。第三篇论文提出了可以把正电子看作时间反向运动电子的想法，并展示了这一方法相较于狄拉克的空穴概念的优势。第四篇和第五篇论文详细描述了费曼如何在他的理论中引入相对论效应。

1949年4月11—14日，美国国家科学院主办的第三次量子场论会议在纽约州皮克斯基尔附近的老石酒店举办。在这次会议上，戴森首次公布了他的统一方案。他的报告，加上费曼给出的更连贯的解释，证明了费曼图如何为解决粒子相互作用的问题提供了一种极为实用的方法。得益于这两场报告，以及费曼和戴森在那段时间发表的所有重要论文，费曼图优雅的简洁性迅速流行开来。很快，它们就成为所有粒子理论论文中不可或缺的部分。而遭到施温格反对（至少是忽视）的对历史求和概念，则要再过一段时间才会被主流物理学界接受。

然而，事实证明，对历史求和的方法是在理解量子机制的道路上迈出的极为重要的一步。它有助于把量子理论置于几百年间关于物体为什么会沿着特定路径运动的思考背景之下。其理由跟人们买地图（和后来的全球定位系统装置）的原因一样：让他们的路线更高效。经典理论与量子理论的区别只在于，在量子理论中，不太高效的路线也会产生一种幽灵般的影响，就像地图软件提供的替代性建议一样。计算散射之类的量子过程的结果，需要权衡所有不同的路径，而不只是振幅最大的路径（在纯粹的经典系统中，粒子只会采取这条路径）。正如戴森所说："对历史求和的方法最终为我们提供了一幅关于量子过程的直观图像，足够清晰简洁，即使刚入门的学生也能掌握，完全不懂微积分的人也能理解。"[70]

在老石会议后不久，戴森在普林斯顿高等研究院的工作也结束了。他回到英国，成为伯明翰大学的一名研究员，直到 1951 年的春天。

与此同时，1949 年秋天，一位聪慧年轻的美国研究人员布莱斯·塞利格曼·德威特加入了普林斯顿高等研究院。很快，德威特就对爱冒险又独立的塞西尔产生了兴趣。然而，塞西尔根本无心谈恋爱，她只想在访问学者的工作结束后回到法国。爱情另有安排。

引力量子化的探索之路

在来到普林斯顿高等研究院之前，布莱斯·德威特在获得了哈佛大学博士学位，他的导师是施温格。在哈佛大学，德威特尝试过利用类似量子电动力学的方法，将引力纳入量子理论，但他没有成功。他把这个概念称为"量子引力动力学"。

施温格引导德威特去关注列昂·罗森菲尔德等物理学家在引力量子化方面所做的尝试。尤其是，罗森菲尔德曾尝试计算光子的引力自能，并发现它是无穷大的。施温格同意德威特以此作为博士论文主题，希望他新发现的重正化方法能消除这些无穷大项。然而，在初次见面以及几次简短的讨论之后，施温格再也没在德威特身上花时间，而是专注于他自己的研究课题。德威特回忆他与施温格的相处经历时说：

　　我见他的时间可能总共只有 20 分钟。我试着把引力场纳入量子电动力学，但遇到了重重困难，于是我去见他。他让我尝试移除电子–正电子场，只考虑引力和电磁力。他了解相关文献，知道列莱昂·罗森菲尔德在1930年前后写了一篇论文，表明光子的引力自能是无穷大的。他认为这毫无意义，根据电荷重正化理论，光子不可能在拥有无穷大自能的同时保持规范不变性。不管怎么样，他让我继续做这个课题。我想之后我之所以从他那里得到了不错的推荐，是因为我没有去打扰他。[71]

正如德威特发现的那样，施温格的方法不适用于引力。我们不能只把引力当作另一个场，并期望由此得出有限的结果。虽然德威特和其他许多人都尝试过，但利用施温格开发的数学技巧不可能实现引力的量子场论的重正化。无穷大项仍然存在，就像一块擦不掉的污渍。

虽然他在哈佛大学的尝试失败了，但这段经历促使德威特把引力与量子力学统一起来作为终身追求。他认为，量子原理不应该只适用于某些力，而必须适用于所有力。最初，用他自己的话说，他是"初生牛犊不怕虎"，以为这种统一很简单，但事实并非如此。尽管经过了几十年的努力，但截至本书写作的时候，引力与量子力学的统一仍未实现。"我当时只是一个学生，不太了解自己周围的世界。"德威特回忆说。

到了普林斯顿高等研究院之后，这位有魅力的年轻物理学家与莫雷特的关系迅速亲近起来。在一起划了一整天的独木舟后，德威特决定向莫雷特求婚。[72]莫雷特最初拒绝了德威特的求婚，因为她一心想回法国。但她很快意识到，结婚和回法国并不矛盾。她愿意嫁给德威特，也愿意在美国定居，前提条件是他们能想到办法每年在法国待一段时间。莫雷特的回心转意让德威特又惊又喜，他答应了莫雷特的要求。1951年，就在他们结婚后不久，莫雷特在法国阿尔卑斯山区建立了莱苏什暑期学校，它后来成为孕育理论物理学的重要思想的摇篮。

原子弹的秘密被泄露

1949 年 9 月 23 日，美国总统哈里·杜鲁门宣布了一个将永远改变世界的惊人消息。苏联已经试验了一颗原子弹，触发了美苏两个超级大国之间的军备竞赛。考虑到美国在曼哈顿计划上耗费的巨大的人力物力，而苏联很快就研制出自己的原子弹，很多美国专家怀疑苏联是否通过某种方式获取了高度机密的信息。几个月后，一个苏联间谍的身份暴露，至少部分回应了专家们的疑问。

克劳斯·富克斯是费曼在洛斯阿拉莫斯期间最亲密的朋友之一，从曼哈顿计划开始之日起就一直秘密地为苏联工作。他给苏联送去了原子弹构建和部署的详细图纸，以及一些尚在开发阶段的构想草稿，比如特勒的基于氢聚变制造出超级炸弹的想法。有了这些图纸，尤其是已经完成的原子弹图纸，至少帮苏联省下了两年的时间。即使没有富克斯的暗中帮助，苏联最终也能制造出原子弹，但肯定会延迟较长一段时间。

富克斯完全骗过了贝特、奥本海默、惠勒及曼哈顿计划的其他工作人员。这让极为警惕苏联人的特勒尤其沮丧，也激发了他开发更强大的核武器的决心。甚至在他们讨论安全漏洞的可能性时富克斯也在场，没有人怀疑过他。相比之下，爱钻空子和撬开保险柜的费曼行迹更可疑。据说，费曼曾开玩笑说，如果有间谍，那个人一定是他。

战后，惠勒加入了一个名叫核反应堆保障委员会的顾问小组，旨在为商用核能的开发提供建议。比如，它建议使用穹顶作为核电站的一项安全措施。特勒担任该小组的主席，费曼也是小组成员之一，但他只参加了第一次会议。

在富克斯的间谍身份暴露之前，他也曾参加过该小组的一次会议，地点在牛津郡附近的哈威尔实验室，由美国与英国物理学家共同举办。富克斯是一名英国居民，战前和战后都生活在那里。作为一位顶尖的原子科学家，他可以为核安全提供有价值的建议，无疑在会议上受到了欢迎。

惠勒生动地回忆了他在会议上提出有人可能会蓄意破坏核电站时的情景。了解内部信息的人可以扰乱安保机制，触发我们现在所谓的核熔毁。在惠勒看来，对一个设有多重安保措施的系统来说，蓄意破坏是比偶然故障更加可怕的风险。蓄意破坏者可以是任何人，其中可能性最大的是一个拥有大量专业知识的政治狂热分子，暗中下定决心要造成最大程度的骚乱。当惠勒描绘着背叛者的概貌时，坐在桌子对面的富克斯表情僵硬。

在苏联的原子弹试验之后，苏格兰场（伦敦警察厅）开始大范围排查可能的安全漏洞。线索最终指向富克斯，他于1950年2月2日被抓捕，对向苏联传送原子弹的相关机密供认不讳。后来，在美国联邦调查局的审讯下，富克斯供出了他在美国的联络人哈里·戈尔德。美国情报人员逮捕了戈尔德，他又供出了参与过曼哈顿计划的美国核科学家戴维·格林格拉斯。格林格拉斯受到审讯后供出了朱利叶斯·罗森堡和埃塞尔·罗森堡，这对夫妇和格林格拉斯有姻亲关系。罗森堡夫妇最后以间谍罪被处决，这项判决争议很大。而富克斯被判入狱14年，只服刑9年就出狱了。被释放后，他移民民主德国，在那里舒适地生活了几十年。

多年后，惠勒在一场国际物理学会议上与富克斯相遇。在走近富克斯之前，惠勒一手端一杯咖啡，一手拿起一个笔记本，这样他就不必和富克斯握手了。[73]对温和有礼的惠勒而言，拒绝握手就代表着强烈的反感了。他礼貌地跟富克斯聊了几分钟，就走开了。

接受新使命的召唤

大约在杜鲁门宣布苏联的第一颗原子弹试验成功时，惠勒刚刚开始他在欧洲的学术休假（由古根海姆奖资助）。他计划待在巴黎，偶尔乘火车去哥本哈根向玻尔请教。惠勒决定待在法国一年，部分原因是让他的孩子们学习法语。在这段时间里，他也能独立研究问题，无须参加玻尔的小组。作为爱好，他每周上两次美术课，这是他和费曼共同的兴趣。

到了这一年的深秋，惠勒的研究频繁地被特勒和他在普林斯顿大学的同事亨利·史密斯的电话打断，他们催促惠勒加入在洛斯阿拉莫斯开展的新计划——开发超级炸弹。既然苏联人已经制造出跟美国投到广岛和长崎的原子弹类似的核聚变炸弹，美国就需要开发出威力更大的武器，以保持核优势。否则，苏联可能会抓住美国的弱点，加强对东欧的控制，并向世界其他地方扩展势力。

惠勒陷入了艰难的抉择。一方面，他要考虑自己的家庭，对于资助他的古根海姆基金会，他也有一份承诺要履行。而且，他的研究生约翰·托尔为了跟惠勒合作研究光子碰撞的问题，取得了这个学年居住在巴黎的机会。但是，他也不想让玻尔失望。

另一方面，惠勒曾发誓永远不把武器开发的事情完全交到政府官员手中。科学家有责任为政府提供关于武器能力的最准确信息。知道了这些信息，像阿道夫·希特勒这样的独裁者在有机会夺走数百万人的生命之前，就有可能被阻止。因此，惠勒在对古根海姆基金会、玻尔、托尔及其他人做出了新的安排之后，决定回到洛斯阿拉莫斯。在去洛斯阿拉莫斯与惠勒团聚之前，他的家人在巴黎又待了几个月，让孩子们可以继续练习法语。

氢弹试验取得成功

从1950年春天开始，惠勒在洛斯阿拉莫斯实验室工作了一年，深度参与了制造氢弹的秘密计划。他的研究生托尔跟随他从巴黎来到这里做他的助手，惠勒的另一名助手也是普林斯顿大学的研究生，名叫肯尼斯·W.福特。特勒和波兰裔物理学家斯坦尼斯瓦夫·乌拉姆（约翰·冯·诺依曼的好友）共同领导这项任务。他们考虑了各种方案，最终决定采用一种两步设计，即"乌拉姆–特勒"或"特勒–乌拉姆"计划。1951年3月9日，他们在一份绝密的内部报告中发布了氢弹的宏伟设计蓝图，该报告的题目为"异质催化爆震之一：流体力学透镜和辐射镜"。时至今日，报告中的许多内容仍属官方机密，但正如福特所言，其中的大部分内容现在已是常识。[74]

这时，惠勒已经开始期盼离开洛斯阿拉莫斯，回到普林斯顿。他的动力大部分来自家庭压力，相较巴黎的愉快时光，在与世隔绝的军事基地里的生活显然十分令人失望。他们住在一幢有传奇色彩的房子里，它坐落在一块有历史意义的飞地上，奥本海默战时就住在这里。但珍妮特想念她的朋友们，也不喜欢这里的学校，她催促惠勒赶紧想办法回到东部。

另一个问题在于，除了特勒、乌拉姆和少数几位知名科学家以外，几乎没有学者愿意来洛斯阿拉莫斯参与氢弹计划。虽然曼哈顿计划吸引了众多才华出众的科学家，但现在这个人才"水库"已经枯竭了。惠勒猜测，这可能是因为洛斯阿拉莫斯的地理位置过于偏僻了。

惠勒设想了一个绝妙的方案，既可以继续进行军事研究，又能回到新泽西。为什么不在普林斯顿地区建一个洛斯阿拉莫斯的卫星园区呢？他可以找来基金机构为它投资，把它建设成开发热核武器的"创意工厂"。他有预感，在人口密集、交通便利的地方建设这样一个中心，可以吸引更多的人才。最起码，他有一群聪明的学生渴望对此做出贡献：托尔、福特，可能还有其他人。这个中心将被称为"马特洪峰计划"。

大约在同一时间，费曼的内心烦躁不安。他生病了，也厌倦了伊萨卡寒冷的冬天，在那里，冬天似乎能持续大半年。遍及各处的冰雪显然无助于驱散他内心的阴霾。洛斯阿拉莫斯的开阔西部景色在召唤着他。

因此，当加州理工学院为他提供了一个副教授的职位时，费曼当机立断地接受了。当然，他会想念贝特和罗伯特·威尔逊，他们也会想念他，但费曼实在不能忍受每个冬天都要反复铲除自己车上的冰。南加州终年温暖，阳光普照。

贝特认定，能替代费曼的人非戴森莫属。因此那年秋天，戴森来到了康奈尔大学。他在那里待了几年，之后接受了普林斯顿高等研究院给他提供的终身职位。（他一直留在普林斯顿高等研究院，现在已经荣休，但仍然活跃在学术舞台上。）

热爱旅行的费曼还接受了另一份邀请：在巴西里约热内卢做10个月的访问学者。幸运的是，加州理工学院同意把他做访问学者的这段时间算作学术休假。此前，费曼也去巴西做过几次报告，但时间都很短暂，这一次他迫不及待地想深度体验巴西的充满活力的文化。

令费曼大吃一惊的是，在到达加州理工学院之后和前往巴西之前的那段时间，费曼收到了惠勒的来信，问他有没有兴趣参加马特洪峰计划。惠勒素来欣赏费曼的才华，总想让他回到普林斯顿大学，哪怕是只待一段时间。而且，鉴于费曼对曼哈顿计划贡献良多，如果他加入氢弹计划，可谓如虎添翼。

惠勒写给费曼的这封信的落款日期是1951年3月29日，在信的开头，他猜测了苏联与美国之间爆发战争的可能性。"我知道你计划明年去巴西，但或许到那时全球局势并不允许你出国访问。根据我的粗略估计，到今年9月，战争爆发的概率至少为40%，毫无疑问，你对此也有自己的估计。你也许正在思考，如果战争迫在眉睫，你会做些什么。你是否考虑一下至少在1952年9月之前来普林斯顿加入一项热核研究计划？"[75]此时的费曼无意参加任何军事研究工作，但他也不愿意冒犯惠勒，便在回信中重申了想去巴西进行学术休假的强烈意愿。尽管他意识到如果第三次世界大战爆发，可能会扰乱他的旅行计划，但他不想改变行程。

事实表明，费曼的确去了巴西，沉浸在巴西的多元、热情的文化中，深度了解了巴西的教育体系，并成为桑巴和其他类型的巴西音乐的发烧友。这是他绝对不愿错过的冒险之旅。

1951年4月，马特洪峰计划被批准了，地点就在普林斯顿大学校园附近的福里斯特尔楼。惠勒一家愉快地搬回了他们的位于巴特尔路的房子。托尔和福特加入了马特洪峰计划，该计划于当年晚些时候开始，一直持续到1952年年底。

1952年11月1日，美国进行了第一次氢弹试验。该氢弹被称为"迈克装置"，是基于特勒和乌拉姆的设计制造出来的。太平洋上的一名叫埃尼威托克的环礁被选作试验场，"迈克"在伊鲁吉拉伯岛上被组装和引爆，它的爆炸让这座岛彻底消失了。事实证明，氢弹的威力是投放在广岛的核聚变炸弹的800倍，这标志着美国军事实力的一次重大飞跃。然而，这一优势只保持了很短的一段时间：9个月后苏联也试验了自己的氢弹。

惠勒在柯蒂斯号船上见证了"迈克"试验，这艘船停泊在距离试验场约35英里处。即使他按要求戴上了政府核放的深色护目镜，氢弹爆炸的亮度和它产生的迅速变大的尘埃云也令人难以忘记。惠勒迅速试着发一条加密信息给托尔、福特和马特洪峰团队中的其他人，告知他们试验成功了，但那条信息太难懂了，他们都没弄明白。幸好，他们不久之后就从特勒那里间接得到了消息，并为氢弹试验的成功感到欢欣鼓舞。

不翼而飞的机密文件

"迈克"试验后仅过了几天，德怀特·艾森豪威尔当选美国总统。由于对苏联的间谍活动心存恐惧，美国政府当时变得极其多疑和偏执。富克斯事件严重削弱和动摇了当局的统治。许多军方官员都谴责核科学家过于放松警惕，与此同时，许多核科学家也觉得军队在开发恐惧的新式武器方面过于轻率。双方互相指责，科学界与军方之间的信任曾是曼哈顿计划取得成功的关键因素，如今已土崩瓦解。

许多杰出的科学家，比如爱因斯坦和玻尔，都已加入了呼吁在国际上控制核武器和裁减军备的团体。他们的地位使国会中的鹰派政客备感紧张，艾森豪威尔上台后，这种紧张情绪也蔓延到美国政府之中。那些急于进一步开发核弹的人怀疑是苏联人在幕后操控，试图煽动和平运动来确保他们的霸权。参议员约瑟夫·麦卡锡之类的机会主义政治家宣称，共产主义者已占据了美国政府中的重要职位。1954年4月，曾反对开发氢弹的奥本海默因为与苏联有联系的谣传而遭受了安全审查。特勒提供了不利于他的证言，对物理学界而言，那是黑暗的一天。

值得庆幸的是，惠勒从未面对奥本海默遭受的那种蛮横拷问和当众羞辱。然而，火车上发生的一次安全事故导致他与艾森豪威尔势同水火。虽然他并未受到安全审查，但他确实遭到了总统的训斥。

事故发生在1953年1月，惠勒坐在一列从新泽西特伦顿开往华盛顿特区的深夜火车上。为了阅读材料，他把一份秘密文件（叫作《沃克报告》）的一部分带上了火车，富克斯在洛斯阿拉莫斯可能知道了特勒关于氢弹的早期设想中的哪些内容，以及苏联人有没有把这些信息用于核弹研制。这份报告中还包括关于氢弹设计的具体数据。惠勒本就不应该把这样一份机密文件带上火车，但为了充分利用乘车时间，他还是这样做了。

清晨，火车抵达联合车站，它在那里停留了一段时间，好让乘客们在下车前可以多睡一会儿。惠勒醒来后意识到那份机密文件不见了。他疯狂地四下寻找，但一无所获，于是他联系了政府情报人员。他们扣押了整节车厢，搜遍了每一处，还是没找到这份机密文件。直到今天，也没有人知道它的下落。

艾森豪威尔刚上任就发生了这种事故，他非常沮丧。惠勒的上级史密斯被叫到办公室去面见关注这一安全事故的总统。事后，史密斯向惠勒传达了总统对他的斥责。幸好，那时马特洪峰计划中的氢弹的主要研发工作已经圆满完成，惠勒剩下的任务只是撰写一份详细的报告，关于他和他的团队都完全了什么工作。不管怎样，他不打算做进一步的军事研究了，他想把工作重心转移到在普林斯顿大学教学和从事基础研究上。因此，总统的训斥对他的职业生涯几乎没有影响。

吸收体理论是错误的

大约在马特洪峰计划时期，随着费曼在量子电动力学方面的经验不断增长，他对自己与惠勒共同建立的吸收体理论越来越质疑。他发现这个理论不能解释关于电子、正电子和其他粒子的已知实验结果，比如兰姆移位。他想知道，惠勒是否产生了同样的怀疑。1951 年 5 月，费曼在给惠勒的信中写道："我想知道你如何看待我们之前提出的超距作用理论。它基于电子只与其他电子发生相互作用（的假设）……（然而）氢原子的兰姆移位据推测应归因于电子与其自身的相互作用。"[76]确实，那时费曼对量子电动力学的贡献实质上已将先前的概念推到一边，就像女儿接管了母亲的公司，并对它进行了现代化的改造一样。先前的理论已经达成了它的目的，但它现在过时了，应该退休了。

多年以后，费曼获得了1965年的诺贝尔物理学奖，他在获奖演讲时描述了自己对吸收体理论的迷恋。虽然事实证明这个理论是错误的，但它激发费曼取得了更重要的成果。它带来了对历史求和的方法，继而激励费曼发明了量子电动力学的图示法。正如费曼所说，"这个（关于电子间的直接相互作用）的想法在我看来如此明显，又如此优雅，以至于我深深地爱上了它。这就像爱上一个女人一样，你只有在不了解她的时候才有可能爱上她，因为你看不到她的缺点。后来她的缺点会愈发明显，但强烈的爱已经让你离不开她了。" 77

惠勒没有主动抛弃自己过去的想法，只是转向另一个狂野的理论。惠勒不再把粒子（尤其是电子）看作基本对象，而是转向纯粹几何学与能量场。跟19世纪的数学家威廉·克利福德和晚年的爱因斯坦一样，惠勒开始设想一种完全由几何关系编织而成的宇宙。他刚从马特洪峰上下来，就在宇宙猜想的泡沫海洋中游起泳了。

你可以想象有一只变形虫，它聪慧，记忆力良好。随着时间的推移，它不断地分裂，每次分裂产生的子变形虫都拥有与母变形虫相同的记忆……要让这样一只变形虫相信这个真相确实很难，除非它遇到"其他的自己"的另一面。如果一个人接受宇宙波函数假说，他也会面临同样的问题。

——休·埃弗雷特三世，
博士论文草稿，普林斯顿大学

第 6 章　从薛定谔的猫到多世界诠释

循规蹈矩还是不循常规，这是一个问题。是做一个正常的、可预测的、直截了当的人，还是做一个古怪的、随意的、善变的人呢？

艾森豪威尔时代以墨守成规著称。在不断向外蔓延的郊区，建起了一排排千篇一律的房子。为了不落在邻居身后，人们蜂拥着去百货公司抢购最新款的电视机。然而，他们都观看些什么呢？他们会看荒唐的喜剧演员表演的节目，比如，穿着奇装异服的米尔顿·伯利，或者举止浮夸的席德·西泽和伊莫吉恩·科卡在愚蠢的情境里耍宝。为了哗众取宠，电视节目至少要有颠覆性的暗示。

理查德·费曼和约翰·惠勒都意识到他们人生中"疯狂"的一面和循规蹈矩的一面。对费曼而言，不循常规主要体现在他的个人风格上。他永远不会满足于做一名普通教授：穿着粗花呢西装，来往于各种学术委员会之间，闲聊的话题不外乎红酒配奶酪，这根本不是他。邦戈鼓、酒吧和稀奇古怪的冒险故事才更适合他。费曼仿佛在袖子里藏着一大堆疯狂的故事，让听众目瞪口呆，根本不像一个传统的学者。在可能的情况下，他也想做能让自己愉悦的工作，比如像谜题一样有挑战性的计算。

如果阿琳还在世，也会希望费曼能继续开心地工作和生活。

然而，费曼也十分清楚安顿下来的好处。他希望某一天也能享受真正的家庭生活，就像他从小长大的那个家一样。他对像惠勒这样的踏实可靠的人怀有崇高的敬意，在费曼眼里，惠勒总是为他人着想，跟妻子和孩子关系融洽。

惠勒确实很享受安静的生活。他已经厌倦了颠沛流离的日子，希望在氢弹计划结束后能回到普林斯顿过上田园诗般的平静生活。对他来说，这才是最完美的选择。

然而，他的学术抱负却与此截然相反。在描述核过程和散射方面，他已经取得了巨大的成功，他完全可以在这些领域继续发表论文。这对他来说驾轻就熟。但是，他的才智拒绝这种可预测性。他的头脑被物理世界中最极端的问题吸引。他热爱宇宙中的怪象，以及它们讲述的自然规律。

惠勒和费曼都觉得如果没有怪异的节目，生活的马戏团就不完整。怪异的经历让费曼兴味盎然，只要它们不妨碍他的物理学事业。他会敲击巴西或者非洲鼓直到深夜，在偏僻的高速公路上捎上想搭便车的人，参观稀奇古怪的地方，在旅途中搭讪漂亮女孩，所有这些都使他原本循规蹈矩的人生变得不同寻常。

让惠勒颇感兴趣的则是古怪的想法，只要它们不违背物理学的基本原理。他把这种方法叫作"激进的保守主义"。[78]惠勒认为，检验任何一种理论有效性的最好方法就是极端情况。他喜欢让自己的思绪游荡到时间、空间和知觉的边缘或极限。最小的事物、宇宙最基本的组成部分、最强大的力，所有这些都让他的思想马戏团充满活力。

对于探索未知的无畏行为，惠勒辩解道："我们住在一座小岛上，四周是一片无知之海。随着我们的知识小岛不断变大，我们的无知海岸线也变得更长了。"[79]

当然，这两位理论物理学家都不会在任何猜想上浪费时间，除非是有事实依据的猜想。他们对伪科学和神秘学都不买账。费曼在多年以后的一场演讲中会把这些东西贬斥为"货物崇拜科学"[①]，即原始的、不可验证的信仰。科学可能是怪诞的，但它必须是可定义、可观测和可重现的。惠勒完全赞同这一观点。

用时空的经纬线编织历史

经典力学和量子力学展示出可预测性和怪异性之间的鲜明反差。经典力学精确地绘制出粒子的运动轨迹，就像身着灰色西装的商人每天沿着同样的路径去上班。而量子力学则反复无常，引导着粒子以这条或者那条路径运动，就像一位过分挑剔的俱乐部保安以随心所欲的标准把守着入口。费曼多次在公开演讲中强调了量子物理学的反直觉性。比如，在一系列名为《物理定律的本性》的讲座中，费曼说："我想我可以有把握地说，没人懂量子力学。"[80]

然而，通过对历史求和的方法，费曼极好地把这些极端情况完美地融合在一起。它精彩地展示了在量子物理学的所有稀奇古怪的可能性中，最小作用量原理如何使古板的经典路径成为粒子最可能采取的路径。然

---

① 货物崇拜科学，西南太平洋的一种宗教形式，当地人相信神会与船或飞机一同归来，提供他们所需的物品。——译者注

而，如果我们进入亚原子世界，越来越多的量子怪诞性就会进入图景，包括各种类型的费曼图表示的修正。

惠勒认为，比起单独的经典力学或者单独量子力学，费曼将二者融合起来的做法更有意义，所以他想推广对历史求和的概念。惠勒知道，很多伟大的物理学家已经在研究量子电动力学的作用了，因此他决定绕过这个课题，想方设法对历史求和的方法应用于其他未开发的前沿领域，比如引力。

惠勒的一个邻居住在街对面，他是一位织布工。纺织工的技艺，即在织布机上编织出经纬线，令惠勒着迷。惠勒的女儿艾莉森回忆说，惠勒对以不同的可能性为线编织出现实的想法产生了兴趣。他开始考虑把对历史求和的方法应用于宇宙本身。"我的父亲讲到了历史的经纬线。"[81]艾莉森说，"在历史中，既有溪流，也有交汇的水流。"

为了编织出这样的图景，惠勒需要学会同时使用两台织机。其一是费曼的织机——对历史求和的方法，他已经非常了解了；其二是阿尔伯特·爱因斯坦的织机——广义相对论，它是时空织物的编织指南。爱因斯坦早在1915年就构建了这一理论，很多物理学家认为它已经过时了。但惠勒看到了它的潜力，决定扫去它身上的灰尘，给它的齿轮上油，使它比新理论运行得更好。

乏人问津的广义相对论

到20世纪40年代末50年代初，在美国几乎没有年轻研究者对广义相对论感兴趣。彼得·伯格曼是一个例外，他曾与爱因斯坦一起工作，并写了几本关于广义相对论的教科书。布莱斯·德威特也是一个异类，他读过伯格曼的教科书，并且想把广义相对论与施温格的量子电动力学方法结合起来。除了他俩，绝大多数研究生和年轻教授就算用一根超过30光年长的竿子也打不着该课题。许多主流期刊，比如《物理评论》，也刻意回避刊登相关论文。

你可能会猜测其中的原因。爱因斯坦已是一位老人，这提醒人们从他1915年创建该理论到现在已经过去很多年了。1919年，对日食的观测确证了广义相对论的一个关键预测，它因此登上了媒体头条。然而，除了其他日食观测数据以外，很少有新的实验结果能持续激发人们对广义相对论的兴趣。就连爱因斯坦本人也将它搁置一边，而专注于研究统一场论，即修正广义相对论，将电磁纳入其中。

广义相对论的主要应用领域是宇宙学，它是一门研究宇宙的学科。宇宙学包括爱因斯坦方程的几个众所周知的解，它们是通过做简化的假设（比如空间均匀性）得出的。关键的突破是埃德温·哈勃于1929年取得的发现：宇宙中的所有星系（除了离我们最近的星系，它们因为引力作用而与我们紧密束缚在一起）正在相互远离，这通常被视为解释宇宙空间膨胀的证据。

关于空间膨胀意味着什么，形成争论的观点可分为两派。一派以乔治·伽莫夫为首，他们的观点基于亚历山大·弗里德曼和乔治·勒梅特等人的思想，主张宇宙有一个炽热的开端，当时所有物质和能量都浓缩在一个极小的区域里。伽莫夫指出，有两条证据可以证明这一观点：一是哈勃膨胀，二是较重的元素（比如氦）是由简单的氢元素聚合形成的。

我们今天观测到的大部分氦，可能都是在致密、炽热的早期宇宙环境中产生的，恒星不可能产生如今宇宙中这么多数量的氦。伽莫夫与拉尔夫·阿尔菲合作，于1948年发表了这个假说。在论文署名时，伽莫夫把贝特（虽然贝特没有直接参与这项研究）的名字放在阿尔菲和他自己的名字中间，这样一来，他们三个人的名字就刚好对应于希腊字母表的前三个字母α、β和γ，所以这个假说后来被称为αβγ理论。

另一派的代表人物是弗雷德·霍伊尔、赫尔曼·邦迪和托马斯·戈尔德。霍伊尔把伽莫夫和阿尔菲的宇宙模型戏称为"大爆炸"，嘲讽了他们提出的"宇宙中的所有物质和能量都是从虚无中瞬间涌现出来"的观点。相反，他的"稳态"宇宙模型主张，新的材料必须以微小的增量，历经许多世代，才能逐渐布满宇宙。随着宇宙的膨胀，新生物质缓慢地凝结成初生星系，最终填补上老星系之间的空隙。因此，随着时间的推移，宇宙保持着近乎相同的外观。

大爆炸模型和稳态模型都遵循宇宙学原理，该原理宣称空间和空间中的材料在各个方向上近乎同一。换句话说，宇宙中没有哪个部分看起来与其他部分完全不同。因此，它们都可以通过爱因斯坦方程的各向同性（在各个方向上都相同）和均质性（在各个地方都相似）的解来建模。只有少数解满足这两个要求。

邦迪和戈尔德强调，稳态概念还遵循他们所谓的"完全宇宙学原理"。它的要求更严格，即整个宇宙无论何时何地看起来都大致相同。因为所有空隙都会被新形成的星系填补上，这意味着宇宙会不断地被注射一种宇宙学的胶原蛋白，就像王尔德笔下的道林·格雷一样可以永葆青春。完全宇宙学原理跟宇宙学原理一样，也限制了爱因斯坦方程的可能解的范围。

要理解已知的宇宙学解和为数不多的应用，只需要懂一点儿广义相对论，难怪20世纪50年代初几乎没有物理学家投身广义相对论领域。许多人只把它看作"数学家的游乐场"。[82]不过，惠勒从新的角度审视了奥本海默于1939年发表的一篇论文，并对自然的基本成分进行了思考，这些激发了惠勒应对相对论的兴趣，他打算逆潮流而行去复兴这个领域。

开设一门广义相对论课程

1952年年初，马特洪峰计划正在如火如荼地进行，惠勒的思绪偶尔也会飘向关于宇宙的基本问题。在回顾他与尼尔斯·玻尔的核研究工作时，他可能翻开了1939年9月1日出版的那期《物理评论》杂志，他和玻尔分写的关键论文发表在上面。在同一期杂志中还有奥本海默及其学生哈特兰·斯奈德合写的一篇论文，题为《论持续的引力收缩》，描述了大质量恒星末态的可能情景。

非常奇怪的是，奥本海默和斯奈德预测在特定的情况下，大质量恒星耗尽它们的核燃料后，无法把自身的大部分物质喷射出去，最终会发生不可阻挡的灾难性坍缩。在有限的时期内，这些巨星会向内坍缩，形成无限致密的状态——"奇点"。它们的引力会强大到任何东西甚至是光也无法从它们核心周围的小的球形区域逃逸。因此，没有人可以从外面窥见和记录里面发生了什么。后来，惠勒把这样的天体称为"黑洞"。

但那时，惠勒不太相信奥本海默和斯奈德的研究结果。他认为，某种机制——可能是量子过程或者其他类型的平滑过程——将会阻止恒星坍缩成奇点。对其他物理学理论而言，奇点也是"美玉上的瑕疵"，比如经典理论中的电子自能。或许，解决引力问题也有助于揭示大自然是如何避免奇点出现的。要找到一个合理的替代理论，惠勒必须透彻地学习广义相对论，直到完全精通。

惠勒发现，习得一个领域知识的最好办法就是教授相关课程。他养成了一个好习惯，就是每上一门课都一丝不苟地准备课程讲义，无论何时他想继续研究这个课题，这些讲义就是极好的材料。在他的笔记本里，他的推测散布在他的讲义各处。其中有些问题他会拿来提问学生，有些问题则留给自己思考，有些问题两者皆具。正所谓教学相长，它能让知识以螺旋上升的方式不断增长。

惠勒请求物理系允许由他来设计并教授普林斯顿大学的第一门关于狭义相对论和广义相对论的学年课程。1952年5月6日，系里批准他在下一个学年开设并教授这门课。为了庆祝这个消息，惠勒在一个新笔记本的封皮上写下"相对论I"的字样，标注了日期和时间，并开始规划课程内容。他在笔记本中写到，他希望某一天能就此课题撰写一本书。多年后，他出色地兑现了这个承诺，与查尔斯·米斯纳、基普·索恩合著了一本权威的教科学《引力论》。

超流体和一段失败的婚姻

与此同时，费曼正在为他人生中的另外一件大事做准备：第二次婚礼。在动身去巴西展开学术休假之前，他在康奈尔大学邂逅了一位名叫玛丽·路易丝·贝尔的姑娘。她来自美国中西部乡村，在艺术史方面学识渊博，就像一部百科全书。乍看起来，除了艺术方面的兴趣以外，两个人没有什么共同之处。然而，在巴西的时候，费曼渴望一段真正的恋爱关系，而非与空姐们的逢场作戏。他深情地想起了与玛丽关于古迹等的有趣对话，冲动之下费曼写信向玛丽求婚。玛丽答应嫁给他，并和他一起在南加州居住。他们于1952年6月结婚，定居在离加州理工学院所在地帕萨迪纳不远的阿尔塔迪纳。在墨西哥的蜜月旅行期间，费曼了解了很多关于玛雅文化与艺术的知识，其中包括它的历法循环概念。

费曼人生的其他方面也发生了变化。离开汉斯·贝特的研究小组后，费曼得到了重新评估自己研究方向的机会。虽然量子电动力学方面的工作给了他巨大的成就感，但他对重正化的方法还存有很大的疑问。他觉得这种方法需要从根本上进行一次检修，以消除其中一些随意性的方面。而且，他觉得是时候做些完全不同的事情了。

在几十年后出版的《QED：光和物质的奇异性》一书中，费曼写道："我们使用的这种骗术……叫作'重正化'。但不管这个词语多么精妙，在我看来它都是一种愚蠢的方法。这种骗人的把戏阻碍了我们证明量子电动力学在数学上的自洽性……我怀疑，重正化在数学上是不合理的。"[83]

在加州理工学院的头几年，费曼研究了超流体，即液氦之类的不管温度降到多么低都不会凝固的物质。在苏联物理学家列夫·朗道所做研究工作的基础上，费曼考虑了为什么量子力学可以阻止这类系统降低能量从而变成固体。他的超流性研究工作对这个新兴领域产生了至关重要的影响。

费曼还研究了超导电性，这是另一种低温现象，即材料在临界温度以下会失去它们的电阻。一旦电流在材料中出现，就会一直流动下去。类似地，费曼认为，一定存在某种量子机制维持着电流的持续流动状态。后来，约翰·巴丁、利昂·库珀和J.罗伯特·施里弗发现了这种机制，并因此获得诺贝尔物理学奖。尽管费曼在超流性方面做出了重要贡献，却没有亲自找到超导电性背后的量子机制，这让他十分沮丧。

1953年9月，受惠勒之邀，费曼在一个于日本举行的会议上做了一场关于液氦超流性的报告。他兴致勃勃地学习说一些日文短语。费曼对日本的传统礼仪也很感兴趣，他住在一家传统旅馆里，打算体验一下和风沐浴。尴尬的是，他走错了房间，一不小心撞见了著名物理学家汤川秀树正泡在浴桶里。

费曼的这段婚姻比他研究的低温理论的冷却速度还要快。他和玛丽完全不合拍。费曼标志性的随意风格在玛丽那里显然不过关：玛丽要求他穿上外套、打上领带再去上班，而不能像之前那样挽着衣袖出门。费曼的同事也觉得玛丽令人不快。玛丽要求费曼把全部注意力放在她身上，即使在他想要思考的时候。费曼很快就不理睬玛丽了，他的邦戈鼓声让玛丽抓狂，他的计算也让玛丽烦躁不已。才过了几年，她就向费曼提出离婚。

1956年7月，在他俩的离婚判决现场，玛丽发泄出她积累已久的不满。"他一醒来，就开始做微积分计算，"[84]她抱怨道，"我不能跟他讲话，否则就是干扰他的工作。"不仅如此，他的邦戈鼓声也是"可怕的噪声"。

法庭判决费曼补偿玛丽一笔现金，并定期给她支付离婚赡养费。虽然费曼不得不把自己的一部分财产分给玛丽，但报纸对这件事的报道充满娱乐性，"他可以继续留着自己的鼓"。

爱因斯坦家的茶会

从 1952 年秋季到 1953 年春季，是惠勒开设的相对论课程的上半学期，在下半学期，该课程的主要内容是广义相对论。春季学期的亮点之一是，1953 年 5 月 16 日惠勒带领全班学生去了爱因斯坦位于默瑟街的家。在那里，8 位研究生获得了前所未有的机会，可以向这位相对论的设计者提出任何他们想问的问题，以整个宇宙为限。爱因斯坦给他们讲述了自己对空间膨胀的想法和对量子力学的批判等。他甚至还回答了一个有些不沾边儿的问题：他去世后这座房子会被用来做什么？爱因斯坦说："它绝不会变成一个存放圣人遗骨并供人瞻仰的圣地。"[85]

当他们准备跟爱因斯坦告别时，惠勒询问爱因斯坦对这群年轻的物理学家有没有什么建议。爱因斯坦回答道："我有什么资格提建议呢？"

在准备课程讲义的过程中，惠勒弄清楚了广义相对论的来龙去脉。他找到了一种简洁的方式去描述它，后来还用在了他写作的经典教科书中："空间作用于物质，告诉物质如何运动；物质又反过来作用于空间，告诉空间如何弯曲。"[86]

在广义相对论中，地球沿着椭圆路径绕太阳运动，并不是因为超距作用力，而是因为太阳质量造成的局部空间弯曲。如果太阳突然消失，它周围的空间就会迅速因为以光速传播的引力波而变得平直。一旦地球所在的空间区域变得平直，它将开始做直线运动，而非曲线运动。

能弯曲空间的不只有质量，能量场也能做到这一点，因为根据爱因斯坦的理论，质量和能量是等价的。不管你把一团能量放在什么地方，它周围的空间都会弯曲。甚至是空间涟漪产生的引力能，也能让空间弯曲。

图 6-1 1954 年，爱因斯坦、汤川秀树和惠勒在普林斯顿大学马昆德公园散步

资料来源：Photograph by Wallace Litwin and Josef Kringold, courtesy AIP Emilio Segrè Visual Archives, Wheeler Collection。

因此，你可以设想涟漪产生了涟漪，形成一个反馈回路。换句话说，几何结构可以自发产生，无须任何物质。

广义相对论很快就成了惠勒的画布。他渴望用弯曲的空间和能量场创造出物理学中的一切东西。他放弃了"一切都是粒子"的概念，转而采纳了"一切都是场"的概念，这是一次彻底的转变。他曾经认为场是一种错觉，而现在他开始认为物质是一种错觉。他曾经相信超距作用，而现在他认为一切事物都是局域的。这个由几何结构与场组成的美丽新世界将会如何呢？一场激动人心的探险之旅拉开了序幕。

苹果上的虫洞和新物理学

1935年，爱因斯坦与他在普林斯顿高等研究院的助手内森·罗森探索了一类有趣的广义相对论性几何结构，即两个时空"薄片"由一条狭窄的通道相连，这条通道被称为"爱因斯坦–罗森桥"。他们绘制出的图形有点儿像沙漏，上半部分代表一个区域，下半部分代表另一个区域，颈部就是连接两个区域的桥。爱因斯坦与罗森尝试利用这种几何结构来代替像电子这样的基本粒子。

惠勒采用了同一种结构，并把它重新命名为"虫洞"。他想象平常的空间就像一个苹果的表面，有一只虫子（导致时空发生极度弯曲的能量）进了在上面啃咬出一条时空捷径。通过这种方式产生的虫洞改变了空间的拓扑（与连接有关的数学）。一旦这类虫洞出现，其他能量场就能穿过它们，像魔法一样从一点跳跃到另一点。

惠勒开始考量虫洞可以做的所有事，并有了一个令人震惊的想法。假设有一簇电磁场线掉进了虫洞的一个口，它们看似汇聚于一点，与一个负电荷（比如一个电子）的行为相仿。这些线在穿过虫洞的颈部之后会出现在虫洞的另一个口，看似从另一点放射出来，这与一个正电荷（比如正电子）的行为相仿。因此，虫洞似乎创造出一对相反的电荷。电荷仿佛可以从纯粹的虚无中诞生，惠勒称这一效应为"没有电荷的电荷"。

惠勒又研究了另一种结构：一团自容式能量，他称之为"真子"。他想知道，如果一个电磁场被形塑成球形、甜甜圈形等结构，使其自身的引力能够永远把它黏在一起，会怎么样。这种引力黏土从任何一个角度看，都像一个粒子。根据爱因斯坦的质能方程，能量和质量可以自由互换，它甚至拥有质量。惠勒把这一概念叫作"没有质量的质量"。

惠勒开始构想一种新的物理学，它由虫洞、真子等几何结构和能量场组成。在几何动力学这门新学科中，物质将只是一种错觉。为了看看这个全新的模型是否有效，他意识到自己需要做很多计算。

众所周知，广义相对论极难求出精确解，除非是在简单的情况下。然而，惠勒在马特洪峰计划中了解到，计算技巧会对他大有帮助。他只需要让一些聪明的学生（比如氢弹计划中的约翰·托尔和肯尼斯·福特）去掌握这些技巧，就可以启动几何动力学项目。壮丽的风景正在等待着惠勒，他为此激动不已。

量子泡沫和宇宙的演化

优秀的理论物理学家可谓千载难逢。因此，当惠勒遇到查尔斯·米斯纳时，他十分欣喜地发现，这个年轻又精通数学的研究生，跟他一样对广义相对论充满热情。米斯纳在圣母大学读本科时，就已经掌握了广义相对论，并且获得了强大的数学技巧"兵工厂"，其中包括拓扑学。他于1952年秋季学期成为普林斯顿大学的一名研究生。同费曼一样，他一开始住在研究生院，并渐渐熟悉了从研究生院走到帕尔默实验楼的路。在第一学年，米斯纳一边上课一边和物理学家阿瑟·怀特曼一起做放射性衰变项目，其间他在帕尔默实验楼碰到过惠勒几次，便抓住机会与惠勒谈论广义相对论。因此，当惠勒开始构想虫洞、真子和其他几何动力学的古怪概念时，米斯纳径直加入其中。他的理论背景让他可以深刻地理解这个课题，给惠勒留下了十分深刻的印象。很快，米斯纳就和惠勒共同攀登起这座高峰，惠勒成了米斯纳的博士生导师。

通过与米斯纳的讨论，惠勒建立了一个量子引力的概念模型——"量子泡沫"（也叫"时空泡沫"）。他想象有一种超强显微镜，它可以放大自然的结构，并显示出在其最小尺度——普朗克长度（约6×10^{-34}英寸[①]）——上发生了什么。10^{24}个这样尺寸的物体首尾相连并置，仍然不到一个原子的大小。显然，在这么小的尺度上，起主导作用的应该是量子规则。时空会变成"泡沫"状，随着随机量子涨落的脉冲而起伏。虫洞和其他连接结构会快速地自发产生又消散，就像泡沫中转瞬即逝的泡泡一样。

图6-2 1967年，约翰·惠勒在普林斯顿大学利用费曼的对历史求和的方法解释经典过程与量子过程的差异

资料来源：《纽约时报》。

---

① 1英寸≈2.54厘米，普朗克长度约为1.6×10^{-35}米。——译者注

想要理解经典现实如何从这类混乱的泡沫中涌现，需要找到某种优化过程，用它筛选出我们今天看到的有序宇宙。惠勒想知道，把对历史求和的方法应用于时空本身是否能做到这一点。在宇宙的所有可能的演化中，或许费曼的方法可以在表示所有几何可能性的抽象空间中找出一条最佳路径，通往我们今天的宇宙。这样一来，经典引力理论和量子引力理论之间就有了一个优美的联系，并解释秩序如何在随机量子涨落中出现。

惠勒的学生们经常取笑他目标过高。他也承认，拖延症有时会拖慢他实现愿望的脚步。而且，他的梦想不断地把他带去新的地方。见异思迁的惠勒总是提出一个深远的由多个部分组成的课题，给它制定的时间表却短到荒谬，在刚刚完成第一部分的时候，他的注意力又转到别的课题上去了。在关于惠勒–费曼吸收体理论的第一篇论文中，我们已经看到了他的这个典型特征。

在跟米斯纳合作的时候，惠勒也是无可救药的乐观。他为米斯纳布置了一个任务，让他把费曼的方法应用于几何动力学，产生一个量子引力理论。惠勒根本没有认真思考这项任务的难度，就强调说这不需要花多少时间。"用对历史求和的方法建立量子引力理论，可能在6个月内就能搞定。"[87]他向米斯纳保证说。

米斯纳被对历史求和的概念迷住了。他认为这个概念实质上是在告诉人们，"在你抵达现实的彼岸之前，现实早已意识到所有的可能性"。[88]然而，要想得到量子引力理论，似乎先要对电磁理论和引力之间的关系做出经典（非量子）的描述。

米斯纳着手建立与广义相对论相关的数学定理。当时，惠勒并不太了解相关的数学文献，因此无法在这方面为米斯纳提供多少指导。然而，彼得·伯格曼看到米斯纳正在做的工作后指出，这些工作已经有人做过了。伯格曼提到，米斯纳的一些初始工作与数学物理学家乔治·拉伊尼奇在1925年发表的结果相似。为了避免与其他人的工作重复，米斯纳决定专注研究如何将对历史求和的方法应用于广义相对论，并以此作为自己的博士论文课题，它听起来十分宏大。在普林斯顿大学的这段时间，米斯纳取得了很大进展，主要体现在用费曼的方法表述问题和列出建立量子引力理论需要的进一步行动方案上。然而，他逐渐意识到，完成这样的理论并非易事。他的博士论文标题为《广义相对论的费曼式量子化概要》，与其说这是一个终点，不如说它是一个坚实的起点。

幸亏有了像费曼和米斯纳这样优异的学生，惠勒开始认为自己开创了一个思想流派，就像玻尔在哥本哈根所做的一样。他当然有足够的关于广义相对论和量子理论的课题，他也希望他最优秀的学生能成为他长期的合作伙伴、朋友和知己。事实确实如此，他之前的很多学生，包括福特、托尔等人，在自己的职业生涯蒸蒸日上的同时，也一直与惠勒保持着学术研究上的合作关系。

惠勒非常喜欢与有思想的年轻人合作，他会招收很多其他教授认为不循常规的学生。一个有代表性的例子就是彼得·帕特南，一个对哲学、心理学和物理学的交叉领域感兴趣的学生。思维缜密、害羞又孤独的帕特南来到普林斯顿大学读本科时，他的哥哥刚刚在"二战"中牺牲。惠勒与帕特南很亲近，因为他们对哲学有着共同的兴趣，后来也招收了帕特南做自己的研究生。对于主观经验在塑造现实中的作用，两人有过多次深刻的讨论。无疑，这份友谊在很大程度上来自他们都在"二战"中失去了一个兄弟的相同遭遇。尽管帕特南最终离开了物理学界，在贫困中

度过一生，但他们的深入讨论塑造了惠勒后来关于意识知觉与量子世界
之间的联系的看法。

四人小组与量子测量难题

　　在研究生院，米斯纳结识了三位好友，他们都热爱数学，也都喜欢打
扑克牌和乒乓球。这4个年轻人一起度过了很多愉快的时光，在研究生毕
业后也仍然保持着联系。生于加拿大的黑尔·特罗特后来留在普林斯顿大
学担任数学教授，最终成了系主任。哈维·阿诺德当时是一位崭露头角的
青年统计学者。休·埃弗雷特主修博弈论——一个与概率论密切相关的数
学理论。埃弗雷特还选修了物理学课程，包括电磁学和量子力学（使用
的教科书是约翰·冯·诺依曼的经典著作）。这个四人小组经常待在埃弗
雷特的房间里，一杯接一杯地喝着雪利酒或者调和鸡尾酒，打打扑克牌，
讨论学术问题直到深夜。[89]

　　埃弗雷特是爱因斯坦理论的资深狂热爱好者。他在12岁时给爱因斯
坦写了一封信，询问宇宙是通过什么结合在一起的。爱因斯坦给他回了
一封简短而友好的信，柔和地揶揄了他固执的好奇心。

　　1954年3月14日是爱因斯坦的75岁生日。在庆祝活动开始前不久，
以奥本海默为首的委员会决定了阿尔伯特·爱因斯坦奖的获得者，该奖是
一个致敬爱因斯坦的特殊奖项。获奖者是费曼，他得到了15 000美元的
奖金和一枚金质奖章。《纽约时报》发表了一篇文章报道费曼的成就，并
指出"这个奖项是物理学领域内仅次于诺贝尔奖的最高奖项"。[90]

4月14日，作为惠勒的第二期广义相对论课程的特邀嘉宾，爱因斯坦在帕尔默楼做了一场特殊的讲座。这场讲座的组织者之一是物理学系研究生奥斯卡·格林伯格（后来发现了强力中的色荷），讲座开始前介绍爱因斯坦的人就是他。格林伯格对这场讲座的消息严格保密，生怕教室被只想一睹伟人风采的学生挤满。米斯纳知道了这个消息，他自然不会错过这个机会。米斯纳后来回忆说，埃弗雷特也参加了。

在讲座中，爱因斯坦强调了他的信念：尽管量子力学已经在预测一项又一项实验结果方面取得了巨大的成功，但它仍然存在逻辑缺陷。比如，人类观测者与测量过程也是量子理论的组成部分，爱因斯坦觉得这很荒谬。他想知道，如果波函数坍缩至具有特定测量值的态需要由人来触发，为什么老鼠不能做这件事呢？整个量子测量过程需要在客观性、机械性、权威性方面进行重构一个符合机械论的客观而可信的理论。

虽然埃弗雷特的主要研究领域是博弈论，但他也上了一年级的量子力学课程，读了冯·诺依曼的教科书，听了爱因斯坦的讲座，这些启发他开始思考量子测量问题。巧合的是，差不多同一时间，惠勒正在物色对广义相对论及其量子化课题感兴趣的研究生。

1954年秋天，玻尔在高等研究院待了一个学期，与惠勒、奥本海默、尤金·维格纳等人一起讨论学术。他还带来了他的年轻助手阿格·彼得森。11月16日，玻尔在普林斯顿研究生院做了一场讲座，米斯纳、埃弗雷特和彼得森都参加了。他阐述的其中一个重要问题就是量子测量理论。

从20世纪20年代中期开始，爱因斯坦就毫不让步地反对量子力学的"上帝掷骰子"的观念，而玻尔也毫不动摇地坚持他对量子力学的独特诠释——互补原理。玻尔强调，量子力学是一种黑箱，我们从中得到的答案取决于我们所做测量的类型。如果我们做一项实验测量系统的粒子属性，得到的结果就会表明系统是粒子性的。如果我们做一项实验测量系统的波动属性，得到的结果就会表明系统是波动性的。玻尔相信，对于亚原子世界，我们永远不可能掌握完整的信息，总会存在量子谜团。就像东方神秘主义的信徒一样，我们必须接受自然界中有些谜题没有答案的事实。玻尔的难以理解的讲话方式（喃喃低语）使他的观点显得更加高深莫测。

图 6-3　1954 年，玻尔访问普林斯顿期间与研究生们讨论问题。从左到右分别为：查尔斯·米斯纳、黑尔·特洛特、尼尔斯·玻尔、休·埃弗雷特三世和戴维·哈里森
资料来源：Photograph by Alan Richards, courtesy AIP Emilio Segrè Visual Archives。

虽然量子力学界的科学家都十分仰慕爱因斯坦和玻尔，但他们大多数已转向更实用的量子测量诠释。冯·诺依曼的观点在他的教科书中得到了集中阐释，为所谓的"哥本哈根诠释"提供了最好的表述。哥本哈根诠释认为，在进行量子测量时，我们会挑选出一个特定的物理参数，叫作"可观测量"。比如，如果你想出了一种方法来确定一个粒子的位置，位置就是可观测量。在测量之前，量子系统包含了一系列的可能性（比如，一定数量的某个位置态和一定数量的另一个位置态的组合），叫作"态叠加"。根据薛定谔方程，这种状态会不断演化。然而，在测量发生的一瞬间，一切都变了。系统随机坍缩到其中一个位置态上，就像一个不稳定的纸牌屋朝着一个随机的方向倒下。

埃弗雷特对已有的量子力学诠释都不满意，每一个看起来都很随意而且主观。一天晚上，在喝了很多雪利酒以后，他壮起胆子对当时待在研究生院的彼得森倾吐了自己的感觉。他认为，量子物理学急需一个客观的解释。可观测量取决于测量对象，这个想法在他看来太过荒谬。为什么人类实验者的选择会影响粒子世界的运行机制呢？

彼得森觉得有义务为自己的导师玻尔辩护。在他看来，量子测量问题已经尘埃落定。虽然玻尔的互补原理提供了哲学上的支撑，但冯·诺依曼等人做出的更详细的诠释准确地展示了如何计算出实验结果。物理学领域有这么多激动人心的地方可以探索，为什么非要质疑像量子力学这么成功的理论，去重新发明"轮子"呢？

米斯纳兴致勃勃地观看了他们俩的辩论。在这个学期，他们俩还会继续辩论下去。一方面，米斯纳觉得双方都有一定的道理。另一方面，他认同埃弗雷特的质疑，尤其是在彼得森对主流观点的辩护过于教条的时候。"休认为彼得森的诠释让人无法接受。"[91]米斯纳回忆道。

米斯纳赞同埃弗雷特的看法：既然薛定谔方程适用于系统的连续演

化，但它却不能解释测量问题，这不是很奇怪吗？"对一条物理学的基本定律而言，那似乎是一种奇怪的态度。"他回想道。

不过，米斯纳有更紧迫的事情要做。他正在努力地解决几何动力学量子化的问题。虽然把费曼的方法应用于引力是一项颇具挑战性的任务，但比起以某种不切实际的客观性标准来重新思考量子测量理论，这至少是一个更具体的问题。

如何定义宇宙波函数

在寻求量子引力理论的过程中，米斯纳和惠勒很快就意识到，对可观测量（可测量的描述简单粒子的基本物理量，比如位置、动量、能量等）的选择并不是显而易见的。爱因斯坦广义相对论的原始形式把空间和时间置于相似的地位上，空间和时间可以轻易地相互转化，就像冰和水一样。然而，通过任意类型的实际观测，我们都会注意到，事物的空间变化发生在一定的时间间隔之内，比如宇宙随着时间的推移而不断膨胀。因此，测量过程自然而然地把空间和时间分离开来，即把四维的时空块沿着时间切成三维切片。这种切分并不是随意的，而需要遵循爱因斯坦动力学。几年后，物理学家理查德·阿诺维特、斯坦利·德塞尔和米斯纳一道找出了这个难题的答案，被称为"ADM 形式体系"。

一个更加哲学性的问题是把观测者和观测对象分开。如果我们要研究的系统是整个宇宙，如何实现独立观测呢？一方面，没有人能离开宇宙并测量它。另一方面，宇宙中的每个人都是该系统的一部分。如果不借助外部观测者，我们又如何知道波函数坍缩的概念是如何发挥作用呢？而要找出一种新方法，让量子测量无须借助这类坍缩来进行，同样令人生畏。

有一天，一直在苦思冥想除了哥本哈根诠释之外是否还有其他解释的埃弗雷特，把一个革命性的新假说摆在了惠勒面前：假设没有坍缩。假设每个量子系统（包括作为一个整体的宇宙）的波函数，按照薛定谔方程、狄拉克方程和其他描述量子系统的连续性方法一直演化下去。如果没有坍缩，也就无须引入独立观测者了。这样一来，我们就可以清晰地定义宇宙的波函数了。

只有一个问题，而且非常明显。想象一个基本的量子系统，比如一个原子，科学家对它进行了观测。这类测量每时每刻都在发生，如果正确地操作，通常会得到一个而非一组结果。在这种情况下，观测在其发生的一瞬间并没有引发坍缩，而是使宇宙本身分岔为多种可能性。每一个分支代表一个不同的结果，或者说一个替代现实。

米斯纳看到了埃弗雷特发展这个假说的过程，虽然他对埃弗雷特的假说感兴趣，但也是半信半疑。米斯纳回忆道："我的第一和总体反应是，我不喜欢埃弗雷特的结论，但我敬重他的逻辑论证能力。当然，我也不喜欢玻尔的假说。"[92]

然而，惠勒可是由衷地兴奋。他一直在催促自己的研究生寻找能定义宇宙波函数的方法，现在埃弗雷特似乎有了一个可能的答案。至少，它值得仔细审视，毕竟具有逻辑一致性的备选项太少。两人讨论了一番后，埃弗雷特决定以此为题写作他的博士论文，并请惠勒作为他的导师。

关于引力的深奥谜题

与此同时，惠勒继续摆弄着各种形式的虫洞和真子，就像一个兴奋的小孩在捣鼓一套建筑积木。在研究真子的过程中，他遇到了一个严重的"路障"。他想让真子成为粒子世界的一个关键组成部分。然而，根据他的计算，一个甜甜圈形状的经典真子的最小尺寸也跟太阳差不多，其质量约为太阳的 100 万倍，很难将其当作一种基本粒子。尽管如此，他仍坚持认为这个概念太有趣了而不能轻易放弃。也许量子修正能减小它的质量和大小。

在一次去欧洲的短期旅行中，惠勒给爱因斯坦写了一封信，就真子的问题向他征求建议。爱因斯坦在回信中表示，等惠勒回国后再讨论这个问题。1954 年 10 月，他们在电话中进行了一番友好的交流。爱因斯坦说出了他对真子概念的本能反应：虽然真子有可能是广义相对论方程的实际解，但它们也可能相当不稳定。因为引力比其他相互作用弱很多，仅仅通过引力很难组装出稳定的能量场构型。稳定的天体，比如恒星和行星，都充满了质量，而不只是无定形的场。惠勒进行了更多的计算后确定，爱因斯坦在这两个方面都是正确的。事实证明，他提出的这类虫洞也是不稳定的。如果物质或者能量超负荷，虫洞就会蒸发，犹如充气过足的轮胎受到一点儿冲击就会爆炸。惠勒仍然抱持着这一想法，希望能以某种方式找到稳定的解，就像波涛汹涌的海洋中永不停息的浪花一样。他开始撰写一篇关于真子的长论文。

在 1955 年的春季学期，惠勒摩拳擦掌地教授了一门关于高等量子力学的课程。像往常一样，他认真地准备了课程讲义，确保其中包括充足的关于费曼的对历史求和方法的参考文献。根据惠勒的选课名单，米斯纳和埃弗雷特都旁听了这门课。两个好友已经搬出了校园，成了室友，都在努力地完成自己的博士论文。尽管米斯纳的研究与惠勒的课程内容更接近，但埃弗雷特也通过这个机会了解了他原本不太熟悉的惠勒的观点。

爱因斯坦于1955年4月18日去世，惠勒失去了他心目中的一位英雄。在爱因斯坦生命的最后几年里，他们俩的关系越发亲密，尤其是在惠勒决定投身于广义相对论研究之后。得益于惠勒等人的努力，物理学领域对广义相对论的兴趣有所增长。讽刺的是，爱因斯坦去世后的几十年被公认为广义相对论的黄金年代。

在初秋的一天，惠勒寄给费曼一份关于真子的17页论文的预印件。显然，他想让费曼看一看，并且想想有没有办法对这一理论进行量子修正。此时，费曼的妻子（很快就会变成前妻）玛丽一直在他耳边唠叨，抱怨他的鼓声、计算和其他会惹恼她的事情，所以，惠勒寄来的论文成了能让费曼愉悦的消遣。

10月4日，费曼回了一封简短的信，凭他的直觉运用对历史求和的方法分析了对真子进行的可能的一阶修正，类似于他得到兰姆移位的做法。[93] 他把这当作一种有趣的头脑锻炼，并不确信现实的、稳定的真子有可能存在（事实上它们不可能存在）。他请惠勒拿出关于这个概念的更多证据。

在简短了解惠勒的怪异新课题之后，费曼开始思考引力以及它为什么与其他力迥然不同的原因。引力比电磁力弱得多，以至于任何通过引力形成的结构都必须是巨大的。一个通过引力而不是电磁力构建出的原子，它的周长将是一个天文数字。甚至在思考引力的量子化之前，他就得出了结论：我们必须先解决一个更深层次的问题，那就是为什么引力微弱得如此显眼和突兀。

后来，费曼在一篇关于量子引力的论文中写道："关于引力的任何研究工作中都存在某种不合理性……表现在……惠勒教授的荒谬"产生"（creation）和其他类似的事物上，因为其尺寸如此特殊。"[94]布莱斯·德威特的一篇关于引力的实际应用的论文（在1953年获得了引力研究基金会的一等奖）也表达了类似的观点。任何只凭借引力构建的装置，其尺寸都是行星级的，因为引力极弱。组装这些天文学尺度的结构远超我们现在的能力范围，只有先进得多的文明才有可能做到。

1955年，富有的实业家小阿格纽·H. 巴恩森被这篇获奖文章深深打动，于是他出资在北卡罗来纳大学教堂山分校创建了场物理学研究所，并聘请德威特兼任教授和研究主管。塞西尔·德威特–莫雷特虽然当时也是一位杰出的研究者，但她只被聘为非终身的客座研究教授。虽然该研究所表面上的目的是研究反重力飞行技术的可行性，但德威特把它的使命扩宽为探索引力的整体性质。由于它的研究重心及其与大学的联系，惠勒、费曼、奥本海默、托尔和弗里曼·戴森都对该研究所表示支持。它与普林斯顿大学、雪城大学一道变成了引力研究的重要枢纽，既研究经典引力理论，也研究量子引力理论。

让费曼、德威特等人觉得棘手的问题，即为什么引力与其他自然力的强度如此不平衡，至今仍是一个未解之谜。鉴于许多物理学家都相信在大爆炸发生之时所有自然力的强度都一样，引力现在为何如此弱的问题就成了最深奥的科学之谜。

现实的分支和观测者的副本

到1955年秋天，埃弗雷特已经将他的宇宙波函数思想的很多方面都想清楚了，随着非坍缩的概念为人所知，他准备把这些全部告诉惠勒。他问惠勒提交了几份小型研究报告，其中一篇题为"波动力学中的概率"，[95] 运用了很多描述性语言和贴切的类比。基于惠勒的意见，他把这些报告合并成他的博士论文草稿。

与令人震惊的波函数坍缩概念不同，埃弗雷特的观点如丝般顺滑。测量永远不会带来不连续性，观测者和被测量系统之间的相互作用会无缝地产生一个特定的态。为了考虑量子测量可能会带来几种不同结果中的一种的情况，埃弗雷特认为每种结果都是一个有效的终态，可以通过现实的一个分支实现。观测者也会分裂成多个大致相同的版本，只能通过每个版本看到的测量结果来区分。不同版本的观测者并不知道彼此的存在，他们只会在完全不同的时间线中度过他们的余生。埃弗雷特写道："观测一旦实施，组合态就会分裂成多元素的态叠加，其中每个元素都描述了一个不同的对象系统态和一个看到不同结果的观测者。" [96]

我们以埃尔温·薛定谔提出的著名谜题为例。一只猫被放在一个密闭的盒子里，盒子里还有一小瓶毒药、一个盖革计数器和一份放射性物质的样品（它在给定时间内衰变的概率为50%）。系统的设置是这样的：如果盖革计数器注意到放射性物质发生衰变，毒药瓶就会被打碎，释放出毒药把猫毒死；而如果盖革计数器未被触发，毒药瓶就会保持完好，猫也会活着。为了证明哥本哈根诠释的荒谬性，薛定谔指出，根据哥本哈根诠释，在盒子被打开和观测者测量这个系统之前，猫会处于一种如僵尸般的既死又活的叠加态。

埃弗雷特的诠释则做出了一个完全不同的预测。他认为，一旦系统被设置完毕，猫的命运就跟样品的命运纠缠在一起了，现实也就分岔了。在一个分支上，样品会衰变，计数器会发出咔嗒声，猫会被毒死，观测者会伤心落泪；在另一个分支上，猫活着，观测者感到高兴。在测量发生的一瞬间，科学家会自我复制成快乐和悲伤两个版本，他们除了观测结果不同之外其他方面都相同，但他们并不知道彼此的存在，也就不可能比对观测记录。他们生活在两个只有细微差异的现实分支中，都在一个由所有可能性组成的抽象空间里，但彼此隔离。现实分岔的时候不会产生什么声音，因此两个版本的科学家都不会感受到任何异样。如果波函数从未坍缩，它就会像一条河流一样，分成两条支流，并继续平稳地流动。

虽然惠勒喜欢宇宙波函数的想法和埃弗雷特的避免坍缩的一般方法，但关于观测者的现实体验这一点，让惠勒觉得不舒服。他当时认为，意识不属于物理学范畴（不过，随着他的年岁增长，他对这类事物的看法变得更具灵活性）。因为他不希望埃弗雷特的论文激怒答辩委员会的其他成员，于是他删除了论文中提及"分裂""感知"等概念的内容。惠勒也不想引起玻尔的不安，他希望玻尔能欣赏这篇论文。为了让玻尔理解它，并把它看作一项进步，埃弗雷特必须谨慎行事。

比如，埃弗雷特拿变形虫做的一个绝妙类比，最后就被惠勒删掉了。埃弗雷特想象一种有智慧的单细胞生物会发生分裂，而且分裂后产生的每个副本都觉得自己就是"原件"。在量子测量过程中，这类事情可能无时不在发生，而且就像变形虫一样，每个版本都认为自己是独一无二的。

惠勒觉得这个隐喻具有误导性（实验者不是变形虫），就把它删掉了。

虽然惠勒对埃弗雷特的论文进行了大刀阔斧的编辑，但玻尔对它还是完全不感兴趣。他和彼得森都看不出关于量子测量的现有诠释存在任何问题。他们认为，我们知道的信息取决于实验者采用的特定测量方法，比如，他选择的仪器和他从特定实验中得到的结果。我们可以利用这些信息推断产生这些测量结果的量子态可能是什么样的。我们对量子态的信息了解得足够充分，才能得出关于它和实验者之间的相互影响的结论，这种想法在玻尔和彼得森眼中过于大胆、毫无根据也没有必要。

引力波预言成真

1956年1—9月，惠勒利用学术休假去荷兰莱顿大学做了一段时间的洛伦兹客座教授。在他的家庭成员中，他只带了珍妮特和艾莉森同往，因为利蒂希娅和杰米已经上大学了。和他同行的还有他的三名研究生：米斯纳、帕特南和约瑟夫·韦伯。韦伯对探索引力波的性质感兴趣，引力波是大质量天体（比如坍缩的恒星）的运动引起时空涨落而产生的涟漪，就像扬声器的振动膜发出的声波一样。此时，埃弗雷特还没有进行论文答辩，因此他没去荷兰。

5月，惠勒前往哥本哈根面见玻尔和彼得森，努力让他们相信埃弗雷特假说的价值。惠勒需要用宇宙波函数的概念，去消除对外部观测者的需求，从而使用量子语言描述整个宇宙成为可能。除此之外，他想不到其他合理的办法。显然，没有哪个凡人科学家能坐上飞船飞到宇宙之外去观测它，并引起宇宙波函数坍缩，只为了实施一次测量。

惠勒催促埃弗雷特来哥本哈根跟他们一起讨论，而埃弗雷特正准备去美国国防部做一份非学术的暑期工作。玻尔和彼得森坚持反对这个概念，于是惠勒催促埃弗雷特进一步修改他的论文，只有这样埃弗雷特才能拿到博士学位。最后，这篇论文变得寡淡无味，以致少有人能理解埃弗雷特的概念，也不明白他想说什么。大失所望的他离开了学术界，投身于国防研究。（1959年，他利用休假的机会去了一趟哥本哈根，但玻尔的立场仍然没有改变。）

约瑟夫·韦伯也是一个梦想家，他钦佩惠勒对不同寻常想法的开放性。韦伯对引力波的热情，把惠勒又拖到了另一个方向上。爱因斯坦在他早期发表的关于广义相对论的一篇论文里，预测了这种时空涟漪的存在。但他后来动摇了，直到1936年在与纳森·罗森合写的论文中再次接纳了这个概念。

韦伯计算了引力波到达地球后的影响力，结论是它的效应极其微弱。尽管如此，也许某种极其灵敏的探测器可以捕捉到恒星灾难事件（比如标志着大质量恒星生命终结的超新星爆炸）发出的引力波。如果初始的能量爆发足够强大，或许在几万亿英里之外的我们仍可以感受到它的引力波。

韦伯完全被探测到引力波的前景吸引了，这塑造了他几十年的职业生涯。在马里兰大学，他设计了一台房间大小的仪器，叫作"韦伯棒"，尝试用它来捕捉微弱的引力波信号。虽然他报告了探测到引力波的证据，但其他人无法复现他的结果。事实证明，想要探测到引力波，需要一台大得多也灵敏得多的探测器——激光干涉引力波天文台（LIGO），LIGO

于2015年9月首次成功探测到由遥远的双黑洞产生的引力波（这个消息于2016年年初宣布），它们相互旋近，最终并合。惠勒的另一名学生基普·索恩后来成为加州理工学院的教授，他是LIGO项目的创立者和负责人。

然而，在韦伯还是惠勒研究生的20世纪50年代，引力波是一个有争议性的话题。1955年在瑞士伯尔尼举行的狭义相对论50周年庆典上，罗森声称引力波不携带能量。他的观点建立在计算的基础上，表明引力能必定聚集在恒星和其他大质量天体附近，而不在空无一物的空间里。然而，两年后，在一次于教堂山举行的会议上，费曼用一番简明的推理说明了为什么引力波携带着能量，它被称为"粘珠论"。

算盘上的两个算珠

1957年9月，德威特夫妇（塞西尔是主要发起者）组织了首届广义相对论的大型国际会议，在美国举行。这次会议由北卡罗来纳大学教堂山分校的场物理学研究所主办，由巴恩森出资，它在广义相对论史上极为重要，后来被简称为"GR1"。布莱斯·德威特回忆道："只有受到邀请的人才能参加这次会议，其中有约翰·惠勒、列昂·罗森菲尔德、托米·戈尔德、弗雷德·霍伊尔和理查德·费曼等。这是一次亲切友好的会议。"[97]

惠勒带了他的学生一起参会，包括米斯纳和韦伯。虽然埃弗雷特没来，但惠勒把他的大幅删减版的博士论文副本寄给了德威特，还起了一个毫无特点的题目："量子力学的'相对态'表述"。它和另一篇总结惠勒对它的看法的论文，一道被收录在会议论文集中。除此之外，惠勒和他的学生还为论文集贡献了其他 8 篇文章，占据总量的 1/3。其他参会者善意地揶揄惠勒"掌管"了整场会议。

尽管费曼不是引力方面的专家，但他同意以"旁观者"的身份参加这次会议，并告诉其他参与者他们的想法是否有意义。他在会议的第二天抵达罗利–达勒姆机场，步行至出租车等候区，想请司机载他去北卡罗来纳大学。[98] 然而，因为北卡罗来纳州立大学也在这个地区，所以调度员不知道他要去州立大学还是教堂山分校。费曼也不知道究竟是哪一所大学，但他想出了一个主意。他问调度员前一天是不是有一群心不在焉地嘀咕着"吉缪纽"（即 $G_{\mu\nu}$，广义相对论中的常用术语）的客人在这里打车。调度员立刻知道了他要去哪里，并让出租车司机直接载他去北卡罗来纳大学教堂山分校。

费曼刚到达会场，就开始打趣惠勒最近提出的疯狂猜想。德威特回忆道："费曼见到惠勒说的第一句话是'你好，真子'，他称呼惠勒为真子·惠勒。"[99]

费曼并不是唯一质疑真子概念的人。"没人相信它。"[100]德威特说，"但惠勒做的事情和我一样，就是努力把广义相对论拉回到主流物理学界。他采取了一种工程学的方法，旨在把这种深奥难懂的数学理论变成我们可以掌握并以物理学方式讨论的东西。"

除了真子以外，惠勒在 GR1 会议上还展示了与几何动力学有关的一堆怪异的概念，特别强调了虫洞和时空泡沫的想法。他引入了一个巧妙的引喻：人类的时空体验就像从飞机上看到的大海，平静无波。但如果我们到海平面上看，就会发现大海是波涛光涌、泛着泡沫的。与之类似，普朗克尺度的时空或许也充满了短暂的相互连接，比如转瞬即逝的迷你虫洞。

这次会议讨论的一个关键点是，空无一物的空间能否以引力波的形式传递能量。参会者提出了否定这种可能性的论证，比如罗森关于引力波的能量为零的断言。然而，在费曼提出引力量子化的必要性之后，列昂·罗森菲尔德指出，要想把量子方法应用于引力，可能就需要对引力辐射进行全面的描述，类似于对电磁波的描述。否则，物理学家就不知道该从何处着手。因此，引力波最好存在，否则量子引力可能永远无法起步。

在深刻地思考了这个问题之后，费曼想到了一个简单的方法来反驳罗森的否定性结论。想象两个有质量的物体互相靠近但不接触，它们都可以自由地移动，就像算盘上的算珠一样。它们通过一根棍子相连，第一个物体被固定住，第二个物体可以沿棍子自由滑动。现在，想象一列引力波经过了这个空间，让这两个物体轻轻摇晃。第二个物体会与棍子发生摩擦，产生热量。根据守恒律，能量必须来自某处，显而易见，它是通过引力波传递的。因此，引力波一定可以传递能量。

如果2015年费曼还在世，看到LIGO探测到引力波证实了他的预言，他一定会觉得兴奋。在他去世的几年前，LIGO项目就启动了。索恩、雷纳·韦斯和罗纳德·德雷弗于1984年创立了这个项目，并在几十年后见证了它的成功。巧合的是，在LIGO探测到引力波时，索恩的学术头衔是加州理工学院费曼理论物理学荣休教授。

多世界诠释

在教堂山会议之后，德威特承担了把会议论文和讨论编辑成一期《现代物理学评论》的任务。因为埃弗雷特没有参会，他的工作未在会上得到讨论，而他的论文（由惠勒代交）却被收入会议论文集，就显得有点儿神秘。他的论文题目似乎与会议的量子话题吻合，但与引力的主题则没有多大关系，除了宇宙波函数的一般性概念（没有坍缩的量子描述）。尽管如此，既然它得到了惠勒的支持，德威特还是仔细阅读了这篇论文。一开始，德威特为终于有人在量子测量方面提出了新颖的想法而"高兴得要死"，但它对参与量子态分岔的观测者漫不经心的引述又让德威特越发不安。"我很震惊，立刻坐下来……给埃弗雷特写了一封（长）信，既称赞了他也责备了他。"[101]德威特回忆道，"我对他的责备主要包括：引用海森堡的'从可能态到实际态跃迁'的观点，并坚持'我没有感觉到自己分裂'的事实。"

埃弗雷特给德威特回了一封简短的信。在信中，埃弗雷特借此机会以脚注的形式对分裂的概念做了一点儿解释（这部分内容被惠勒从论文中删掉了）。他解释说，在一次量子测量后，观测者的每个副本都认为他那个版本的现实是真正的现实。而且，你感觉不到某件事并不意味着它并没有发生。他建议读者（包括德威特）回顾一下伽利略时代的哥白尼学说的反对者，他们错误地认为地球不是绕着太阳转，因为没有人感觉到地球在运动。埃弗雷特机智的回复让德威特惊叹道："说得好！"

埃弗雷特的假说一直鲜为人知，直到1970年德威特在《今日物理》杂志上发表了一篇关于该假说的通俗性描述文章，他称之为量子力学的

"多世界诠释"，当然比"相对态"更具描述性。这篇文章引起了广泛讨论，也将埃弗雷特的概念传播给更多人。

征得埃弗雷特的同意后，德威特还决定出版一本关于多世界诠释的学术书。埃弗雷特对这本书所做的贡献就是把他的皱皱巴巴的博士论文早期草稿（未遭惠勒删减的版本）寄给了德威特。通过这份原稿，德威特对埃弗雷特的概念有了更清晰的了解。

在余下的职业生涯里，德威特成了多世界诠释最积极的拥护者和普及者，并强调对宇宙的任何量子描述都不可能有外部观测者。因此，多世界诠释是唯一选择。然而，他也完全明白，"现实不断地分裂成无数的副本"的想法为什么会受到其他人的质疑。部分得益于德威特的支持，部分归功于戴维·多伊奇（曾在德威特和惠勒的指导下做博士后研究）和马克斯·泰格马克（曾与惠勒合作）等受人尊敬的物理学家的后续提升，多世界诠释已经成为哥本哈根诠释的广受推崇的替代者（至少在某些圈子里）。

惠勒对多世界诠释一直怀着一种复杂的情感。事实上，他很欣赏宇宙波函数的概念，但"多世界""平行宇宙""分裂"之类的术语又让他感到十分不安。为什么要提出不止一个宇宙的说法呢？

费曼在很大程度上对多世界诠释采取了无视的态度。他为数不多的有记录的相关评论中的一个，来自他在教堂山会议上紧随德塞尔之后发表的一个报告。惠勒提到，埃弗雷特的宇宙波函数概念可能比标准的量子电动力学技巧更容易应用于引力。费曼就此回应道："'宇宙波函数'存在严重的概念困难。因为这个波函数必须包含所有世界的振幅，而这取决于过去的所有量子力学可能性，因此你不得不相信存在一种包含无穷多个可能世界的均等现实。"[102]

后来，戴森提及："费曼不喜欢哲学，同样不喜欢量子力学的哲学诠释。他说，量子理论清晰简洁，哲学反倒会给它罩上一层迷雾。理论的目的是描述自然，而非解释自然。"[103]戴森也认为多世界诠释没什么价值，他说："我不记得第一次听与埃弗雷特诠释是在什么时候。我一直不喜欢它，觉得讨论它就是浪费时间。用泡利的话说，它'连错误都算不上'。"[104]

对历史求和的方法和多世界诠释都假定现实有平行的分支，是真正的时间迷宫。然而，前者已经成为公认的描述粒子物理学的方法，后者仍然存在争议。你可能认为平行宇宙都是一样的，但这两种方法在哲学上有关键性区别。在运用对历史求和的方法进行量子测量时，我们会体验到时空中不同路径的混合，这些路径都是由抽象的可能性领域中的粒子制定的。然而，这些路径的混合物并不能拆分成物理上可观测的不同部分。宇宙永远只有一个，经典现实也只有一个。

相反，多世界诠释把分裂变成了一个真实的过程。我们周围的世界（包括我们自身）都在一个不断扩展的年表网络中不停地分裂。正如豪尔赫·路易斯·博尔赫斯在《小径分岔的花园》中写的那样，在一个分支里，两个人可能会是亲密的朋友，而在另一个分支里，他们可能是死敌。或许，在某个古怪的平行宇宙中，费曼会和玛丽莲·梦露共同出演电影《热情如火》，在各种爵士乐队场景里敲击着康加鼓，而杰克·莱蒙和托尼·柯蒂斯则成为教授，在教堂山会议上做学术报告。费曼一定会喜欢这个宇宙。

对很多保守顽固的物理学家而言，这种另类现实似乎太过"科幻"。

即使是像惠勒这样钟爱"疯狂想法"的物理学家，也觉得"通往真实平行宇宙的通道"的观点是一座遥不可及的桥。对他来说，不可验证的断言近于宗教信仰，而非真实可信的物理学。夜晚做过的梦，终需接受晨曦的检验。

第 7 章

时间之矢和神秘的 X 先生

如果我们把一个鸡蛋掉到人行道上，蛋液就会四处飞溅。而如果我们在人行道上看见一摊蛋液，我们不会期望它自动聚合成一个完整的鸡蛋，并回到我们手中。因此，很显然，如果我们逆转时间的方向，自然规律也会迥然不同。

——理查德·费曼，
引自米歇尔·费曼的《科学顽童费曼语录》

时间。为什么会存在像时间这样的东西？为什么时间应该是一维的？时间不是组成部分。"以前"和"以后"的概念在很小的距离上就不成立了，比如大爆炸。

——约翰·惠勒，
引自杰里米·伯恩斯坦的
《事物终结之时会发生什么？》

在我们的回忆与展望之间，在我们对过去的反思和对未来的希望之间，存在一种显著的不对称性。这可能就是最好的安排。如果我们能够"回想起"未来，如果我们能预知一段关系或者一个创新性计划最终会失败，我们可能就不会采取行动了。

1952年，如果理查德·费曼有一个水晶球，他也许从一开始就会意识到他和玛丽的婚姻注定失败。如果他知道其他人——约翰·巴丁、利昂·库珀和罗伯特·施里弗——会发现超导电性的理论描述的重要特征（虽然费曼也产生了关于超导电性的重要洞见，并且在超流性方面做出了显著贡献），他可能就不会涉足超导电性研究。约翰·惠勒也一样：如果他能窥见未来，他就不会把那份机密文件带上火车；如果他能预知事实最终证明真子的概念是不稳定和站不住脚的，他就不会投入那么多精力，却只留下一堆写满计算过程的废纸。

成功和失误，经常会让我们大吃一惊。1957年，费曼和惠勒根本不知道，接下来的10年对他们俩来说都是一段硕果累累和幸福快乐的时光（除了惠勒的母亲在1960年去世）。最终，费曼收获了一段美满的婚姻，体验到身为人父的喜悦，开设了广受赞誉的"费曼物理学讲义"系列教育讲座，发现了基本粒子和自然力的关键特征，提出了促进纳米技术领域诞生的重要建议，更不用说因为早期在量子电动力学上的贡献而获得诺贝尔物理学奖。惠勒看到了自己的孩子结婚生子，获得了恩里科·费米奖、富兰克林奖和阿尔伯特·爱因斯坦奖等荣誉，成为恒星引力坍缩方面公认的权威人物，并发展和推广了黑洞概念。

当然，与人类不同，基本粒子不可能理解它们的过去和未来。但如果它们在某种程度上能做到，那么它们会注意到过去和未来的差别吗？直到 20 世纪 60 年代初，大多数物理学家都认为，（除了有人类干预的测量过程以外）所有基本粒子的相互作用在时间上都是完全可逆的。如果我们拍摄下粒子相互作用的过程，然后将视频倒着播放，我们看到的这个反向版本会跟正向版本一样正常、可信。

1964 年，在普林斯顿大学工作的詹姆斯·克罗宁和瓦尔·菲奇有了一个引人注目的发现，它证明在某些情况下，即使是亚原子物体也可能会展现出过去与未来之间的区别。他们指出，时间反演对称性并不是粒子世界的普遍特征。相反，在有些过程中，存在单向的时间之矢。

对称性的连续、离散和破坏

为了理解克罗宁和菲奇的发现，我们需要先了解粒子物理学中的对称性概念。有些对称性是连续的，比如旋转不变性。旋转一个基态（最低能级）氢原子，它的可测量物理性质是相同的。平移（在空间中移动）

对称性也是连续的：轻推同一个氢原子在空无一物的空间中移动一下，它的物理性质同样保持不变。

其他类型的对称性则是离散的，涉及粒子在有限的一些组态之间的转换。电荷共轭（改变电荷符号）对称性（标记为C）是其中一个例子。如果你把一个粒子从带正电荷变为带负电荷，而其他方面不变，C对称性成立。另一个粒子是宇称不变对称性，标记为P。宇称变换意味着镜面反射，在数学上它涉及转换一个或者多个空间坐标的符号——从正到负或者从负到正。如果P对称性成立，通过改变方向，把一个相互作用变为它的镜像，将不会影响它的结果。

想象你在一个回收站工作，有人递给你一只纸制手套做化浆处理。你并不在意这只手套是左手的还是右手的，因为对你来说都是一样的，P对称性成立。相反，如果在棒球比赛中，你是一位惯用右手的接球手，却被派发了一只左手的棒球手套，那么你肯定需要更换手套。在这种情况下，P对称性不成立。

左利手和右利手之间的区别被称为"手性"。我们熟悉的许多东西，比如手套、鞋子、贝壳、门等，都有特定的手性。对P对称性而言，改变手性并不会影响结果。

时间反演对称性或者T对称性则是另一种离散对称，它涉及两种选择：时间正向和时间反向。两个台球撞击在一起，会产生完全弹性碰撞，这是T对称性成立的绝佳示例。而一个婴儿长大成人，则是自然界中T对称性的无数反例中的一个。很显然，一段关于人类发育过程的视频，按时间正向和反向播放，看起来明显不同，这是世俗尺度上T对称性破坏的一个例子。

最后，还有一种近似对称性，即某种变换会产生一个细微的差别。质子和中子的质量几乎相同，遵循一种叫作"同位旋"的近似对称性。近似对称性有时可以告诉我们粒子之间的联系。比方说，质子和中子的质量几乎相同，这表明它们都是由叫作"夸克"和"胶子"的亚组分构成的。

在费曼图中，横轴表示空间，纵轴表示时间，直线和波浪线表示典型的粒子路径，这为探索各种对称性提供了一个出色的手段。你可以用费曼图来展示，对于所有已知的粒子相互作用，C、P、T 对称性的联合如何必然保持不变。比如，取一个向右运动的电子，改变它的电荷符号，它就变成了一个向右运动的正电子；再进行镜面反射，它就变成了一个向左运动的正电子。现在，进行时间反演，它就变成了一个沿时间反向且向左运动的正电子。根据费曼和惠勒的正电子概念，我们可以通过改变费曼图中的有向箭头来表示这个过程，就会产生一个沿时间正向且向右运动的电子。我们已经完成了一个循环，这表明 CPT 的魔法般的联合变换相当于没有发生任何变化。

我们也可以说，进行这些联合变换中的任意两项变换，就相当于进行了第三项变换。比如，CP 的联合变换等价于 T 变换。如果 CP 对称性不变，那么 T 对称性也不变；如果 CP 对称性破坏，那么 T 对称性亦如此。

对电磁相互作用而言，三种变换中每一种的结果都是对称性不变。你可以通过测量两个电子（一左一右）之间的斥力，并对它们进行任意一种变换，就可以观测到这个结果。应用 C 变换，即把两个负电荷都变成正电荷，斥力不变；应用 P 变换，即把左右方向对调，斥力也不变；应用 T 变换，即让相互作用沿着时间反向发生，斥力还是不变。这虽然让人心安，却也单调乏味。

与许多形式的放射性衰变相关的弱相互作用更加有趣。早期的弱相互作用模型也假设它在三种变换下都保持不变，然而，1956年，物理学家杨振宁和李政道提出一种猜想，某些类型的K介子衰变过程会表现出宇称破坏。他们认为，弱相互作用会在某些过程和它们的镜像之间有所偏倚，就像右利手和左利手在人口中的占比不平衡一样。实验物理学家吴健雄出色地证实了杨振宁和李政道的假说，使他们俩在1957年获得了诺贝尔物理学奖。

弱相互作用和宇称破坏

费曼极少与他人合作，因为他享受独立解决问题的乐趣。而且，任何合作者都必须尊重他那阴晴不定的情绪。尽管总的来说他乐观积极、充满活力，但有时候他只想一个人待着。如果你碰巧在这个时候走进他的办公室，他可能会粗鲁地把你赶出去。他发表观点时也很坦白直接：如果他不关心某个想法，他可能会说这个想法很蠢笨；如果他对这个想法不感兴趣，他可能会假装在打盹儿。如果有人递给他一篇论文，除非它能立即引起费曼的兴趣（比如惠勒的关于真子的论文），他通常会置之不理。费曼认为，与其把宝贵的时间浪费在拐弯抹角上，还不如干脆坦诚相待。

尽管如此，费曼的最重要的贡献之一，从某种意义上说就是以合作的方式实现的。他的这位合作者是他在加州理工学院的同事默里·盖尔曼，他本人也是一位杰出的物理学家。两个人当时都在研究能造成宇称破坏的弱相互作用方式。由于他们发展出的机制类似，又在同一个机构工作，所以他们决定合力撰写一篇论文。

费曼尝试涉足一个新的研究领域，动机之一是他对自己的物理学成就产生了一种不安的感觉。他的量子电动力学理论需要重正化，这让它看起来在数学上是不可信和不完备的。虽然量子电动力学的惊人预测能力广受赞誉，但费曼对重正化不屑一顾，觉得它是一个"掩盖了更大问题"的方法。[105] 未能解锁超导电性的奥秘，也让费曼沮丧不已。

弱相互作用似乎是一个前景光明的目标。除了费米的刚刚起步的研究，它基本上还是一个无人涉足的领域，取得重大突破的时机似乎已经成熟。费曼一直想超越电动力学研究，弱相互作用为他提供了理想的研究领域。1957 年夏天，他灵光一现，想到矢量（V）和轴矢量（A）的联合相互作用可能会产生一个宇称破坏模型，虽然其他物理性质（比如电荷）上都守恒。矢量和轴矢量之间的差别在于，在镜面反射过程中，矢量的方向保持不变，而轴矢量的方向变得相反。

为了理解这种差别，请你站在一面镜子前，微笑着伸出左手，并向上竖起大拇指。如果镜中的你也微笑着用手（看起来像右手）做了一个向上竖起大拇指的动作，你的大拇指就代表一个矢量。而如果镜中的你做出的是大拇指朝下的手势，大拇指代表的就是轴矢量，即使其他手指卷曲的方向跟你预期的一样。怪异的是，你的镜像的左手看起来在右手该在的位置上，而且为了让其他手指的卷曲方向和你的一样，镜像的大拇指不得不朝下指。

费曼发现，如果把矢量和轴矢量联合起来（用 V–A 表示），就会得到一个惊人的性质：中微子总是左手性的。也就是说，中微子的自旋（自旋向上或者自旋向下）总是与它的运动方向相反，就像所有被投掷到空中的橄榄球从它们被抛出去的角度看都是顺时针旋转，而不会逆时针旋转一样。对橄榄球而言，我们总是可以让它慢下来，并开始朝相反方向旋转。但根据当时的可用信息，人们认为中微子没有质量（我们现在知道它们有微小的质量），因此它们只能以光速运动。

中微子总是左手性的，并且只通过弱力与其他左手性的费米子发生相互作用，这样一来，宇宙就不平衡了。难怪会有宇称破坏：左手性中微子的镜像不可能是右手性中微子，因为右手性中微子根本不存在。理论与实验数据相吻合，这表明镜像对称不是自然界的基本性质；它适用于电磁力，但不适用于弱力。当史蒂文·温伯格、阿卜杜勒·萨拉姆和谢尔顿·格拉肖共同构建起电弱相互作用（电磁力和弱力的联合）的统一模型并因此获得诺贝尔物理学奖时，V–A机制也被嵌入其中。

费曼为他的V–A表述感到极其自豪。他告诉科学史家贾格迪什·梅赫拉："当我思考它的时候，当我用心灵之眼注视它的时候，这个该死的东西在闪烁，在闪闪发光！当我看着它的时候，我觉得这是第一次，也是唯一一次，我知道了其他人都不知道的自然律……我想，'现在我成就了自己！'"[106]

在为自己的发现而狂欢时，费曼并没有意识到其他人也得出了同样的结论。他后来知道，罗切斯特大学的物理学家乔治·苏达山和罗伯特·马沙克已经发现了V–A机制。就在盖尔曼和费曼把他们的论文提交给《物理评论》杂志的差不多同一时间，苏达山和马沙克也基于几个月前完成的工作，向另一份杂志提交了论文。尽管如此，对于自己为一条新发现的自然律做出了贡献，费曼仍然备感欣慰。

牵手一生的伴侣

1958 年 9 月，惠勒和美国、欧洲的多位杰出科学家会聚于联合国日内瓦办事处，参加第二届和平利用原子能国际会议。（惠勒也参加了 1954 年举行的第一届会议，当时他正在研究真子。）这次会议的一个特别之处在于，美国和苏联科学家首次就平素守口如瓶的核聚变方案交换了意见。他们分享的当然不是核武器方面的内容，而是核聚变在产能方面的潜力。在友好的气氛下与苏联科学家会面，这让惠勒觉得很愉快，也让他觉得冷战有望早日和平结束。

费曼受邀做一场关于粒子物理学的大会报告，综述他和盖尔曼对该领域状况的看法。在日内瓦期间，他决定去湖边欣赏一下美景，并在那里邂逅了一位穿着圆点花纹比基尼正在沙滩上休息的漂亮姑娘。她名叫格温妮丝·霍伍兹，来自英格兰约克郡。她当时寄宿在瑞士的一个英国家庭里，通过长时间的工作来换取食宿和一份微薄的工资。费曼对格温妮丝产生了好感，问她愿不愿意去美国做他的管家，并且会付给她较高的薪水。虽然格温妮丝想周游世界，包括去澳大利亚，但她还是同意考虑一下。

回到南加州，费曼研究了把格温妮丝接来美国的法律细节。为了避免可能出现的复杂情况，比如他们最终建立了恋爱关系，费曼找了一位同事为她做保荐人，使她拿到了工作签证。1959 年 6 月，格温妮丝来到美国，住在位于阿尔塔迪纳的费曼家中的一个单独的房间里。虽然格温妮丝是费曼的管家，但费曼仍然对格温妮丝怀有好感。在第一年，他们俩基本上还是主雇关系。虽然他们偶尔会一起出去，但各自都有其他约会对象。

然而，到了第二年，费曼意识到他爱上了格温妮丝，于是向她求婚。格温妮丝答应了，但她有一个条件：出于家庭原因，她希望婚礼主持人是牧师，而非法官。

1960年9月24日，费曼和格温妮丝结婚了。南加州大学神学院院长韦斯利·罗布主持了婚礼仪式，伴郎是亚美尼亚艺术家左赐恩。这段婚姻很稳定，一直持续到费曼去世。格温妮丝非常了解费曼，给了他充足的自由去追求他的梦想。他们共度了许多愉快的时光，游历了世界上的很多地方，并养育了两个孩子：生于1962年的卡尔和收养于1968年的米歇尔。

左赐恩成了费曼最亲密的朋友之一，他是一个相当有个性的人。他们俩是在一场聚会上相识的，当时费曼正在敲击邦戈鼓为客人们助兴，左赐恩则毛遂自荐要为他伴舞。他从房间里出去了一会儿，回来时裸露的胸膛上"装饰"着剃须膏，然后像疯子一样跟着节奏跳起舞来。这让费曼印象深刻，又开心不已。

费曼热爱左赐恩的美术作品，并想学习他的技艺。他们决定做一笔交易：左赐恩教费曼画画，费曼教左赐恩科学知识。在左赐恩的指导下，费曼的绘画天赋大迸发，几乎可以作为第二职业。他会为模特画素描，为夜总会里的舞女画肖像画，也会画他认识的人，抓住一切机会练习。费曼甚至还用化名卖出去他的一些绘画作品。

伟大的解释者

在加州理工学院，费曼是一位出色的讲师，深受学生爱戴。他担任惠勒助教的"学徒期",以及他在康奈尔大学任教的那些年,都磨炼了他的讲课技巧,对他在加州理工学院的授课大有裨益。有着无穷无尽能量的他,立志成为学生们最喜爱的、最具幽默感和最有吸引力的教授。走进教室后,他往往会用敲桌子的方式开始一堂课,然后站在教室前面,向学生们提出一个关于自然的深刻问题,继而开始他狂野的搞怪式授课。

《洛杉矶时报》曾报道:"听费曼博士讲课实在是一种难得的享受。它的幽默感、戏剧性、悬疑性和趣味性不逊于百老汇舞台剧。而且,最重要的是,它充满了清晰的讲解。"[107]

费曼开设了一门叫作"物理学 X"的课,面向一年级的本科生。课堂指南是:"有任何问题都可以问我"。[108]这门课在加州理工学院开了很多年,成为费曼创新性教学的象征。

在加州理工学院本科生宿舍达布尼楼的院子里,有一座包含多位著名科学家与哲学家人像的浅浮雕,其中有欧几里得、阿基米德、牛顿、达·芬奇,站在中央讲台后面接受大家致敬的可能是伽利略。1965年,学生们找了个机会把中间的人像标记为"费曼",这表明了学生们是多么尊敬和爱戴费曼。有些新生还给这座浮雕起名为"费曼的神谕",并向它鞠躬,帮助他们的物理考试取得好成绩。[109]

自20世纪六七十年代起,费曼作为"伟大解释者"的声誉传遍了全美,乃至全世界。1964年,他受邀去康奈尔大学做了一系列题为《物理定律的本性的录音讲座》。他还受邀参加了美国和英国的许多科学类电视节目(比如,1981年录制的《发现的乐趣》和1983年录制的《想象的乐趣》)。

费曼做的最具影响力的演讲之一,是1959年12月29日在加州理工学院主办的一场美国物理学会的会议上，题为《底下还有大量的空间》。在演讲中，他提到了微型化的巨大前景，从印在大头针针头上的百科全书到微型发动机。他提供1 000美元奖金，奖励能够完成此类挑战的人。有人迅速接受了他的挑战，1960年，帕萨迪纳的工程师威廉·麦克莱伦给费曼送来了他制造的可以运行的微型发动机，每一边的长度只有1/64英寸，比大头针的针头小得多。费曼祝贺了他，并立即寄给他一张支票。

人们经常把费曼的这场演讲看作纳米技术领域发展的驱动力之一。确实如此，他对计算机和相关技术会变得越来越微型化——从房间大小的处理器到今天的口袋大小的智能手机——的预言颇具先见之明。此后，他一直保持着对计算和技术的兴趣，毕竟战时他在洛斯阿拉莫斯就是实验室里值得信任的计算机专家之一。

X先生与超人

1963年春天，惠勒和费曼在另一次会议上观面了，并且得知他们因为一个被他们搁置已久的理论而出了名。他们俩均已多年未关注惠勒–费曼吸收体理论。惠勒的"一切都是场"的哲学把超距作用弃置一边；费曼则把他的博士论文视为对历史求和方法的开端，但其他方面仍有缺陷。让他们大吃一惊的是，1962年，物理学家J. E.霍伽斯复兴了他们的想法，并将它应用于宇宙学上，作为对向前运动的时间之矢的解释。

在惠勒和费曼的计算中，沿时间正向和反向传递的信号的均等混合，产生了辐射阻尼效应（当一个带电粒子在空间中移动时，其加速度会减

小)。霍伽斯重复了惠勒和费曼的计算，但他把这个系统置于一个不断膨胀的稳态宇宙中，而不是静态空间中。由于空间在不断膨胀，它会吸收信号。霍伽斯揭示出，"宇宙学之矢"（宇宙膨胀）的方向与辐射阻尼有正确的数学符号的方向相吻合。这意味着，稳态类型的膨胀构建了正确的宇宙模型，因为它产生了正确的粒子动力学。

霍伽斯对惠勒–费曼吸收体理论的运用，成为题为"时间的本质"的会议焦点，这次会议是由稳态宇宙学家赫尔曼·邦迪和托马斯·戈尔德组织的，在康奈尔大学举行。弗雷德·霍伊尔也出席了这次会议，并带来了他的年轻聪慧的研究生贾扬特·纳利卡。霍伊尔和纳利卡在霍伽斯之后做了报告，把时间之矢、吸收体理论和稳态模型的预测更加明确地联系在一起。其他重要的参会者包括：天体物理学家丹尼斯·夏玛（当时也支持稳态模型）、数学家罗杰·彭罗斯、哲学家阿道夫·格伦鲍姆、查尔斯·米斯纳、菲利普·莫里森、列昂·罗森菲尔德，等等。

费曼对会议议程表示怀疑，担心话题可能会逐渐偏离到他不支持的假说上。比如，费曼认为热力学时间之矢（不断增加的无序能量）是最基本的现象，不一定与宇宙学有关。他认为，宇宙学模型的选择应当基于天文学证据，而不应该被这些与时间方向有关的理论论证牵着鼻子走。我们没有理由认为，空间的行为与热力学第二定律有任何关系。

当发现他们的讨论会被记录下来以后，费曼觉得很烦恼。他和戈尔德谈了这件事，两人达成一个折中方案：费曼说的任何话都会以匿名的方式记在"X 先生"头上。这样一来，就不会留下他参会的任何证据。会议记录的读者不许引用他说的话，因为他的这些评论无从核实。

纳利卡回忆道："在这一点上，费曼说得十分坦白。当得知讨论内容会被记录下来时，他可能就不得不让自己的评论温和一些，但他更想不受限制地参与讨论。因此，'X先生'就是他与戈尔德达成的折中方案。对读者来说，求解'X'会是一个不错的练习，当然，假设前提是这位读者不是参会者。"[110]

有了匿名身份的掩护，费曼就可以畅所欲言了。他的典型风格是，如果他不赞同某个发言者的观点，他可能会慷慨陈词。纳利卡回想起会上发生了一件事：

> 丹尼斯·夏玛在做报告时把波动方程的解写为体积分加上面积分。出于某种原因，费曼不喜欢这个解。一番争论之后，费曼同意做出让步，但他告诫丹尼斯面积分不应该取值到无穷大。费曼可能觉得无穷大的极限无法严格定义。在被允许继续后，丹尼斯又算了几步，说："现在，我们让面积分取值到无穷大。"费曼立即从他的座位上站起来，威胁要揍丹尼斯，幸亏菲利普·莫里森和托米·戈尔德制止了他！[111]

"X先生"这个绰号，可以说是费曼拿自己开的一个玩笑。他期望保持一个凡夫俗子的形象，只是碰巧拥有非同寻常的能力，可以在破纪录的时间内解出最难的谜题。他并不在意他人是否被他的头衔或者地位折服，这些都是肤浅和没有意义的。相反，他只想用自己的幽默感把他们逗乐，用不循常规的举止让他们发笑，并用聪明的创举让他们大吃一惊。

他的"物理学X"课程同样源于他的愿望——当一个"超级普通人"，随时准备展示他的超能力。

时间起点的量子涨落

惠勒向"时间的本质"会议提交的论文是《作为时间信息载体的三维几何》，这反映了他一直以来的信念。惠勒认为宇宙始于混沌状态：在能量场与几何结构海洋中的量子涨落泡沫。在这些泡沫中，时间是未定义的，过去、现在和未来也都不存在。

虽然早期宇宙具有这样的随机性，但100亿年后，地球上生物系统的出现则依赖于一定数量的有序能量，物理学家称之为"低熵"。因为熵度量的是系统唯一性的缺失程度，因此低熵对应于高度有序的状态。这就需要开启时间机器，干扰熵增。惠勒想知道，这种低熵状态从何而来?

他提出，宇宙诞生于一次大规模的量子涨落，它使宇宙从完全混沌的状态转变为可能性极小的低熵状态。最终，经过几百亿年的时间，有序能量的积蓄使生命的进化和有意识的观测者的存在成为可能。这类智慧生命可以观测宇宙，并猜测其早期状态会是什么样。因此，根据"人择原理"，我们的存在为原初宇宙的状态设置了边界，保证它必定会发生一次极其罕见的涨落。

"X先生"反驳了惠勒的巨大的熵减涨落概念，他指出在没有任何证据的情况下，猜测不大可能发生之事，这是不科学的做法。费曼认为，与其考虑这样一个极不可能的情景，还不如做出另一种解释：宇宙随着时间的推移不断演化，所以我们知道的关于过去的信息也越来越多。不断增长的知识也是对有序性的一种量度，而有序性与低熵相匹配。相反，未来仍是未知的，相对混乱，因此熵更高。低熵的过去（我们掌握的信息越来越多）与高熵的未来（未知的事件）之间的差异，就产生了天然的时间之矢。

对时间之矢进行抽象的思索，这不像费曼会做的事情。通常来说，费曼不愿意进行纯粹的猜测，他会把它们留给像惠勒这样的人去做。不过，考虑到整个会议的主旨和可以躲在"X先生"的面具之后，费曼可能更愿意放飞他的想象力。

惠勒继续讲解他的宇宙学模型。为了绘制出宇宙随时间的演化过程，他把四维时空切成三维薄片，就像把一个大吐司面包切成面包片一样。惠勒指出，每个薄片与相邻薄片的连接方式，产生了一个天然的时间定义。这种对广义相对论的重塑，即把它从一个被雪藏的理论变成一个有活力的理论，在很大程度上汲取了阿诺维特、德塞尔和米斯纳于1962年发表的ADM形式体系的内容。

将广义相对论的时空切片成三维空间以后，惠勒想通过把决定论变量转换为概率性量度，来应用量子理论。他的目标是把单一的经典演化变成一幅可能性的图景。通过借用费曼成功应用于电动力学的最小作用量方法，他希望从异常几何结构的量子混沌中提取出经典路径。这是一项艰巨的任务。于是，他又一次采取了建立一个经典模型，尝试将它量子化，以及叫别人来帮忙的模式。他开始骚扰朋友们，要他们给他一些建议，其中也包括布莱斯·德威特。他们在机场简短地碰了个面，就得出了著名的惠勒－德威特方程，这是利用对历史求和的方法建立量子引力理论的一种尝试。德威特回忆道：

在1964年前后，我接到（惠勒打来的）电话，说他要在罗利－达勒姆机场转机，其间有两个小时，问我是否愿意到那里跟他见面并讨论一下物理学问题。我知道当时他缠着所有人问一个问题："量子引力的域空间是什么？"我猜他心里已经认定是三维几何空间了。这不是我真正专注的研究方向，但它是一个有趣的问题。所以我答应跟他见面，并写下了这个方程。在机场，我就只能找到那一张纸。这让惠勒兴奋不已。[112]

德威特知道，能测量他描述的波函数的外部观测者根本不存在。因此他认为，只有埃弗雷特的诠释才能与这个模型相容。

在紧随他的"三维几何"报告的讨论中，惠勒已经预见了这类问题。[113]他指出："宇宙不是一个我们可以从外部观测的系统，观测者本身也是被观测系统的一部分。埃弗雷特所谓的量子力学的'相对态表述'确实为描述这类情况提供了一个自洽的方法。"

大爆炸成为主流理论

霍伊尔和纳利卡都很钦佩惠勒，希望惠勒能看到他们观点的价值。然而，他们知道惠勒已经放弃了超距作用而采纳了场方法，并且支持宇宙随时间发生显著改变的观点（更接近于大爆炸理论，而非稳态理论）。惠勒的一次巨大的原初涨落的概念，在笃信宇宙的整体结构永恒不变的人眼中是可憎的想法。纳利卡说："他一开始反对场论，但后来又转变成相信场论，并且十分迷恋它。因此，尽管他欣赏我们的工作，但他仍会继续支持场论。从那时起，我就把惠勒–费曼吸收体理论称为'没有惠勒的惠勒'理论。"[114]

在这次会议结束了大约一年以后，关于宇宙诞生和宇宙早期情况的概念呈现出新的重要性，天文学家阿诺·彭齐亚斯和罗伯特·威尔逊（不是费曼的前同事，而是另一位同名同姓的物理学家）意外发现了充斥着整个空间的宇宙微波背景辐射（CMB）——大爆炸冷却后的遗迹。他们在新泽西霍姆德尔的贝尔实验室用喇叭天线搜索银河射电信号时，注意到一阵持续的无线电嘶嘶声。在排除了环境噪声源之后，他们认为可能是鸽子粪掉在了天线上导致了这种噪声。然而，在对天线进行了清理之后，他们仍然可以探测到这种噪声。于是，他们去向普林斯顿大学的物理学家罗伯特·迪克求教。

其实，迪克一直在寻找大爆炸留下的背景辐射。他预测，在经过宇宙膨胀几百亿年的冷却后，这种辐射的温度只会比绝对零度高出几度。因此，当发现彭齐亚斯和威尔逊带来的数据跟他的预测相吻合时，他大吃一惊。让迪克更吃惊的是，随后他发现乔治·伽莫夫的研究小组早在20世纪40年代末就做了类似的计算。

宇宙微波背景辐射的发现，成为大爆炸模型得到接纳的分水岭。科学界一直把稳态模型视为另一种现实的可能性，直到大爆炸模型的数据与分析变得众所周知。大众媒体对这两种模型的介绍也几乎是各占一半。例如，1964年6月，《纽约时报》头条以《科学家修正爱因斯坦理论》为题报道了霍伊尔和纳利卡的理论。文章还写道："新理论基于两个美国人的数学推理，他们尝试摆脱带电粒子（比如电子）会产生电场的概念。这两个人分别是现在任职于加州理工学院的理查德·费曼博士和任职于普林斯顿大学的约翰·惠勒博士。"[115]然而，这篇文章也引用了惠勒的话，他指出惠勒–费曼吸收体理论无法描述粒子的量子行为。因此，惠勒不再赞同这一理论，尽管在他和费曼提出该理论后过了大约 1/4 个世纪它上了媒体头条。这确实是"没有惠勒的惠勒"，或者更具体地说，这是惠勒关于现实本质的想法不断变化的写照。

在宇宙微波背景辐射的证据发布之后不久，主流宇宙学界几乎全部迁入大爆炸模型的阵营。大爆炸模型被尊奉为主流理论，而不再是一个主要的竞争性理论。一些稳态模型的支持者最终构建了一个包含很多散布在空间中的"小爆炸"宇宙模型，也能产生类似于大爆炸的微波背景辐射。这种修正后的方法被称为"准稳态宇宙模型"，它与大爆炸模型的关键区别在于，它不认为宇宙诞生于单一的时刻，而是有无数的创世事件散布在宇宙中，它们有的沿时间正向发生，有的沿时间反向发生。直到今天，纳里卡仍是这种少数派观点的主要支持者。

宇宙中最孤独的地方

米斯纳在"时间的本质"会议上做了一个题为"广义相对论中的无限红移"的报告，他以幽默的方式开场："我想谈一下人们是如何彼此失去联系的。"他解释说，这与联系的极限——"视界"有关。"两个可以互相通说的观测者分别往相反的方向走，最终他们再也不可能互相联系了……这种情况出现在连续恒星坍缩的奥本海默–斯奈德问题中。"[116]

"连续恒星坍缩的奥本海默–斯奈德问题"实在太拗口了。我们现在把这类情况叫作"黑洞"。但米斯纳做报告的时候，他还没听说过这个词。

　　说说"黑洞"这个词是怎么变成通用表达的，是一件有趣的事。根据科学作家玛西娅·芭楚莎的解释，大约在20世纪60年代，迪克开始把引力坍缩天体比作"加尔各答黑洞"，这是18世纪的一座出了名的拥挤的监狱名字。天文学家丘宏义听过迪克打的这个比方，1964年1月，他在克利夫兰的美国科学促进会会议（米斯纳也参加了这场会议）上使用了"黑洞"这个词。几家杂志报道了这场会议，并且提到了这个说法。[117]

　　然而，这个词的普及是从1967年开始的。当时，惠勒从一场报告的观众那里听到了这个表达，他觉得用"黑洞"来描述他此前所说的"引力完全坍缩天体"十分简洁，便开始倡导使用这个词。后来，惠勒被视为这个术语的创造者，但他自己也承认他只是推广者。今天，"黑洞"这个表达随处可见，它描述了一个质量足够大的恒星在它的生命末期发生灾难性的引力坍缩之后留下的谜一般的残骸。

　　惠勒早就阅读并领会了罗伯特·奥本海默和哈特兰·斯奈德的论文，但他起初对整个概念都有所质疑。惠勒知道这篇论文建立在卡尔·施瓦西的模型基础之上，而施瓦西模型又是爱因斯坦广义相对论方程的第一也是最简单的解。但是，应用这个模型存在几个问题。一个现在被称为"事件视界"的阈值，描述了空间和时间通过互换符号来"交换位置"的地方，即空间从正变为负，而时间则从负变为正。那么，物质要如何穿过这样怪异的边界呢？此外，如果一颗大恒星的动力学机制极为复杂，又怎么能保证它的核心坍缩成一个致密天体的过程，可以用只由质量和半径决定的简单解（比如施瓦西解）来建模呢？

　　惠勒在马特洪峰计划中结识的数学家马丁·克鲁斯卡尔，用一组新的坐标改写了施瓦西解，帮助阐明了黑洞的事件视界的本质。在修正的坐标系中，事件视界不再是一道屏障，而是一个任何事物都可以穿过（至少是穿入）的透性膜。克鲁斯卡尔私下告诉了惠勒他的发现，惠勒深受触动，以至于在没有提前告知克鲁斯卡尔的情况下，就把克鲁斯卡尔的发现写成论文，并投稿给《物理评论》杂志。收到文章校样的克鲁斯卡尔一开始非常震惊，但最后还是同意以他的名义发表。

接下来，米斯纳、物理学家戴维·芬克尔斯坦和米斯纳的学生戴维·贝克多夫的工作表明，事件视界是单向门。任何东西都可以进来，但任何东西都逃不出去，就连光也不例外。这发现是米斯纳的"无限红移"报告的基础，也是让"黑洞"作为一个描述性术语流行起来的原因之一。

惠勒自己验证了这一结果，并且密切关注大质量恒星坍缩的计算模型，因为质量足够大的恒星的终态似乎就指向黑洞。他注意到罗伊·科尔在 1963 年推导出的一个黑洞解，除了质量之外他还考虑了自转。以斯拉·纽曼在科尔工作的基础上，建立了一个完整的黑洞模型，包含 3 个参数：质量、电荷和自转。除此之外，惠勒还注意到彭罗斯在 1965 年完成的证明，即在某些情况下，大质量恒星的灾难性引力坍缩的最终结果是一个时空奇点——一个密度无穷大的中心点。在权衡了所有证据之后，惠勒从黑洞怀疑者变为黑洞相信者。

最微小世界的时间之矢

"时间的本质"会议形成了一个鲜明的对比，那就是时间在粒子尺度上的可逆性和在人类与宇宙尺度上的不可逆性。正是这个"二分法"，促使霍伽斯复兴了惠勒–费曼吸收体理论，利用沿时间正向传播和反向传播的信号的均等混合，展现了该理论如何能推导出宇宙学的时间之矢。虽然参会者意识到某些粒子过程会造成宇称破坏，但显见的CP（电荷–宇称）和CPT（电荷–宇称–时间）不变性使他们感到安心。这些不变性暗示了T（时间反演）也必定保持不变。

然而，在粒子物理学界，看似神圣不可侵犯的想法可能一夜之间就会被颠覆。1964年，克罗宁和菲奇的实验表明，CP不变性在某些弱相互作用过程中不再成立，这简直就是晴天霹雳。它表明，即使在最小的级别上，某些时间路径也只有单向的箭头。

克罗宁和菲奇的实验记录了电中性的K介子的衰变过程。在绝大多数情况下，K介子都会衰变成3个π介子，而在极少数情况下K介子只会衰变成两个π介子。衰变为两个π介子的情况大概在1 000次衰变中只会出现一次，但无论如何，这表明曾以为不可能发生的衰变过程确实会发生。如果CP不变性严格成立，这种差异就不可能存在，因为当电荷转换时这两个过程相同，但当镜像翻转时这两个过程不同。CP不变性意味着，如果其中一种对称性（C或者P）被破坏，另一种对称性也必定被破坏，这样才能确保CP对称性成立。相反，如果CP对称性被破坏，不管程度如何轻微，都意味着时间反演对称性不再成立。

好的一面在于，一种破缺的对称性可以解释其他的不平衡。比如，今天物质远比反物质充裕。我们观测到的所有恒星和星系几乎完全由普通物质组成，只有在射向地球的宇宙辐射中我们才能见到自然界中存在的极其稀少的反物质。是什么造成了如此巨大的差异？很多研究者都认为，早期宇宙中的CP破坏绝大多数反物质消失背后的"罪魁祸首"。

大爆炸的炽热坩埚产出的物质和反物质的量一定是相等的。由于早期宇宙极其炽热和致密，粒子和反粒子不断相互湮灭，形成光子和其他无质量的交换粒子，它们反过来再转换回粒子–反粒子对，达到巨大的宇宙平衡。然而，随着宇宙的冷却，电弱相互作用发生了对称性破缺，对应于弱相互作用的交换粒子（被称为 W^+、W^- 和 Z^0 粒子）获得了质量，而传递电磁相互作用的光子仍然是无质量的。传递弱相互作用的粒子有了质量，意味着这种力是短程的。此外，由于它们不总是遵循电荷–宇称对称性，自然开始变得轻微平衡。在之后的漫长时间里，CP 破坏使得宇宙中物质与反物质的数量差距越来越大，造成了今天的巨大差异。

坚守本色的诺奖得主

重大的实验新发现，比如彭齐亚斯与威尔逊探测到的宇宙微波背景辐射，以及克罗宁与芬奇在 K 介子衰变过程中发现的 CP 破坏，经常会引起斯德哥尔摩的诺贝尔奖委员会的注意。但新的理论方法和见解的价值，有时却不是那么显而易见。在量子电动力学方面，威利斯·兰姆和波利卡普·库施因为发现了催生量子电动力学领域的一些实验证据——兰姆移位和电子反常磁矩——共同获得1955年的诺贝尔物理学奖。

历经10年时间，费曼的费曼图、对历史求和等技巧才显现出对量子物理学的价值，同样重要的还有朱利安·施温格与朝永振一郎的重正化方法，以及弗里曼·戴森所做的把这三种方法统一起来的工作。每年，诺贝尔奖委员会最多会把物理学奖颁发给三个人或者组织。不幸的是，这意味着戴森最终无缘诺奖。1965年，诺贝尔物理学奖被颁发给朝永振一郎、施温格和费曼，"因为他们在量子电动力学方面所做的基础性工作，对基本粒子的物理学研究产生了深远影响"。[118]

费曼预感到他最终可能会获得诺贝尔奖。但是，当他半夜接到各路媒体记者打来的电话，祝贺他并询问他的获奖感受时，他感到焦躁不安。他做研究只是兴趣使然，并不是为了获得赞誉。

那时，费曼过着一种快乐、平衡的生活，享受于广泛的爱好（比如打鼓和画画），不想被打扰。在左赐恩的训练下，他经常寻找愿意摆出各种姿势供他写生的模特（通常是女性）。格温妮丝信任她的丈夫，不会因此吃醋。

其中一个模特是一名优秀的天体物理学研究生弗吉尼亚·特林布，她十几岁时就登上了《生活》杂志的封面，作为美貌与智慧兼具的代表。她是加州理工学院录取的第一批女学生之一，跟随天体物理学家吉多·明希研究恒星与星云（恒星爆炸后的气体残留物）的性质。费曼邀请她做自己的模特，并付给她一定的报酬。特林布回忆道：

> 有一天，费曼在加州理工学院的校园里注意到我，然后又遇见吉多·明希（在老天文楼鲁滨孙楼附近），并对他说了"我正在狩猎，或许你认识猎物"之类的话。于是，在之后的几个月里，一般是在隔周的周二会去他家待几个小时，他付给我的报酬是每小时5.5美元（在那个时候这可不是一笔小钱！），以及解答我提出的所有物理学问题。中间休息的时候，格温妮丝常给我们拿来橙汁和曲奇饼。[119]

后来，特林布成为加州大学欧文分校一位卓有成就的天体物理学教授，并嫁给了马里兰大学的约瑟夫·韦伯教授。多年后，这对夫妇参观了在加州理工学院举办的费曼画展，还看到了一张特林布的素描画像。

"约瑟夫用挑剔的目光观看了这幅人体背面素描，"特林布回忆道，"并且说'这个后背我见过'。"

特林布还记得，费曼获得诺贝尔奖的消息宣布的当天晚上，费曼为她画素描的计划如何被打断了：

> 那天早上8点左右费曼来到我的办公室，他告诉我晚上画画的安排取消了。幸运的是，我已经听说了他获得诺贝尔奖的消息，因为早上6点左右我妈妈从广播里听到这个新闻后给我打了一个电话。我和我的妈妈都是习惯早起的人，而费曼不是，但那天早上他穿上了正装还打了领带。当研究生们请他给他们做一个特别报告时，他选择的主题是他与惠勒合作提出的辐射吸收体理论。[120]

诺贝尔奖颁奖典礼的相关事宜烦冗复杂，很快就让费曼不堪其扰。瑞典方面多次给他打来电话，询问宾客名单和其他安排。科学报告可以做，但其他程序（比如向瑞典国王致敬和致谢）对费曼来说就太夸张了。他开始担心自己会搞砸，毕竟他在普林斯顿的各种正式茶会上出过的丑可不少。费曼认为，这个奖带给他的麻烦已经超过了它的价值，他甚至想过拒领这个奖。

当然，他不能拒绝。最终，费曼与格温妮丝飞去斯德哥尔摩参加了颁奖典礼，他穿着一套特别制作的无尾晚礼服，格温妮丝穿着美丽的长裙。

在科学报告中，费曼明确肯定了惠勒的贡献。整个颁奖典礼中他最喜欢的部分可能是舞会，他和格温妮丝可以趁机放松一下。

颁奖典礼结束后，费曼飞去了日内瓦。维克托·魏斯科普夫已经成为欧洲核子研究中心的主任，他邀请费曼去做一场讲座。作为一名诺奖得主，费曼觉得自己以后做报告时都应该穿西装和系领带。但当他穿着正装出现在讲台上并解释了自己如此着装的原因后，观众开始大喊"不要，不要，不要！"。[121]为了响应群众的要求，魏斯科普夫径直走向费曼，把他的外套脱了下来。费曼摘下了自己的领带，回到他惯常的穿着方式。他感谢魏斯科普夫卸下了他的伪装。

对费曼来说，成为诺贝尔奖得主在某些方面让他十分头疼。费曼收到了许多的演讲邀请，但其中大部分他都拒绝了。少数例外都与教育有关，比如学校演讲，或者向大众传递物理学趣味的讲座（一部分讲座被摄制成电视节目，在电视台播放）。

面对许多机构授予的荣誉学位，费曼一概表示拒绝。他想起自己在普林斯顿大学下了多少功夫才拿到了博士学位，因此不愿意在没有付出任何努力的情况下获得荣誉学位，否则学位的含金量就下降了。

夸克和部分子

作为一个虽不情愿但实至名归的诺奖得主，费曼回到加州理工学院，准备开始一项新的研究。在4种自然力中，他已经为建立电磁相互作用和弱相互作用的量子理论做出了贡献，在破解引力的奥秘方面也进行了勇敢的尝试。因此，他下一个要攻克的目标自然是强相互作用，这种力可以克服静电斥力，把质子和中子一起束缚在原子核内。从汤川秀树建立介子理论以来，强相互作用的研究已经走过了很长一段路，并且发现了更多参与强相互作用的粒子，它们被称为强子，而不参与强相互作用的粒子则被称为轻子。强子根据其自旋性质被分为重子（自旋为半整数，包括质子和中子）和介子（自旋为整数，包含 π 介子和 K 介子）。轻子包括中微子、电子、μ 子等，它们完全不受强相互作用的影响。

关于强相互作用的研究进展报告，费曼可以找跟他同在加州理工学院物理系的盖尔曼要，他是这方面的主要创新者。盖尔曼因提出两个想法而赢得赞誉：八重法和夸克。"八重法"这个名字源自佛教中通往涅槃的 8 要道路，它其实是强子的一种分类方法，分类依据是几个参数，包含电荷和一种被称为"奇异数"的守恒量子数。这种分类法显示出某些模式和对称性。有些群包含 8 种强子，其他群则包含 1 种、10 种和 27 种强子不等。然而，这个方法存在一个缺口，这预示着会有新的粒子被发现。1964 年，布鲁克海文国家实验室的研究者探测到盖尔曼预言的粒子，即 Ω⁻ 重子，这完善了八重法，也为盖尔曼的假说提供了重要支持。这是对称性应用于粒子物理学领域取得的一次胜利。

同年，盖尔曼证明了，如果所有重子都由三类组分以不同的排列组合方式构成，就好像扑克玩家手中的扑克牌一样，他提出的分类方法就可以得到解释。盖尔曼把这些组分叫作"夸克"，这个名字源于詹姆斯·乔伊斯的意识流小说《芬尼根守灵夜》的一句话："向马克王高呼三声夸克"。之所以选了这个词，一个原因是盖尔曼喜欢它的发音，另一个原因是盖尔曼认为每个重子都是由 3 个夸克组成的。麻烦之处在于，每个夸克都带有分数电荷，要么是质子电荷的2/3，要么是质子电荷的–1/3。反夸克携带的电荷与其对应的夸克相反。在自然界中从未探测到这种分数电荷，但如果夸克总是组合在一起，分数电荷缺乏证明其存在的证据就不是什么大问题了。大约在同一时间，物理学家乔治·茨威格也提出了一个类似的方案，不过他把这些组分叫作"艾斯"。

费曼也对质子和中子拥有组分的观点感兴趣。虽然他肯定知道盖尔曼的夸克模型，但他选择与其保持距离。1967年10月，《纽约时报》发表了一篇题为《两个寻找夸克的人》的文章，暗示费曼和盖尔曼正在合作研究夸克。费曼在写给编辑的信中说："虽然我确实做了你在文章中描述的许多事情，但我真的不是让科学家开始思考夸克问题的人。它是盖尔曼独立提出的伟大想法之一。"[122]

费曼并没有把夸克置于对称群的基础之上，而是沿着一条唯象路径，通过分析粒子碰撞的结果来思考强子的组分。根据散射实验的数据，他得出了与盖尔曼几乎相同的结果：强子由更基础的粒子组成。费曼的研究表明，它们一定是像电子那样的点粒子，但受强力作用。也许是出于与他的同事盖尔曼竞争的心理，他决定把这些组分称为"部分子"而非夸克。在费曼的构想中，"部分子"更具有标准粒子的意味，而在盖尔曼最初的图景中，"夸克"可能是无定形的。1969年，费曼发表了一篇关于部分子的论文。

虽然"部分子"这个术语在20世纪70年代还有一些人在用，但更加异想天开的表达"夸克"占据上风。现在我们知道夸克有6种类型：上夸克、下夸克、奇夸克、粲夸克、顶夸克、底夸克。它们的质量差别很大，上夸克和下夸克质量最轻也最常见，我们熟悉的原子核都是由这两种夸克组成的。其他几种夸克更加奇特，我们可以在高能宇宙射线和高能碰撞后的粒子残骸中找到它们。自然存在的和高能对撞机中产生的所有强子，都是由这6种夸克和它们对应的反夸克组成的。一个重子由3个夸克组成，一个介子由一个夸克和一个反夸克组成。比如，质子是上–上–下夸克组合，中子是上–下–下夸克组合，电中性的K介子则是下–反奇和奇–反下夸克的混搭组合。

理论物理学家在建立夸克的量子场论时，期望能得到量子电动力学和费曼图的指引。他们引入了一种新的交换粒子，叫作"胶子"，它传递强力，就像光子传递电磁力一样。在费曼图中，胶子可以用螺旋线来表示。奥斯卡·格林伯格想出了一种生动的方法，用来描述强相互作用中电荷的类似物：色荷。每个夸克都带有一个色荷，要么是红，要么是绿，要么是蓝，每个重子则同时包含这三种色荷。当然，这里的"红""绿""蓝"并不是真正的颜色，而只是一种象征符号。关于强相互作用的量子理论，后来被称为量子色动力学。

随着量子色动力学的发展，以及电弱理论将量子电动力学与弱相互作用结合在一起，20世纪60年代末和70年代的理论物理学家为大统一理论的前景激动不已：将4种自然力中的三种融合成统一的量子理论，该理论包括夸克、轻子、光子、胶子以及弱相互作用的载体。理论物理学家提出，在足够高的温度条件下，比如大爆炸的熔炉中，电磁力、强力、弱力的强度、作用范围和其他属性都相同。只在宇宙逐渐冷却的过程中，三者才开始出现差异。

理论物理学家希望，最终能把第四种相互作用——引力——也纳入大统一理论。但由于在尝试引力量子化的过程中出现的无穷大项，以及引力的强度与其他相互作用差异显著，有些研究者倾向于先统一其他三种力，直到引力的相关问题得到解决。然而，将强力与电弱相互作用组合成"大统一理论"的尝试也没有完全取得成功。

奇怪的是，强相互作用与弱相互作用之间的鲜明区别跟CP不变性有关。强相互作用保持了CP不变性，而弱相互作用破坏了CP不变性。考虑到它们与时间反演对称性之间的关系，奇怪的是，强相互作用在时间正向和时间反向的情况下都是一样的，而弱衰变在某些情况下则不然。难道时间在它们究竟是可逆还是不可逆的问题上拿不定主意吗，尤其是在假设这两种力在高能状态下是相似的前提条件下。

宇宙的起源和结局

虽然关于粒子的发现，比如克罗宁和芬奇的K介子测量结果揭示了时间在最小尺度上的怪诞性，但宇宙学观测结果同样让人摸不着头脑。彭齐亚斯和威尔逊的宇宙微波背景辐射数据展现出温度方面的显著均匀性，不管他们将探测器指向哪个方向。这一宇宙微波背景辐射是在大爆炸发生的380 000年后，原子形成之时释放出来的。热力学告诉我们，只在区域之间有热接触（区域之间必须足够接近，可以交换光子）的时候，它们的温度才能达到平衡。然而，到大爆炸发生的380 000年后，宇宙有充足的时间发生膨胀，不同的部分在空间上也分散得很远。考虑到宇宙的不同区域缺乏使温度达到平衡的机会，为什么那时残留下来的辐射在今天还会令人难以置信的均匀呢？这个谜题被称为"视界问题"。

天文学家知道，彭齐亚斯和威尔逊的数据并不是很精确。他们意识到，更高级的仪器有可能展示出宇宙微波背景辐射中的微小涟漪，显示出比其他区域密度略大的区域，它们形成了宇宙结构的种子。随着时间的推移，这些小的不均匀之处会增长，并在引力聚集的作用下，形成恒星和星系。宇宙背景探测器、威尔金森微波各向异性探测器、普朗克卫星等空间探测器最终证实了这些直觉，揭示出宇宙微波背景辐射中确实点缀着极小的涨落。

然而，这些细微的差异并不能解释视界问题，即最大尺度上的温度均匀性。惠勒希望通过几何动力学的量子还原来解决这个问题。正如他在"时间的本质"会议上指出的那样，或许一个完备的量子引力理论可以解释为什么原初宇宙的熵如此之低。可以想象，足够低的熵对应于一个均匀的早期宇宙，就像一个冰冻池塘的低熵（高有序性）使其表面光滑得可供人们溜冰一样。

与此同时，米斯纳尝试了一种经典解释，叫作"搅拌机宇宙"。他在1969 年提出了这个模型，它的基础是爱因斯坦方程的一个各向异性的解，它会在不同的方向上振动，而非均匀地膨胀。米斯纳的想法在某种程度上受到了英国宇宙学家史蒂芬·霍金的"宇宙始于一个奇点（即无限致密的状态）"的发现的启发，苏联物理学家弗拉基米尔·别林斯基、伊萨克·卡拉特尼科夫和叶夫根尼·利夫希茨所做的关于空间如何以混沌的方式从一个奇点上产生的研究，也丰富了米斯的观点。（惠勒提醒米斯纳，在自己做计算的同时也要关注苏联物理学家的方法。）

米斯纳的宇宙模型"搅拌机"，得名于当时流行的一款厨房搅拌机。他希望该模型的混合性——来自爱因斯坦方程的特定宇宙学解的性质——足以使最早期的宇宙变得平滑，从而解释为什么如今的背景辐射温度如此均匀。遗憾的是，他的模型的混合性并不足够强大。从数学上看，这种解的搅拌动力机制并不足以在所需的时间框架内进行足够有效的混合。它会留下大块的不均匀之处，而无法得出我们今天看到的如奶昔般平滑的宇宙。

如果说宇宙的起源是一个谜团，那么它的结局可能是另一个谜题。那时，宇宙学家为宇宙设想了两种可能的结局。一种是"大挤压"，它是大爆炸的逆过程，即宇宙停止膨胀并开始收缩。另一种结局是"大冻结"，即宇宙膨胀会持续下去，但逐渐减速。在这样的情况下，恒星还可以继续闪耀几十亿年，但最终它们会一个一个地熄灭，使宇宙进入热寂状态（缺乏可用能量）。最后，宇宙会变得寒冷而孤寂。

惠勒对大挤压的情景及其影响非常感兴趣。他认为，大挤压与大爆炸、黑洞一样，都是研究极端的引力条件及其对时间、因果律之影响的关键因素。在一次采访中，他把大爆炸、黑洞和大挤压称为"三重时间之门"。[123]

在美国物理学会于1966年举行的一次会议上，惠勒猜测说，当宇宙开始收缩时，大挤压将会呈现出一种相当奇怪的情境。[124]假设大爆炸中的宇宙膨胀设定了时间向前流逝的方向和熵增的规则，那么，在大挤压时期，熵可能会开始减少，时间也开始反演。生物学过程或许会逆转，人们会返老还童。最终，人类物种会退化成单细胞生物。随着空间的持续收缩，地球会化为一团尘埃云，宇宙会坍缩成一个无限致密的奇点。当然，惠勒也承认，这种时间反演的场景只是他的猜测。

哥德尔的旋转宇宙模型

同样痴迷于时间反演猜想的还有数学家库尔特·哥德尔，他与爱因斯坦同为普林斯顿高等研究院的终身成员，也是亲密的朋友。哥德尔最知名的成就是他在1931年发表的不完全性定理，它表明没有哪个逻辑系统是完全自洽的。哥德尔的想法启发了英国数学家艾伦·图灵，帮助他开发出图灵机。图灵机是一种系统的计算方法，它又启发约翰·冯·诺依曼设计出早期电子计算机的理论蓝图。

1949年，在爱因斯坦的70周岁生日前后，哥德尔向爱因斯坦展示了他眼中的一个重大发现：广义相对论方程的一个旋转解容许我们回到过去。如果宇宙确实拥有适当的自旋，其物质的类型和比例也恰到好处，空间中某些类型的环路就可以使回到过去的旅行成为可能。因此，在非常特殊的条件下，爱因斯坦的引力理论允许时间旅行的存在。爱因斯坦认为哥德尔的结果具有数学有效性，但在物理学上却毫无意义。广义相对论方程有那么多解，为什么要关注这样一个古怪的解？主流物理学界几乎遗忘了哥德尔的旋转宇宙模型。

20世纪60年代末，哥德尔深受偏执妄想症的折磨，健康状况也受到影响。他坚信有人企图毒害他，因此他吃得很少，体重大大下降。骨瘦如柴的哥德尔为了保持身体的热量，即使在温暖的春日也要穿上大衣。同时，他默默地尝试收集足够的关于星系的旋转方向不平衡的证据，揭示出宇宙拥有净自旋，以及进行时间旅行的可能性。摆脱时间的桎梏，这个想法让哥德尔着迷不已。

惠勒对哥德尔的工作非常感兴趣。1970年前后，惠勒、米斯纳和基普·索恩正在为写作影响深远的教科书《引力论》做准备，他们拜访了哥德尔，询问他的想法。那时，米斯纳和索恩分别在马里兰大学和加州理工学院任教，因此，他们需要有一个工作空间来相互讨论写书事宜。有一次，米斯纳和索恩去普林斯顿大学见惠勒，高等研究所慷慨地借了一间办公室给他们，和哥德尔的办公室在同一幢楼上。出于好奇，三人敲开了哥德尔办公室的门。当他们提到写作教材书的事情时，哥德尔问他们会在书中怎么写旋转宇宙模型。他们的回答——书中根本不会提及——让哥德尔大失所望。

尽管惠勒后来得知了一些支持星系旋转不平衡的证据，并高兴地报告给哥德尔，但他并没有在这个古怪的宇宙模型上花什么精力。惠勒关注的是标准宇宙模型，以及它们在天体物理学的极端引力情况下的共同特征，比如黑洞的扭曲时空环境。

黑洞无毛

大挤压的最终阶段与黑洞的超致密状况有些相似，都会坍缩成一个奇点。有人可能会问，如果在大挤压过程中时间会反演，当靠近黑洞时，时间的方向又会发生什么变化呢？

在利用克鲁斯卡尔坐标处理黑洞的邻近区域时，没有任何迹象表明对进入黑洞的人而言时间会反演。实际上，计算结果显示，对一位穿过了事件视界（标志着黑洞的边界，一旦越过这个边界，就出不来了）的宇航员来说，他飞船上的时钟会继续向前走动。只有从外部世界的角度看，时间对于这位倒霉的探险者好似冻结了一样。

如果这个宇航员进入的是施瓦西黑洞，那么他会不断地被推向中心的奇点。引力潮汐力会沿着他的运动方向拉伸他，同时在其他方向上压缩他，这个过程被称为"意大利面条化"。在极短的时间内，这位宇航员就会被撕碎。（对于克尔黑洞或者克尔-纽曼黑洞，中心奇点是一个环，原则上宇航员有可能避开它。）

在事件视界之外，即使用最强大的望远镜，我们也无法窥见黑洞内部的任何情形。正如惠勒及其学生雷莫·鲁菲尼在 1970 年提出的那样，我们只能观测到黑洞的总质量、电荷和自旋（特别是角动量）。

为了传递黑洞除了这三个参数之外再无其他特征的概念，惠勒发明了一个表达——"黑洞无毛"，这个概念也被称为"无毛定理"。惠勒的意思是，黑洞就像剃了光头的海军新兵一样，看上去都一样。费曼趁机开玩笑说惠勒太粗俗："他怎么能说出这么淫秽的话呢。"

如果宇宙的结局是"大冻结"，最终，那些质量与太阳差不多的恒星都会膨胀成红巨星。它们的外壳会蒸发到空间中，留下白矮星。质量更大的恒星会变成超巨星，在发生超新星爆炸后留下致密的内核。这些残骸会变成中子星（由超致密的核物质组成）或者黑洞，视它们的质量而定。

宇宙的熵要么趋于平稳，要么增加，直到达到热寂状态。然而，在研究黑洞的过程中，惠勒想知道有没有可能存在例外情况。如果一个黑洞吞噬了一个物体，它也会吞噬这个物体的熵吗？黑洞有没有可能因此减少宇宙的总熵，从而摆脱热力学第二定律的束缚呢？很快，一种全新的定义黑洞熵的方法就会解答惠勒的问题。

和你讨论任何事情，都值得我翻山越岭。

——约翰·惠勒对理查德·费曼说的话，

1978 年 11 月 28 日，

存放于加州理工学院档案馆

惠勒的想法千奇百怪，我根本就不相信它
们。但令人惊讶的是，我们后来常常会意识
到他是对的。

——理查德·费曼，

引自《约翰·惠勒的内心世界》

第 8 章

思想、机器和宇宙

20世纪70年代初，随着显示器和屏幕的引入，计算机模拟变得生动了许多。有史以来第一次，可视化的计算结果实时显示在屏幕上，就在你眼前。这不仅实用，在某些情况下还很吸引人。巧合的是，这也是一个"思维扩张"的年代，前卫摇滚、迷幻艺术和东方哲学，以及一些人吸食的形形色色的致幻剂，都从中起到了一定的推动作用。

对那时的年轻程序员或者工程师来说，最时髦的阅历之一就是玩数学家约翰·康威发明的"生命游戏"，马丁·伽德纳在《科学美国人》杂志上的相关报道使它流行开来。这个游戏在一个二维网格上模拟生物状态，"0"代表死亡（或不存在），"1"代表活着。它属于约翰·冯·诺依曼和斯坦尼斯拉夫·乌拉姆所谓的"元胞自动机"的范畴，这类简单的算法设定，网格上的每个方格的内容都根据其相邻方格的内容系统性地更新。

"生命游戏"的规则决定了每一次迭代方格中的"0"和"1"（在屏幕上用白方格和黑方格表示）的命运。比如说，如果一个"0"周围刚好有三个"1"，这个"0"就会用白方格变成"1"。如果一个"1"周围有三个以上的"1"，它就会因为过度拥挤而"死亡"并变成"0"；如果一个"1"周围至多有两个"1"，它就会因为种群量不足而"死亡"并变成"0"；在其他情况下，它可以继续"存活"，仍然是"1"。根据这些规则，模型会一步步演化成其他结构，看上去有点儿像生物在屏幕上爬行、捕食、繁殖，以及做出其他类似于生物的行为。这个游戏的发烧友发现它非常吸引人，可以连着玩好几个小时。他们把各种各样的初始结构"播种"到屏幕上，开启动态过程。观着这些奇怪的人造生物探索它们的世界。

因为认同叛逆的嬉皮士，费曼开始把他的浓密棕发（夹杂着白发）留长，有时候穿着也更加随意。那时他是一个已婚男士——当然不是嬉皮士——但他依然热爱自由不羁的生活。作为一个50多岁且事业有成的男性，他精力充沛，乐于体验新鲜事物。费曼从来都不是一个古板的人，加州理工学院的学生们都把他当成摇滚明星。

鉴于费曼在计算方面的背景，以及他在1959年的报告中表达出对纳米技术的兴趣，他自然而然地迷上了计算机模拟的可能性。他的部分动力来自他的儿子卡尔对计算机领域的强烈兴趣，卡尔最终去了麻省理工学院学习计算机工程学专业。

"生命游戏"之类的计算机模拟程序表明，宇宙在基本层面上可能就类似于一台处理二进制数值的自动机。麻省理工学院的计算机科学教授爱德华·弗雷德金是这一观点的主要倡导者，他曾在加州理工学院做过一年的访问学者。虽然费曼一向对缺乏实验证据的想法持谨慎态度，但他变得乐于和弗雷德金等人讨论它们。一个与此相关的问题是，人类的思维是否也像数字处理器那样运行。麻省理工学院的另一位计算机科学教授马文·明斯基是人工智能方面的先驱，他提出人脑就是一种处理器。费曼与明斯基熟识，可以自在地和他讨论这些想法。

或许更令人吃惊的是，约翰·惠勒也逐渐接受了以信息为中心的观点，并把它和量子测量理论联系起来。在研究生涯的最后阶段，惠勒抛弃了"一切都是场"的观点，转而秉持"一切都是信息"的观点，他把后者称作"万物源于比特"。惠勒对量子信息的倡导和支持产生了如此深远的影响，以至于有些计算机科学家称他为"量子信息的祖父"。

促使惠勒做出这一转变的"催化剂"之一是，他和越来越熟悉计算机及其工作机制的新一代学生之间的互动。尼尔斯·玻尔于1962年去世（对惠勒的学生而言，玻尔已成为历史），因此很多人都开始欣然接受关于量子测量的新诠释。偏离哥本哈根诠释的理论不再被视为异端邪说，比如，布莱斯·德威特发表的关于休·埃弗雷特多世界假说的普及文章就受到了广泛的欢迎。惠勒称赞了德威特为该思想做的普及工作，但对"多世界"和"平行宇宙"之类的术语则采取了礼貌的反对态度。

在惠勒的新方法中，时间的本质占据了十分重要的位置。时间之矢通过热力学第二定律与熵联系在一起，该定律规定，随着时间的推移熵永远不会减少。熵又通过一个公式与信息论联系在一起，该公式是由电子通信方面的先驱克劳德·香农建立的，它定义了每个字符串的特定"信息熵"。因此，理解信息流是尝试建立时间模型的另一种方式。当然，在强调信息和量子测量的时候，惠勒也没有忘记宇宙学、引力和黑洞。实际上，对"黑洞具有熵因而可以储存信息"概念的探索，是他初步涉足信息论领域的尝试之一。

把茶杯扔进黑洞

20世纪70年代初，惠勒与多名才华横溢的研究生共同研究了黑洞相关问题。其中一位优秀的学生是雅各布·贝肯斯坦，出生于墨西哥的一个波兰犹太人移民家庭。惠勒与贝肯斯坦常常讨论黑洞的性质，包括"无毛定理"。

一天，惠勒跟贝肯斯坦开玩笑说，每当他无意间把一杯热茶放在一个装着冰块的玻璃杯旁边，让它们达到热平衡时，他都觉得自己犯下了增加宇宙熵的罪过。[125]这是因为，根据热力学第二定律，由温差产生的可用能量会转化为不可用能量。通常来讲，这类过程是不可逆的——让宇宙在通往热寂的结局之路上又加速了一点儿。惠勒打趣道："要是有个黑洞能让我把杯子扔进去就好了。"这样一来，他导致熵增的"犯罪证据"就可以永远藏匿起来了。惠勒这番幽默的言论促使贝肯斯坦开始思考一个问题：在被黑洞吞噬之后，物体的熵会发生什么变化？

惠勒的一名博士生德梅特里奥斯·克里斯托多罗（后来成为一名数学家）在1970年发表的一篇论文表明，在吞噬物质的过程中，黑洞事件视界的表面积要么增加，要么不变，但永远不会减少。受到这篇论文的启发，贝肯斯坦想到了一种定义黑洞熵的绝妙方法。如果黑洞的表面积就是编码黑洞熵的天文学方法，会怎么样？表面积跟熵的单位不一样，所以需要有一个比例因子。而且，将两者等同起来，提供了一个将黑洞纳入热力学第二定律范畴的自然方式。这样一来，惠勒在把他的饮料倒入黑洞的时候，就不用担心会违背热力学第二定律了。

史蒂芬·霍金研究过黑洞的性质，比如奇点问题，当得知贝肯斯坦的想法时，他的第一反应是半信半疑。如果黑洞有熵，它们一定也有温度，这意味着它们会向空间散发辐射。热力学温度不为零的所有物体，在置身于更冷的真空中时，都一定会散发热量。但人人都知道，根据经典理论，没有东西能从黑洞中逃逸，辐射也不例外。尽管如此，霍金是一个思想开明的人，他决定在简单的量子图景中计算一下，看看会发生什么。让他大吃一惊的是，霍金准确地算出黑洞会极其缓慢地向它周围的空间散发辐射。这种效应后来被称为"霍金辐射"，它会逐渐降低黑洞的温度，直到它最终与它周围的空间达到热平衡，这个过程可能会持续几十亿年，具体时间取决于黑洞的大小。霍金在一次令人震惊的演讲中宣布了这一结果，他演讲的题目为"黑洞是白热的"。

霍金辐射和黑洞熵的存在，促使物理学家忽视黑洞的信息量问题。这里所说的"信息"是指0和1的排列模式，叫作"比特"，与香农的定义一致。1948年，香农发表了一篇影响深远的论文《通信的数学理论》，他在文中提出了一个观点：每一条信息都可以用比特串（有序序列）来表达，它们可以从一个地方被传输到另一个地方，并被解码。这篇论文为今天的数字时代奠定了基础。

香农也定义了一种熵——现在它被称为"信息熵"或者"香农熵"——它与一个比特串携带的信息量有关。信息熵取决于可能结果的数量，以及每个结果的可能性。它源于奥地利物理学家路德维希·玻尔兹曼多年以前对热力学熵的定义，该熵估算了多少种可能的微观态（粒子的排列）可以产生相同的热力学宏观态（温度、压力等总体情况）。如果有大量的微观态组合都能得到同样的热力学宏观态，比如快速运动分子的组态对应于温度高的气体，这个系统就是高熵系统。相反，如果只有很少的微观态组合能产生某个宏观态，比如水分子在雪花中的排列模式——这个系统就是低熵系统。香农把这个思想移植到比特的排列上，而非分子。

因此，正如贝肯斯坦等人意识到的那样，黑洞事件视界的表面积不仅能作为熵的量度，还能作为信息量的量度。惠勒指出，如果你把事件视界分割成普朗克长度平方（量子尺度）大小的区域，一个微小的区域或许就代表一个比特（一个0或者一个1）的信息。因此，事件视界的面积越大，它能存储的二进制数字串就越长。惠勒逐步认识到这种联系就是"万物源于比特"的典型例子，也就是说，量子尺度上的宇宙动力学可以用一系列的二进制数字来建模。

疯狂的想法和剥洋葱

1971年，在写作《引力论》教科书的过程中，惠勒去加州理工学院做访问。他趁机与费曼、基普·索恩在一家名为"欧陆汉堡"的亚美尼亚餐馆共进午餐。这家餐馆邻近校园，是一个令人愉悦和放松的地方，很适合讨论问题。

吃饭时，惠勒向他从前的两位学生解释了他近来思考的问题：物理学定律是如何在大爆炸中锻造出来的。他认为可能还存在其他宇宙，它们的物理学定律与我们的宇宙截然不同。我们的宇宙有其特定的物理学定律，这其中一定有原因。如果它不具有这些物理学定律，我们的宇宙中就不会出现生命，也就不会存在有意识的实体去体验它。

惠勒的论证是"人择原理"的一个变体，这个原理的概念是，宇宙之所以如此，是因为如果它不是这样，我们就不会在这里。这种抽象的推理令费曼生厌，因为它既不能被证实也不能被证伪。平行历史对于量子计算是有用的，因为它们给我们提供了可以通过实验检验的预测。但是，没人能组合大量的宇宙，看看会发生什么。既然如此，谈论它还有什么意义呢？

索恩回忆说，费曼转向他并提供了一些有关惠勒的明智建议："这个家伙听起来好像疯了。你们这代人不知道，他一直如此。但在我还是他的学生的时候，我发现如果你选取他的疯狂想法中的一个，像剥洋葱一样一层一层地剥除它疯狂的外皮，你就会发现它的核心是强有力的真理。"[126] 然后，费曼向索恩讲述了惠勒的"正电子是沿着时间反向运动的电子"的疯狂想法，如何帮助他完成了最终他获得诺奖的研究。费曼只需剥开这个概念的猜测性外层，就能触达可验证的真理之心。

即使他们是普林斯顿大学的一对师徒的岁月已经过去多年，惠勒的教导仍然深远地影响着费曼的想法。惠勒在研究新课题方面有一套系统的方法，比如，通过授课的方式来学习一门学科，以图示的方式表达概念，这些都让费曼受益良多。惠勒突然转变研究方向和从事出人意料的事业的勇气，在费曼的同样不可预测的研究方向转换上产生了回响，从量子电动力学到超流体，再到部分子，最后到计算机。惠勒对温馨家庭生活的重视，也让费曼学到了很多，并在晚年体验到这种幸福。

当然，拥有这样一位出色的学生，并可以相互交流思想，惠勒也受益匪浅。他经常把自己的论文寄给费曼，寻求费曼坦诚的反馈。惠勒给他的一些学生布置的课题也与费曼的理论和方法有关，比如，他让查尔斯·米斯纳利用他对历史求和的方法研究引力。此外，由于惠勒的个人生活相对古板，在听费曼讲述他的狂野冒险经历时，惠勒也能间接体验到些许刺激感。

约翰·惠勒与"约翰·怀勒"

到20世纪70年代中期，惠勒传播他的疯狂想法的怪异风格，包括古怪的术语和引人联想的图示，不仅为他原来的学生所熟悉，对日益壮大的研究广义相对论的理论物理学界来说也不陌生。《引力论》就惠勒式哲学和方法的福音书一样，把广义相对论这个词传播得更广泛。这本大部头书籍出版于1973年，并迅速被翻译成许多种语言，内容出类拔萃并且与众不同。在出版后的几十年里，它一直被奉为广义相对论领域的经典教科书。

那时，广义相对论圈子里的每个人几乎立刻就能识别出一个惠勒式的用语或者一幅手绘图示。这就好比惠勒发明了他自己的语言，不可避免地带有他自己的科学艺术风格。

正如玻尔以声音低柔而内容高深莫测的演讲风格为哥本哈根量子圈熟知一样，惠勒的风格和习惯也出了名。玻尔以前常被人滑稽地戏仿，现在轮到惠勒了。

有一段时间，让广义相对论圈的成员觉得奇怪的是，他们都收到了装有打印副本的信，署名是普林斯顿大学的"约翰·阿奇博尔德·怀勒"，文章标题是《拉斯普廷、科学和命运的变形》。[127]这篇论文越往下看内容越离谱儿，到最后完全变成了胡言乱语。它是索恩在加州理工学院的学

图 8-1 1986 年，约翰·惠勒运用时空图讲解引力理论

资料来源：Photograph by Karl Trappe, courtesy AIP Emilio Segrè Visual Archives, Wheeler Collection。

生比尔·普雷斯写的，普雷斯极为擅长模仿惠勒的风格，不管是语言还是与众不同的图示。

这篇惟妙惟肖的仿作发表在《广义相对论与引力》杂志上，作为 1974 年"愚人节"的一篇稿件。这里摘录其中的一段："假设宇宙拥有一种命运……一位哲学家被吸了进去，他对这种命运的虚空进行了瞬间的扰动，然后他在每年的灾难性重复中不断缩小，渐渐消失。所有学科和学派的学者都被吸了进去，他们也发生了变形，直到其他什么都不剩，只余确定性。我们把最终留下的实体称为'黑洞'，并概述了它的终态完美性：'黑洞无怪癖'。"[128]这篇文章的末尾有一长串致谢名单，其中包括费尼曼、戴西、黑金、米纳、彭纳罗斯等。费曼办公室里的论文通常堆成山，即使他收到了这篇文章的副本，他很可能也没有看到致谢名单里的"费尼曼"。

当然，惠勒在阅读这篇署名为"怀勒"的文章时，忍不住轻声地笑起来，毕竟他有着奇异的幽默感。惠勒十分清楚其他人会觉得他发明的术语不循常规，但从某种意义上说却能切中要害。惠勒的丰富多彩的表达，比如"对历史求和"和"虫洞"，比它们原本的表达更加让人印象深刻。虽然严格地说"黑洞"一词并不是惠勒发明的，但他采用了这个表达，并让大众知道了它。所以，惠勒明白被人戏仿是他为博人眼球付出的代价之一。毕竟，玻尔身上也发生过这种事，比如《幽默物理学期刊》向他做出的风趣致敬。

宇宙的代码

在惠勒、贝肯斯坦、霍金等人思考信息在黑洞中所起的作用时，弗雷德金已经开始设想小小的比特所能起到的更大作用，即作为宇宙本身的计算机代码的元素。或许，时间和空间的连续性不过是一种错觉。在普朗克尺度上，宇宙很可能是离散的，就像电视屏幕上的像素一样。考虑到"生命游戏"之类的简单计算机程序产生的复杂性，整个宇宙可能也是由量子层面上 0 和 1 迭代的简单规则支配的。这个基本算法可能又产生了所有的物理学定律和其他自然法则。

弗雷德金在物理学家中的知名度不高。他才华横溢，但不循常规，连大学学业都没有完成。但是，明斯基赏识弗雷德金的才能和想法，并找到机会安排他来到麻省理工学院计算机系工作。在美国国防部的部分资助下，两个人都在为人工智能计划工作。

弗雷德金和明斯基初次结识费曼是通过一次嬉闹之举。[129]他们俩在帕萨迪纳出差期间有了一些空余时间，就决定给他们仰慕的当地科学家打电话。他们拿出电话簿，先尝试打给诺奖得主莱纳斯·鲍林。叮铃铃……电话无人接听。接着，在明斯基的提议下，他们又拨打了费曼的电话。让他们惊喜的是，费曼接起了电话，并和他们愉快地交谈起来。虽然费曼此前并不认识弗雷德金和明斯基，但他还是邀请他们俩当晚去他家。他们讨论了计算机和物理学的话题，一直到深夜。这次见面开启了一段富有成果的合作关系。

1974年，为了学习更多关于计算的知识，费曼邀请弗雷德金来加州理工学院物理系做访问学者。在这一年中，他们取得了丰硕的成果。弗雷德金听取了很多费曼对量子力学的洞见，也解决了一个在他脑海中盘旋多年的问题：设计出具有时间反演对称性的计算机算法，在时间正向和反向上都有效。如果粒子物理学（除了某种电中性的K介子的衰变以外）具有时间反演对称性，那么模拟其过程的数字处理方法也应该具有时间反演对称性。弗雷德金的可逆系统被称为"弗雷德金门"。虽然IBM公司的查尔斯·贝内特此前已经引入了一种可逆算法，但弗雷德金的设备仍然是一项了不起的成就。弗雷德金的来访也给费曼打开了一扇通往新兴的人工智能领域的窗户。

幸福美好的家庭时光

1976年，惠勒达到了普林斯顿大学的退休年龄。但他根本没打算结束他的学术生涯，还有许许多多有趣的问题等着他去探索呢。除了担任荣休教授的职务之外，他也接受了得克萨斯大学奥斯汀分校（德威特在这所大学工作）的退休返聘教授职位，还被任命为新成立的理论物理学中心主任。虽然他和珍妮特在普林斯顿有很多好友，但他们渴望去孤星州一起开启一段新生活。

与此同时，费曼仍然生活在南加州。他和格温妮丝买了一辆道奇皮卡车，并在它的棕色和黄色的车身上喷绘了费曼图。他们还想要一个与车身图案相匹配的车牌号，但受到 6 个字母的限制，因此他们选择了"Qantum"①。这辆车非常适合野营旅行，或者开去他们的海滨别墅。

费曼喜欢跟他的两个孩子在一起。米歇尔激发出费曼温柔的父爱。每晚费曼都给米歇尔拿来各种毛绒玩具，让她从中选一个陪自己上床睡觉。然后，费曼假装自己是一台人体收音机，让米歇尔拧他的鼻子来"调台"，促使他编出不同风格的歌曲。这种又傻又可爱的举动让他们乐此不疲。[130]

在米歇尔大一些的时候，有一次，她的一个朋友全家要出门度假，就把他们的宠物蟒蛇寄养在费曼家一个月。其间，弗里曼·戴森来费曼家做客（事实证明这是他最后一次来费曼家），他幽默地回忆了在蟒蛇到来之后费曼家的混乱状况。这条蛇的食物是活老鼠，这把费曼惊吓得不轻。费曼好不容易抓到了几只老鼠，却发现这条蛇太懒散了，根本抓不住老鼠。相反，老鼠开始啃咬蛇皮，把蛇弄得遍体鳞伤，费曼只好站岗保护蛇。米歇尔朋友的父母度假回来后，发现他们的宠物身上伤痕累累，感

---

① 与表示"量子"的英文单词"Quantum"只有一个字母之差。——译者注

到非常难过。"绝不会有下次了。"费曼发誓。费曼养了几只狗做宠物，他喜欢教它们玩小把戏。

此时，费曼的儿子卡尔已经是一个青少年了，费曼喜欢在吃晚饭的时候跟儿子讲俏皮话，就像多年前他和他的母亲那样。费曼母亲的身体还很健康，就住在附近，经常跟费曼一家去海滩度假。对他们来说，这些都是幸福快乐和值得怀念的时光。

那段时间，惠勒至少两次到访南加州并顺道去费曼家吃晚饭。卡尔后来回忆道："当我还是一个孩子的时候就喜欢上了《引力论》，我很开心能见到它的又一位作者（我已经认识基普·索恩了）。"[132]

还有一个常来吃晚饭的客人是费曼的朋友兼打鼓搭档拉尔夫·莱顿。他们吃完饭就一起进入费曼的工作室，兴高采烈地打起鼓来，像两个野人一样。

1977年，有一次费曼一家和莱顿共进晚餐的时候，费曼向其他所有人发起了一个地理知识方面的挑战。费曼问他们，是否知道世界上所有国家的名字。莱顿低语道："嗯，当然。"在戏剧性的停顿之后，费曼问道："那你知道唐努–图瓦发生了什么吗？"[133]

小时候费曼就见过来自那片土地的邮票，他一直想知道它在哪里和发生了什么事。他和莱顿在百科全书里查找了一通之后，才发现它已被并入苏联，在靠近中国边境的地方。他们研究了所有能找到的关于图瓦文化的资料，包括那里著名的喉音唱法，并为这个遥远的地区着迷不已。费曼和莱顿包括有一天一起去那里游历，并且开始思考如何成行。然而，费曼最终并没有踏上这段旅程。

1978年夏天，费曼的健康状况开始变差，这限制了他在接下来10年的旅行计划。令人悲伤的是，这是他生命的最后10年。6月初，他收到一封来自惠勒的信，邀请他去参加一个纪念阿尔伯特·爱因斯坦诞辰100周年的研讨会。惠勒请费曼在题为"爱因斯坦和物理学的未来"板块上发言，或者另选一个话题。[134]费曼婉拒了惠勒的邀请，并且开玩笑地向惠勒报告说，他已经问过"X先生"了，X先生也不能参加。[135]

那时费曼的身体状况很不好，腹痛难忍。他去看医生，医生诊断他患上了脂肪肉瘤（癌症的一种）。唯一合理的治疗方案就是做手术，手术过程中。医生发现一个橄榄球大小的肿瘤正在压迫他的脾。除了肿瘤，医生还切除了他的一个肾。他需要在家休养好几个月才能康复。

7月28日，惠勒给费曼寄来一封慰问信。他写道："欢迎回家……你经历的痛苦仅次于当加州理工学院院长了……衷心祝你早日康复。"[136]

惠勒还随信寄来了一份资料，供费曼静养期间阅读。它的题目是"没有定律的定律"，是惠勒最新的论文《时间的前沿》中的一部分。惠勒教授的一门关于量子测量理论的课，促使他对量子尺度上的相互作用的奥秘产生了全新的想法。

延迟选择实验、粒子性和波动性

1978年，惠勒设计了一个绝妙的思想实验，叫作"延迟选择实验"，旨在阐明量子测量的怪诞性。爱因斯坦和玻尔进行过一场著名的论战，围绕的核心问题是："掷骰子"的量子力学是不是一个完备的物理学理论。惠勒设想可以用这个思想实验说服爱因斯坦相信玻尔是对的。但十分奇怪的是，惠勒的假设建构甚至比玻尔的互补原理更进了一步，互补原理表明，观测者在测量之前或测量期间的选择，都可能会影响光子、电子或其他亚原子粒子是表现出波动性还是粒子性。而惠勒的设想表明，观测者未来做出的决定也可能会反过来影响亚原子粒子的性质。

惠勒的实验设计得简单而精妙。他设想了一个本垒、一垒、二垒和三垒都安放了镜子的棒球场。镜子分为两种：一垒和三垒是平常的镜子，可以反射所有光；本垒和二垒则是特殊的半镀银（半透明）镜子，它会让一半的光反射出去，而让另一半光透射出去。此外，二垒的镜子还可以在开关的操控下，要么降到地面以下，要么并到地面以上。一开始，它处于较低的位置。

假设本垒的半镀银镜背对着二垒，朝向一垒方向的一束光斜射在这面镜子上。因为这面镜子的特殊性质，一半光会以与入射光垂直的方向反射出去，去往三垒，另一半光则会径直穿过镜子，继续去往一垒。在极短的时间内，反射光会到达三垒的镜子，并反射到右外场；同时，透射光会到达一垒的镜子，并被反射到左外场。右外场和左外场各有一个探测器，它们可以记录下预期的量子测量结果：50%的原始光会被右外场的探测器探测到，另外50%会被左外场的探测器探测到。在费曼的对历史求和方法中，两个结果会以相等的概率同时出现。光会扩散到两个不同的区域，就像著名的双缝实验中的条纹状干涉图样一样，显示出量子模糊性。

现在想象一下，如果拨动二垒的开关，让那里的半镀银镜升到与其他镜子一样的高度，会发生什么。一开始，跟之前一样，到达一垒和到达三垒的光同样多。但是，在一垒和三垒发生反射后，两束光都到达了二垒的半镀银镜。如果让这面镜子朝向某个特定方向，它就可以使来自一垒和三垒的所有光都射向右外场（来自一垒的光发生反射，来自三垒的光发生透射），并且没有光射向左外场（因为两束光通过一个叫作"相消干涉"的过程抵消掉了）。结果变得完全不同：光出现在右外场的概率为100%，而光出现在左外场的概率为0。也就是说，光被集中在一个地方，就像粒子一样。

光的传播需要时间，它的移动肯定不是瞬时的。因此，想象一个情景：我们非常快速地打开又关上原始光束，只有少数光子（甚至只有一个光子）被发射出来，它们形成的不是一列连续的光波，而是一个独立的波包。我们进一步假设，在二垒附近的观测者会在原始波包被传递出去之后和它到达二垒之前，按下二垒镜子的开关，并随意决定镜子的升降。这样一来，实验结果——光表现出波动性还是粒子性——就取决于实验开始后才做出的"延迟选择"。

比如，假设一个波包被发射出来，打算产生一个体验波动性的干涉图样，在左外场和右外场的波峰不同。但在波包被发射后，实验者改变了主意，按下开关升高了二垒的半镀银镜。光在到达这面镜子后会全部射向右外场，产生粒子性的结果。光在被释放后，是如何"知道"必须改变自己的性质的呢？或者说，观测者按下开关的选择在某种程度上影响了正在传播的光的性质？如果这是有可能的，量子测量就既可以沿时间正向操作，也可以沿时间反向操作。1984—2007年开展的多项实验都证实了惠勒巧妙的假说。

在进行了更多的思考之后，惠勒又进一步把延迟选择实验延伸至宇宙本身。实验场景不再是棒球场，而是一个极其遥远的超高光度天体，比如一个类星体（正在形成的高能星系），它所在的位置是本垒，与它相隔适当距离的两个星系分别是一垒和三垒。通过引力透镜效应（空间的弯曲引起光的弯曲），它们都可以把类星体发出的光引向充当二垒的地球，由地球人决定半镀银镜的升降。

在地球上，天文学家可以决定把一台望远镜对准充当一垒或三垒的星系，或者用一面半镀银镜把来自这两个星系的光汇集起来。如果把望远镜对准任意一个星系，天文学家就会观测到光的粒子性，他们看到的类星体图像是一个圆点。如果他们选择使用半镀银镜，他们则会观测到光的波动性，类星体的图像是条纹状干涉图样。因此，即使在光从类星体发出的几十亿年后，天文学家仍然可以选择让它表现出粒子性还是波动性。当互补原理遇到宇宙学时，结果确实很古怪。

流浪街头的诺奖得主

一旦费曼的身体状况允许他出行，惠勒就又开始邀请他参加研讨会，涉及的主题也是五花八门。惠勒知道，无论什么话题，他的这位学生的看法都会十分吸引人。因为对猜测性的话题不感兴趣，费曼经常拒绝惠勒的邀请，但偶尔他也会接受。

1981年，费曼决定参加在奥斯汀地区举办的一次会议，会址是特拉维斯湖边的莱克韦网球世界和温泉度假酒店。包括费曼在内的很多物理学家都觉得这个酒店无处不在的网球主题俗气又花哨。弗里曼·戴森也参加了这次会议，他回忆说那里的游泳池也是网球拍形状的。事实上，这是费曼与戴森的最后一次见面。[137]

当费曼推开了酒店房间的门时，他目瞪口呆。对像费曼这样朴素的人而言，这间套房太过豪华，完全是在浪费钱。酒店管理人员无法为他找到更小、更便宜的房间，因为所有房间满员了。因此，费曼决定摒弃豪华的房间，睡在外面。当地属于沙漠性气候，相当温暖，费曼觉得睡在外面问题不大。然而，一到夜间，气温下降，费曼就被冻得发抖。他只好从行李箱中拿出一件毛衣，尽可能地把自己裹得严实一些。

当地的《奥斯汀美国政治家报》的记者采访了费曼，当被问到像他这样一位收入不错的加州理工学院教授和诺奖得主为什么会像流浪汉一样睡在酒店外面时，费曼答道，"我是一个大傻瓜，但我享受生活。"[138]

费曼并没有在寒夜中待太长时间。惠勒觉得自己很对不起老朋友，于是邀请费曼住到他家。费曼非常感激惠勒。他告诉记者："我人生中最大的憾事之一，就是没有成为（像惠勒那样）友善的人。我深感愧疚，因为我很少邀请学生来我家，也没有像他一样与学生建立起自然的关系。"[139]

天生的表演者

虽然费曼感觉自己不如惠勒对学生友善，但事实上，他在加州理工学院任教的几十年间与本科生的关系非常融洽。费曼喜欢与年轻人打成一片，给他们留下好印象，年轻人则把他视为像奥林匹斯山上的宙斯一样的存在。他活跃于加州理工学院的迎新活动（被称为"新生营"），与新生们一道参与各项娱乐活动或者面对其他挑战，使他们一入学就能实实在在地认识他。

当加州理工学院的戏剧节目导演雪莉·马尼厄斯需要为《红男绿女》找一位邦戈鼓鼓手时，担任制片人的那名学生告诉她费曼有这项特长。当时，马尼厄斯甚至没听说过费曼，但她认为邀请他来参演似乎是一个好主意。直到费曼答应参演后，马尼厄斯才发现他是一位诺奖得主。见面时，马尼厄斯考虑到费曼的地位，称呼他为"费曼博士"，但费曼立刻纠正她说："就叫我迪克吧。"费曼欣然参演了这部戏剧，并在其中扮演了两个角色：邦戈鼓鼓手和涉及掷骰子游戏的幕后场景的旁白。观众很喜欢这出戏剧。

这次经历激发出费曼对表演的极大兴趣，他发现表演的细微之处令人着迷，也很享受当演员的感觉。表演给了他一个机会，让他可以暂时摆脱自己的形象，成为另一个人。费曼欣然接受马尼厄斯的指导，也听取了她关于如何把角色演活的专业建议。次年，马尼厄斯给了他一个分量更重的角色，在音乐剧《菲奥雷洛！》中饰演帮派分子弗兰基·斯卡皮尼。当学生们看到费曼穿着傻里傻气的戏服装模作样地登台时，无不捧腹大笑。

马尼厄斯本以为像费曼这样有声望的人根本不愿意花时间排练，但事实正好相反，彩排时他经常全程在场，一待就是几个小时。在不需要他出场的时候，费曼常常坐在过道边上，给学生辅导物理作业，或者利用后台的一块黑板给学生讲解问题。马尼厄斯发现费曼极其有魅力，并且乐于助人。

费曼以前的学生与合作者阿尔·希布斯在每年愚人节都会举办主题化装舞会，这给费曼提供了又一个身着奇装异服胡闹傻乐的机会。费曼在各种场合中曾装扮成拉达克僧侣、上帝（戴着灰白的长胡须）和英国女王伊丽莎白二世。有一次，在一场天文学主题的化装舞会上，他穿着平常的衣服来了，并自称"天狼星"（Sirius）①，马尼厄斯被他逗乐了。

马尼厄斯也看到了费曼固执的一面。在一次校园活动中，一位来访者拿着一本费曼的《QED：光和物质的奇妙理论》走到他面前，索要他的签名。这是一本关于量子电动力学的入门书，内容主要基于费曼在1979年做的一系列讲座。费曼正要帮他签名，却听到这位来访者说这本书写得实在太好了，应该作为高中生的必读书。费曼对这个建议十分反感，他斥责那位来访者不该强迫所有人阅读这本书，并且拒绝帮他签名。来访者一再恳求，费曼却不为所动。看到这个人快急哭了，马尼厄斯最终说服费曼改变了主意，在书上签了名。

1981年10月，在他的第一次手术做完的几年后，费曼再次收到了不幸的消息。他的癌症复发了，并扩散到他的肠道周围。唯一的治疗方案就是进行根治性手术，切除癌变组织及其周围的大部分组织。手术持续了10个小时，进展相对顺利，看似可以成功，直到医生开始为他缝合时，费曼心脏旁边的主动脉突然破裂，造成大量失血，医院只好紧急号召人们为他献血。幸运的是，在几个小时内，几百名志愿者（包括许多学生）都加入了献血队伍，使这位备受爱戴的物理学家活了过来。切除了这么多身体组织，费曼变得更加虚弱了，但他仍然很庆幸自己挺过来了，可以回归学校和家庭生活。

一开始，费曼觉得自己的身体太虚弱了，肯定不可能登台表演下一部

① 英语中"我是天狼星"（I'm Sirius）和"我很严肃"（I'm serious）发音相似。——译者注

音乐剧《南太平洋》。家人看他如此失落，坚持让他找马尼厄斯谈一谈，看能不能扮演其中某个角色。马尼厄斯建议他演一个小角色——身边围绕着舞者和鼓手的巴里哈伊岛酋长。这个角色需要穿上色彩鲜艳的服装，戴上一个大头饰，并对岛上的塔希提人发号几句施令。

"但是，雪莉，"费曼回应道，"我肚子上有道伤疤，是手术留下来的。"这道伤疤在他的肚子上清晰可见，戏服根本遮盖不住。他当然不希望观众看到伤疤并为他难过。

马尼厄斯凝视着他，好像已经把他当作酋长了。"你的肚子上之所以有这道伤疤，是因为你曾经潜入海底寻找失落的珍珠。你跟一条鲨鱼搏斗，它咬伤了你。你漂浮到海面上，少女们把你抬上独木舟，并在你身上盖满了花瓣。然后，村落里的人就拥戴你为巴里哈伊的酋长。"

"你不是在开玩笑吧？剧情真是这样吗？那我猜这个角色非我莫属了！"费曼一边说着，一边把自己想象成一位勇士，而非刚做完手术的病人。他再也没有向马尼厄斯抱怨伤疤的事了。

演出当天，候场的时候，费曼一直在后台打盹儿。他要积蓄能量，全身心地投入表演。当看到费曼出现在舞台上时，观众们大喜过望。

马尼厄斯回想起当看到历经生命危险走下手术台的费曼出现在舞台上时观众们目瞪口呆的反应。"观众们因为震惊而沉默了片刻，然后他们尖叫起来，并起立鼓掌。他确实备受爱戴！"[140]

接下来，费曼又演出了许多部戏剧，扮演的角色不尽相同，从《金屋春宵》中喜欢挖苦人的休厄·金到《一步登天》里的踢腿舞队管理者。他是一个天生的表演者。

人工智能

卡尔被费曼的母校麻省理工学院计算机科学专业录取了，费曼为此高兴级了。费曼对人工智能以及弗雷德金和明斯基（他们俩都在麻省理工学院任职）的研究工作非常感兴趣，他觉得这对他的儿子来讲是一个很棒的机会。卡尔在麻省理工学院读书期间，费曼对计算基础的兴趣持续增长。

1981年5月，费曼做了一个有影响力的演讲《利用计算机模拟物理学》，并提出了量子计算的概念。在演讲一开始，费曼首先感谢了弗雷德金对他的影响，让他对这一领域的兴趣与日俱增。然后，他提到了元胞自动机之类的简单数字系统的概念，解释了决定论形式的经典物理学如何用这类数字系统来模拟。费曼强调，可逆计算的突破对这类模拟而言至关重要，因为经典物理学在时间上是可逆的。

对非决定论性系统而言，概率可以被植入到其机制中，就像概率被编入到赌场老虎机的程序中一样。然而，费曼告诫大家，对现实的量子系统模型而言，标准的自动机和普通的计算机是不够的。复现量子力学的怪诞性需要用量子计算机，这类计算机建立在叠加态的基础上，他建议，可以用处于自旋向上和自旋向下叠加态的电子或者处于顺时针偏振和逆时针偏振叠加态的光子作为二进制的量子元素。这种被推广到量子计算领域的比特被称为量子比特，这个术语的发明通常被归功于本杰明·舒马赫，他曾师从惠勒。

这些量子比特可被组装成格，与元胞自动机相似，根据量子动力学的规则，每个单元可以与其最邻近的单元相互作用。这类设备可以把对历史求和的方法带入控制论领域，依靠大自然的不确定性来传递更广泛的信息，直到观测者实施测量，将量子叠加态分解成其中一种量子态，并产生最终结果。量子计算机并非沿着一条线性路径通往答案，而会同时尝试所有可能的路径，由此节省下大量时间。这就好比一座迷宫中有很多只老鼠同时在寻找一块奶酪，它们可能很快就会找到那块奶酪。此时距离费曼提出对历史求和的概念已有40年了，但他仍然找到了它的新应用，这着实令人惊叹。

费曼对他儿子在麻省理工学院的学业一直兴趣浓厚。通过在明斯基的人工智能实验室所做的本科生科研，卡尔参与了并行处理项目：一系列计算机处理器协同运行，使计算更快、更高效。1983年，与卡尔共过事的一名研究生丹尼尔·希利斯决定成立一家名为"思考机器"的公司，设计和制造新一代计算机——"连接机器"，其中每一台都拥有100万个并行处理器。

利用一次回家的机会，卡尔带着希利斯去见了他的父亲。费曼一开始对希利斯的想法存在疑虑，但他很快就产生了兴趣。费曼还自告奋勇要去希利斯在波士顿地区的创业公司工作一段时间（当时费曼的身体已经可以进行长途旅行了），这让希利斯大吃一惊。思考机器公司的业务步入正轨，卡尔也在公司里表现得非常积极。几年后，费曼热情洋溢地宣布："一年前我会告诉你，大规模并行计算机的应用非常有限。而现在，想要找到它做不了的事却难上加难。"[141]

量子比特与超弦

惠勒仍然沉迷于黑洞信息理论，像布道一样给所有听他说话的人传递

"万物源于比特"的想法。虽然他和费曼都专注于宇宙中的二进制计算，但各自主张的研究方法迥然不同。一言以蔽之，惠勒是梦想家，而费曼是实干家。惠勒的视线落在恒星、过去和未来上，而费曼思考的则是当下在地球上如何让事物运行起来。

1985年，很多理论物理学家都为一个有可能把引力和其他自然力统一起来的量子理论的出现感到兴奋。这个理论被称为"超弦理论"，是由伦敦大学的迈克尔·格林和加州理工学院的约翰·施瓦茨在其他许多思想的基础上建立的。超弦理论有几个不同寻常之处。第一，它把夸克和电子等点粒子替换为微小的振动的能量弦，约为普朗克长度。因为弦的尺寸有限，场论中的无穷大项也变为有限，这样就无须重正化了。第二，它依赖于费米子（物质的组分）和玻色子（力的载体）之间的一种新的对称性，让两者可以互相转化。第三，或许也是最让人惊讶的一点是，它只在不少于10个维度的空间中才有数学意义。因为可观测时空只有4个维度，其他6个维度则"卷曲"成约为普朗克长度的紧密几何结构，因此我们观测不到。

很多杰出的理论物理学家在运用标准方法（量子电动力学的推广）来量子化引力无果之后，失望地转向了超弦理论，认为这是一条前景光明的探索路径。然而，惠勒和费曼出于不同的理由，都对这一理论持怀疑态度。惠勒认为它不够深远，费曼发现它缺乏证据。

"我们应该关注更广泛的问题。"[142]惠勒后来说，"为什么会存在？为什么会有量子？我记得有个同事去听了一场关于弦论的讲座，根据他事后的描述，那场讲座就像一位长老会牧师在布道。"

"我年轻的时候就注意到，物理学领域的很多老者都不太理解新观念……比如，爱因斯坦不能接受量子力学。"[143]费曼说，"我现在是一个老年人了，这些新观念在我看来太疯狂了，它们好像走错了路。"

1985年，戴维·多伊奇发表了一篇论文《量子理论、丘奇–图灵原理与通用量子计算机》，[144]他在文章中提出的想法与惠勒和费曼的兴趣更接近。多伊奇展示了如何将决定论性的图灵机类推到基于量子比特的通用量子计算机，以及量子并行处理的速度如何比标准的线性算法快得多。最后他主张，休·埃弗雷特的多世界诠释描述这类设备的运行机制是最逻辑自洽的方式。

多伊奇并不是唯一拥护埃弗雷特多世界诠释的人。德国物理学家迪特尔·策在1970年提出了一种叫作"多心灵诠释"的变体，探索了多世界诠释的含义。迪特尔·策假设观测者本身并没有因观测而分裂，取而代之的是他与被观测的物体一起保持叠加态。观测者的波函数不会坍缩，而是与被观测的量子系统的波函数发生了纠缠（关联为同一量子态）。那么，为什么他感知到的是一个确定的测量结果，而非不同可能性的混合呢？迪特尔·策声称，这是因为他的心理状态分岔为不同的分支，每个分支都对应一个不同的、确定的结果。因为一个身体只能由一个心灵来引领，其他的选择虽然存在，但实质上不起作用。

迪特尔·策还提出了一个与多心灵诠释相关的概念，叫作"退相干"。它的另一位提出者是惠勒在得克萨斯大学的学生沃伊切克·楚雷克。退相干假设在每次进行量子测量的时候，系统都会与其周围的环境相互纠缠。由于纠缠，系统的叠加态在一瞬间就会衰变成一个特定的确定态，这好比一棵树被风朝着一个方向吹啊吹，最终被刮倒了。只有与周围环境相隔离的微小的系统才能长时间地保持叠加态。而对很大的系统而言，与环境接触是持续的和不可避免的。因此，它们会保持确定态，而非叠加态，这就是我们所谓的"经典状态"。

自激电路与"20 个问题"游戏

惠勒与他的有创造力的学生之间的互动，让他越来越倾向于认为"一切都是信息"。他在很大程度上已经把广义相对论搁置一边，转而支持量子信息理论。在把延迟选择实验应用于宇宙本身之后，他越来越趋向哲学追求，这与他的导师玻尔如出一辙。惠勒说过："哲学太重要了，不能只留给哲学家。"[145]

惠勒把他的新哲学称为"参与性人择原理"。就像玻尔的互补原理一样，它强调了观测者的作用。然而，十分奇怪的是，由于延迟选择，观测者既有能力塑造未来，也有能力塑造过去。一个例子就是前文中提到的天文学家在他的望远镜上加了一块半镀银镜，使来自古老类星体的光子从粒子性变为波动性。根据他之前在几何动力学和量子泡沫方面的研究工作，惠勒认为，影响过去结构的波函数，可以塑造宇宙本身的命运。或许，人类的观测就是以这种方式塑造了原初宇宙，使它进化出维持生命的能力。因此，今天的人类运用其深远的观测能力追溯至遥远的过去，在某种意义上创造出我们存在的条件。惠勒用电子学术语做类比，把这一想法称为"自激电路"，并为它绘制了一幅令人难忘的图示：一个 U 形物体的一端有一只眼睛，正盯着另一端的该物体的过去。

"宇宙中并不存在独立于我们的'彼处'。"[146]惠勒曾经写道，"我们不可避免地参与到促成将要发生之事的过程。我们不仅仅是观测者，也是参与者。从某种奇怪的意义上讲，这是一个参与性的宇宙。"

惠勒经常谈论一个名为"20个问题：出人意料版"的游戏，它阐明了观测创造新事物的概念。一群朋友偷偷商定在玩经典版的20个问题游戏时做点儿小改动：在游戏开始时，所有人都不知道答案。提问者（不在房间里，没听到他们的诡计）不会被告知他们的诡计。相反，在提问者提出问题之后，每个人都会听到其他人的回答，并确保他们的回答与之前的回答保持一致。随着一个个问题被提出并得到回答，答案的可能范围自然会缩小。

比如，假设提问者问道："他是一位物理学家吗？"

对答案一无所知的第一位玩家答道："是。"

提问者猜测答案有可能是爱因斯坦，于是问道："他会拉小提琴吗？"

第二位玩家答道："否。"

接着，提问者问道："他会演奏某种乐器吗？"

第三位玩家答道："是。"

然后，提问者问道："他出生于欧洲吗？"

第四位玩家答道："否。"

提问者突发奇想，问道："他会打鼓吗？"

第五位玩家答道："是。"

这样一来，答案的可能范围就会缩小很多。问答继续进行，最后，提问者已经想不出来其他问题了，于是问道："他是费曼吗？"

虽然玩家们的头脑中最初并没有"费曼"这个答案，但最后一位玩家已经想不出能吻合前面所有回答的其他答案了。因此，在长时间的停顿之后，最后一位玩家只能回答"是"。于是，从所有"可能的观测结果"中产生了"费曼"这个答案。

惠勒的游戏和"万物源于比特"的想法之间的深层联系是，所有问题的答案都是二元的："是"或"否"（相当于1和0）。因此，答案不仅可以由问题产生，而且所有问题的答案都可以用一个二进制串来表示。类似地，延迟选择实验中的开关也是二元的，可以随意使那面重要的镜子上升或下降，决定着实验结果是波动性还是粒子性的。像惠勒那样把延迟选择实验应用于宇宙本身，我们或许就可以想象通过一系列关于进行何种宇宙学测量的二元决策，以追溯的方式编码宇宙的性质。

在一次采访中，当被问及对惠勒的关于宇宙定律如何诞生的想法有什么看法时，费曼拒绝评论，并说他对这种猜测性的话题不感兴趣。同样地，他也拒绝回答多世界诠释是否正确的问题。费曼关心的永远是更现实的课题。

费曼说："我唯一感兴趣的，就是尝试找到一套与自然的行为相一致的规则，而不要相距甚远。[147]我发现大多数哲学讨论在心理层面上是有用的，但最终当你回顾历史上那些哲学讨论的内容时，你会说它们几乎总在胡说八道！"

回到普林斯顿

惠勒的思维仍旧十分活跃，但随着年龄的增长，他也开始力不从心了。1986年4月，惠勒在塞顿医疗中心接受了冠状动脉绕道手术。这次痛苦的经历让他开始思考自己的死亡问题。那时，这类手术的风险很高。手术成功后，他休息了两个月才复原。幸运的是，珍妮特一直在他身边照顾他。

到了6月，惠勒感觉好多了，仿佛获得了新生。时常追忆过往岁月的他在写给费曼的信中回想了他们曾经的冒险经历："那时的物理学令人兴奋。我发现它现在更加令人兴奋，希望有一天我能再跟你一起畅谈信息物理学。"[148]

大约也是在那段时间，费曼的名字常常出现在新闻中。这是因为1986年早些时候挑战者号航天飞机失事，费曼受邀加入罗杰斯委员会，调查这场悲剧发生的原因。依照费曼的典型风格，为了得出他自己的不偏不倚的结论，他进行了独立调查。费曼把注意力转向了火箭助推器上的橡胶O形环。在检查了它们的性能之后，费曼得出结论：O形环的弹性不足以应对温度的变化。在听证会上，费曼把一个O形环扔进冰水中，证实了它缺乏弹性。罗杰斯委员会的事物调查报告完成后，费曼发现这份报告态度含糊、不置可否，便撰写了一篇言辞激烈得多的评论文章，作为委员会报告的附录。在详细地解释了与此次事故相关的错误，包括官方未能预见到多个系统中裂缝的形成之后，费曼的这篇文章以一句告诫结尾："对一项成功的技术而言，事实必须凌驾于公共关系之上，因为我们永远不可能欺骗大自然。"[149]

惠勒的大脑不断思考着各种稀奇古怪的概念。8月，他给费曼寄去了一篇他刚刚完成的猜想性文章《为什么有量子？》，还附上了一张便条，告知费曼这篇文章的思想比较离奇："我产生疯狂想法的本领，难道不是从你那里学来的吗？"[150]

惠勒的那些猜测性概念总是接近人类认知的边缘，并且极其抽象，让人几乎无法理解。它们过于哲学化，以至于没有人知道如何检验它们。什么实验数据能解决"为什么有存在？"之类的问题呢？

然而，惠勒并不希望自己被视为新时代①领袖或者伪科学家。例如，他强烈地抱怨，在参加美国科学促进会的一次会议时，他发现自己周围坐的都是"超心理学家"。[151] 费曼也不想和神秘学扯上关系，但1984年他在位于加利福尼亚州大瑟尔的伊莎兰学院（泡温泉浴的灵修中心）做了一场题为"微小的机器"的报告，提出了他对纳米技术的最新观点。他还体验了那里的浮选池，看看隔离与感觉剥夺会对他的想法产生什么影响。惠勒对这些毫无兴趣，他宁愿在缅因州多岩石的宁静海滩上待着。

1986年9月号《读者文摘》中的一篇题为《约翰·惠勒的内心世界》的文章夸大了惠勒的一些观点，引起了神秘学信徒对他的关注（当然，这是他本人不愿见到的）。这篇文章暗示他在科学和宗教之间建立起一种联系，结果导致全世界信徒的信像雪片一样朝他飞来，仿佛他是物理学领域的精神领袖。惠勒对堆积成山的粉丝来信不予理睬，决定忽略这件事。

虽然惠勒在75岁时觉得自己充满活力，但是时候从得克萨斯大学的职位上退休了。在奥斯汀的10年是硕果累累的10年，他探索了此前未知的新领域。然而，就像奥德修斯远征归来一样，惠勒也准备回家了（对惠勒而言，他的家在东海岸，尤其是普林斯顿。）他在距离普林斯顿大学只有一小段车程的地方找了一个退休社区，并以荣休教授的职务在贾德

---

① "新时代"（New Age）是20世纪七八十年代兴盛于西方的一股反叛现代性的思想潮流，其支持者往往提倡精神活动，崇尚另类医学、占星术等非科学活动。——译者注

温楼（物理系的新楼）拥有一间办公室。惠勒一家于1987年2月底搬回了普林斯顿。

虫洞——通往过去的大门

在他职业生涯的最后10年，惠勒在公开演讲和文章中提到黑洞的次数远比虫洞多。这是因为他注重可行性，并把它视为重要的试金石，尽管他的猜想常常天马行空。当时，天文学家已经发现了许多可能是黑洞的天体，但虫洞仍然只是假想结构，没有现实、稳定的解。物理学期刊很少提到它们。

然而，20世纪80年代中期，天文学家、科学作家卡尔·萨根问基普·索恩，有没有什么可靠的方法能实现星际旅行（用于萨根的小说《接触》）。索恩决定重拾对虫洞的研究，与他的学生迈克尔·莫里斯一道探索能否（在理论上）将它们用作空间中的捷径。与惠勒描绘的嵌入时空泡沫的微小虫洞不同，莫里斯与索恩寻求的是足够大和足够稳定的假想天体，宇宙飞船可以安全地从中穿过，到达宇宙中其他偏远的部分。

很快，莫里斯和索恩就发现了让可穿越虫洞成为可能的关键成分：拥有负质量的物质。通过对负质量物质与普通的正质量物质进行特定的排列，它们就能形成足够宽敞和坚固的虫洞，允许飞船安全、快速地通过。原则上，宇航员可以进入虫洞的一张"嘴"（入口），穿过它的"喉咙"（连接区域），并在较短的时间过后从另一张"嘴"里毫发无伤地出来，去探索宇宙的遥远区域。

莫里斯和索恩完全清楚，他们的虫洞运输方案所需的技术远超目前的能力。原因是，这种虫洞的总质量和一个星系的总质量相当，只有极其强大的先进文明才有能力组建出如此巨大的结构。原因之二是，迄今为止，没有哪种已知物质拥有负质量，而负质量物质又是虫洞的关键成分。虽然存在这两个关键问题，但莫里斯和索恩的相关论文发表后在引力物理学界引起了高度关注，并给许多关于虫洞的论文以灵感。

在与莫里斯合作完成他的第一篇论文后不久，索恩邀请他的另一个学生乌尔维·尤尔特塞维尔加入研究团队，开启了一个关于虫洞时间旅行的新课题。该团队论证了用这种方式操控虫洞如何能使回到过去的旅行成为可能，这让库尔特·哥德尔的旋转宇宙变得更可信了。

在相对论中，去往未来的旅行相对简单。假设技术挑战可以克服，接下来只要跳上飞船并以接近光的速度飞行即可。由于时间延缓效应，飞船内部的时钟会比地球上的时钟走得慢。因此，当你返回地球的时候，你会发现你的朋友和家人的衰老速度比你快。换句话说，在时间的长河中，你跑在了他们的前面。你的飞行速度越快，时间延缓效应就越明显，你也能穿越到更远的未来。

但回到过去的旅行则困难得多，你必须避开因果律，还要逆转时间之手。然而，正如索恩研究团队证明的那样，如果一个先进文明能够创建一个可穿越虫洞，并将虫洞入口加速至接近光速，让飞船从入口飞进去，穿过咽喉，等它从出口飞出来的时候就已经回到了过去。这个方案取决于入口相较于出口的时间延缓，它使入口比出口位于更遥远的未来。

比如，假设一个外星文明回到我们的1938年，建造了一个虫洞，并将它的入口加速到接近光的速度，使得虫洞时间的一年相当于地球时间的100年。所以，虫洞入口在2038年。相较入口，虫洞的出口与地球保持相对静止，因此出口的时间与地球时间都只过去了一年，即在1939年。为方便起见，我们想象虫洞的出口和入口都足够接近地球，这样地球上宇航员就可以在合理的时间内到达虫洞的入口和出口并回到地球。因此，一位勇敢的旅行者可以在2038年进入虫洞入口，穿过虫洞的喉咙，从虫洞的出口回到1939年。如果他之后返回地球，就恰好能赶上费曼与惠勒的初次见面！

如果你读过很多科幻小说，此时你可能会想到时间旅行悖论。比如，如果你冒险回到1939年的普林斯顿大学，设法让费曼成为尤金·维格纳的助教而不是惠勒的助教，会怎么样？粒子物理学或许会走上一条迥然不同的道路。为避免扰乱历史，索恩和他的研究团队提出，回到过去的旅行在时间上必须是自洽的。换句话说，过去发生的任何事情都必须与已知的事件进程一致。也就是说，你可以在历史中扮演某个角色，比如向年轻的费曼提供建议，但你不能改变历史。你回到过去搞的那些恶作剧，不过是坚实的时间大厦中的一块砖。

虫洞仍然是假想的产物。观测天文学家更感兴趣的是已知天体及其发展的标志性天文事件，在这些事件中，最令人兴奋的是超新星爆发。

超新星爆发和费曼辞世

一颗大质量恒星在它生命终结之时会进行一场无比精彩的焰火表演。在很短的时间内，超新星爆发释放出的巨大能量会超过一整个星系，其中包括各种频率的光子、中微子、引力波和从恒星中喷射出来的物质。高能光子加热了爆炸恒星周围的星际气体，这些气体与喷射物共同构成了瑰丽多彩的星云，即"超新星遗迹"。

对包括银河系在内的任何星系而言，超新星爆发都是很罕见的事件。距离我们足够近的肉眼可见的灾难性事件，每过几个世纪才会发生一次。因此，1987年2月23日，天文学家探测到大麦哲伦云（银河系的一个伴星系，与我们的距离约为 10^{18} 英里）的一次超新星爆发时，都激动不已。在它释放的巨大光能到达地球的几小时之后，大量看不见的中微子也抵达了。物理学家利用在地下深处的特殊设备探测到这些中微子，标志着中微子天文学时代的到来。

约瑟夫·韦伯利用他在马里兰大学的仪器收集数据，物理学家爱德华多·阿玛尔迪则在罗马利用类似的仪器收集数据，他们都宣称找到了这次爆炸产生的引力波的证据。两人声明，大约在同一时间，他们探测到类似的信号。然而，绝大多数天文学家则坚持认为，他们俩的仪器灵敏度根本不足以探测到这次事件产生的引力波。因此，没什么人接受他们的结果。如果LIGO当时在运行，这次超新星事件就能成为探测引力波信号的完美时机。

在这次超新星事件发生后不久，费曼受邀给加州理工学院的新生做了一场物理学讲座。他说："第谷·布拉赫有自己的超新星，开普勒也有。在那时起，400年间再也没有发现超新星。现在，我有自己的超新星了。"[152]他想表达的意思可能是，在他的一生中能亲历如此罕见的天文事件，他备感幸运，尤其是想到他曾与死神擦肩而过。

费曼的职业生涯远不只是一次突然的超新星爆发，它持续闪耀了几十年。然而，他的癌症再次复发并扩散，让他的身体越来越虚弱。1986年10月，他又一次接受了手术，短短几年间，他看上去衰老了很多。尽管如此，他也没有抱怨，而是始终保持乐观，并且把大部分注意力都放在他和与莱顿一起去图瓦的旅行计划上。

费曼的最后一次也是最难的一次手术实施于1987年10月。随着大量的恶性组织及其周边的一些健康组织的切除，费曼的肾脏衰竭，需要做透析。后来，因为身体太过虚弱和剧烈的疼痛，他的日常活动也变得很艰难。尽管如此，他仍然觉得有必要给研究生讲授基本粒子理论课，这是学校分配给他的任务。

虽然进行了手术，但癌症在几个月后又一次复发，而且不能再做手术了。1988年2月3日，病情严重的费曼住进了加州大学洛杉矶分校医疗中心。鉴于自己极其糟糕的身体状况，他要求不再采取特别的医疗措施，让他自在地走到生命的尽头。费曼觉得自己把最好的思想都贡献给了世界，延长生命已经没有必要了。他刚刚完成了第二本幽默的回忆录（第一本已经成为畅销书），集中介绍了他过去的思想。

有一天，杰里·左赐恩和他的妻子去探望费曼。平时费曼总会跟来探望他的人开玩笑，但这一次他实在太痛苦了。关于阿琳人生最后几年和离世的记忆如潮水般涌上费曼的心头，他开始哭泣。杰里看着他的朋友精疲力竭的样子，跟费曼做了最后的告别。费曼勇敢地催促杰里快走，并希望他愉快地生活下去。

几天之后，2月15日，费曼度过了他人生中的最后几个小时，格温妮丝、他的妹妹琼和堂妹弗朗西丝·卢因陪伴在他身边。后来人们发现，苏联科学院的副院长不久前给费曼寄来了一封邀请函，请他去访问苏联和图瓦，但它来得太迟了。[153]

左赐恩夫妇来探望他之后，费曼时不时地陷入昏迷状态。在一次短暂的意思清醒时刻，几乎没有力气讲话的费曼说出了他最后的话："我不想死第二次了。死亡太无聊了。"[154]

当天，加州理工学院的学生在密立根图书馆的高楼上挂出一个很大的条幅，上面写着"我们爱你，迪克"。费曼是他们的传奇、他们的英雄和他们的科学魔术师。他们可能希望费曼能用某种魔法打败时间，健健康康地重返校园，就像他之前奇迹般地亮相于校园音乐剧中一样。如果有人能破解生存的秘密就好了……

先知的应许之地

为什么有存在？为什么有死亡？为什么费曼在地球上的时间如此短暂？

在他生命里的最后10年，惠勒悲伤地发现，他教过的多位出色的学生都先于他离开人世了。休·埃弗雷特1982年死于心脏病发作，年仅51岁，但他至少亲眼见到自己的理论因为德威特的推广而为许多人接受。此后，他的多世界诠释通过大众媒体，比如BBC（英国广播公司）的纪录片《平行世界，平行生命》，触及了更广泛的受众。

跟惠勒感情深厚的彼得·帕特南毕业后不久就离开了物理学领域，他在纽约协和神学院教了一段时间的哲学，然后搬去了路易斯安那州的霍马，为贫穷家庭提供法律服务，夜里兼做看门的工作。最终，他家徒四壁、穷困潦倒。1987年的一个夜晚，骑着自行车的他被一个醉酒驾车的司机撞死了。几十年前，彼得的母亲米尔德丽德·帕特南向普林斯顿大学捐赠了一座精美的雕像，主要是为了纪念彼得在战争中牺牲的哥哥，也为了向心地善良的惠勒致敬。这座小约翰·帕特南纪念雕像至今仍竖立在普林斯顿大学的校园中。

惠勒经常缅怀那些去世的学生。他拥有那么多关于费曼的美好回忆，以至于他都不知道该从哪里忆起。尽管如此，惠勒仍保持乐观积极，珍惜着与珍妮特、子女和孙辈在一起的每一分每一秒。他也仍然活跃于物理学界，参加会议，写论文，与年轻研究者见面讨论问题。他把时间一分为二：在普林斯顿大学，作为荣休教授的他拥有一间办公室，还有助手埃米莉·贝内特协助他；夏天，他会去缅因州的高岛，与家人一起避暑。他不声不响又慷慨无私地为理解物理学的历史做出了贡献。很多师从于他的学生都和他保持着密切联系，尤其是肯·福特，他们俩合著了《约翰·惠勒自传》。

年过九旬的惠勒发现自己需要放慢节奏才能集中精力思考重要的问题。他选择关注的问题是"为什么有存在？"，当然，要回答这个问题可不那么容易。尽管如此，即使在他的健康状况变差（2001年他心脏病发作）的情况下，他每周也会去办公室一两次，阅读收到的信件，跟踪最新的物理学研究，当然主要还是进行思考。

2008年4月13日，一个安静的周日早晨，约翰·惠勒因突发肺炎在家里安静地离世。《纽约时报》在他的讣告中引用了弗里曼·戴森的话："富有诗意的惠勒是一位预言家，如同站立在毗斯迦山上的摩西，俯视他的子民们终有一日要继承的应许之地。"[155]

"时间"一词并不是上天赠给我们的礼物。时间的概念是人类发明出来的，如果我们对时间心存疑惑，这是谁的错呢？是我们的错。

——约翰·惠勒，
引自电影《时间简史》

你在一座迷宫之中，到处都是弯曲的小路，各不相同。

——《巨洞冒险》
（由威尔·克劳瑟和唐·伍兹开发的早期互动电脑游戏）

为什么会有结语？为什么我们要以这一章来结束本书？关于时间的本质，它会说什么？

在很多古老的文化中，结局同时意味着新的开始。长篇故事总是一字一句、一遍一遍地被讲述给一代又一代的人听。生命的死亡总会带来新生。

日常生活的节律，以及太阳、月亮、行星等我们熟悉的天体的运动，都表明时间是有运动周期的。它们的模式会一遍一遍地自我重复，产生可预测的结果。准确地知道将会发生什么，这令人安心。所以，很多人都喜欢仪式，从宗教庆典到一年一度的节假日。

周期性时间让人安心，线性时间则带来有益的挑战。写到书的结尾部分是一个里程碑，标志着一项创造性的工作即将完成。一个线性故事，有开头、正文和结局，给人一种秩序感和目标感。你可能会屏住呼吸期待结局，不管它是好是坏。

时间看似有很多支箭：宇宙不断膨胀的宇宙学之矢，熵永不减少的热力学之矢，复杂性不断增加的进化之矢，特定弱相互作用过程的衰变之矢，意识和觉知的心理学之矢，等等。这些箭如何联系在一起，还是一个谜。

周期性时间与线性时间自古以来就形成了鲜明的对比。哲学思考使得许多思想者倾向于二选一，比如，在大爆炸之前时间是否存在，乃至是否存在大爆炸的争论。最终，科学家选择基于证据建立模型，而非进行纯粹的猜测。显然，大自然（至少在我们熟悉的经典层面上）两者兼具：有些过程是重复性的，有些过程则循着单一路径。

今天，我们在日常生活中又遇见了看待时间的第三种方式，即把它视为一座充满无数可能性的迷宫。在这个信息时代，得益于互联网和超文本，我们发现自己置身于充斥着无限复杂性的迷宫之中。豪尔赫·路易斯·博尔赫斯、菲利普·迪克等小说家把时间想象成一个万花筒，其中多种替代现实互相作用。现在我们发现，由于我们每天做出的在线选择的激增，我们将永远迷失在小径分岔的花园之中。

有着迷宫般结构的互联网，是科学趋向平行性而远离周期性和线性的标志。互联网的基本理念是，没有什么东西注定要沿着环形、直线或曲线轨迹运动。相反，对系统的各个组分而言，自然状态就是以各种可能的方式相互作用，选择很多。

能限制这些相互作用的只有守恒律和其他物理学定律，比如电荷守恒。有时候，实验证据会促使我们修正这些定律，重新思考如何设置新的限制。

最终，引导忒修斯走出迷宫的阿里阿德涅线团出现了：一个组织原理。这种选择机制揭示出穿过可能性世界的最佳路径。有时候，比如在经典物理学中，最佳路径是物体确定采取的路径，而在量子物理学中，最佳路径决定了可能性概率分布的峰值。以读书为例，一本书——有引言、正文和结语——为它涵盖的主题充当了组织代理人。这本书的作者、编辑等人做出的选择创造出一个线性故事，充当着我们穿过广阔的信息迷宫的向导。

理查德·费曼很早就意识到，这一切的原型是光学。简单来说，我们想象光沿直线传播，遇到镜子会发生反射，穿过透镜会发生弯折，因为总是紧紧地集中成细细的一束。但除非是极窄的激光束，否则光的运动并非我们想象的那样。费马最短时间原理让费曼意识到，总的来说，光的这种行为只构成了我们看不见的大量波的干涉图样的波峰。作为一条组织原理，最短时间原理为空间中的光波"大杂烩"带来了秩序，产生了光线。

在基本粒子领域，费曼也出色地运用了这个概念：在遵循守恒律和一条组织原理的前提下，从一座由各种相互作用组成的迷宫中提取出秩序。他在伊莎兰学院的讲座中描述了他的总体方法论："我玩的游戏非常有趣。它是一种穿着紧身衣的想象，也就是说它必须符合已知的物理学定律。"[156]

约翰·惠勒惊叹于费曼的对历史求和方法如此优美地从所有量子可能性中提取出一个确定的结果，以前所未有的方式把量子物理学和经典物理学联系起来。虽然粒子和场以物理学允许的所有方式相互作用，但对它们进行加权计算就产生了我们实际观测到的现象。惠勒对这个方法的倡导，启发了布莱斯·德威特和查尔斯·米斯纳等伟大的物理学家运用它去探索了可能的量子引力模型。惠勒提出的关于量子测量的问题，也促使休·埃弗雷特提出了多世界诠释，即观测者会随着他们观测的系统发生分裂，并进入不同的世界。

费曼图描述了对历史求和方法考虑的各种可能性，它已经成为当代理论物理学家的一种不可或缺的工具。除了描述电磁相互作用，它也被延伸至弱相互作用和强相互作用领域，事实证明，在粒子物理学标准模型的发展过程中，费曼图起到了重要作用。标准模型全面描述了除引力之外的所有力和自然的已知物质组分，它是有史以来最成功的物理学解释之一。

惠勒一生都渴望理解宇宙的最基本组分。在他的职业生涯中，对于这个问题，他几次改变观点：一开始是粒子，然后是场和几何结构，最后是信息。他也想了解组织原理是如何使这些基本组分形成可识别模式的。将基于最小作用量原理的对历史求和方法应用于量子物理学，是他的想法之一，但他也会考虑其他想法。最终，惠勒确信答案一定跟"自激电路"有关，即有意识的观测者和被观测的东西（宇宙的过去）之间的一种共生关系。通过回溯至过去，我们以某种方式从量子泡沫的众多可能性中组建出我们的宇宙。因此，在惠勒心中，"为什么有存在？"与"为什么有量子？"这两个问题就密不可分地联系在一起了。

今天，我们在赞美标准模型的同时，也认识到它的局限性，并希望能超越它。标准模型最明显的缺陷在于，它没有包含暗物质和暗能量。暗物质和暗能量是在惠勒生命的最后几十年里被识别出的不可见的宇宙组分，但至今尚未被探测到。暗物质是隐藏的"胶"，让星系保持完整并聚集成团。20世纪40年代末，薇拉·鲁宾在康奈尔大学上过费曼和汉斯·贝特的课；20世纪六七十年代，她与肯特·福特一起在华盛顿卡内基研究所进行星系自转研究，论证了这种缺失物质对星系的必要性。观测了数十个旋涡星系后，鲁宾和福特发现星系的外围恒星绕星系中心的旋转速度很快，在超过了可见物质的引力产生的预期速度。因此，许多星系物质是看不见的。进一步的天文学观测也证实了暗物质存在于整个宇宙当中，但我们至今还不知道它的"真面目"。

暗能量是另一个重大的科学之谜，它是加速宇宙膨胀的未知推进剂。20世纪90年代末，两个研究团队都发现，自大爆炸以来，宇宙不仅一直在膨胀，而且膨胀速度不断加快。2011年，团队领导人萨尔·波尔马特、布莱恩·施密特和亚当·里斯因为这一发现而获得诺贝尔物理学奖。没有人知道到底让宇宙以越来越快的速度膨胀的东西是什么，科学家也不确定宇宙膨胀的速度会进一步加快、减慢还是保持稳定。奇怪的是，在1929年埃德温·哈勃发现星系正在彼此远离之后就被爱因斯坦抛弃的宇宙学常数，竟然被发现能很好地为暗能量效应建模。

寻找暗物质和暗能量的可能组分的工作正在进行中，如果研究者确认了这些成分，他们可能就需要对标准模型做出修正，将这些新组分纳入其中。物理学家弗兰克·维尔切克提出，暗物质可能包含"轴子"（axion），这种假想粒子可以解释为什么强相互作用具有CP不变性（而弱相互作用则不然）。暗物质也可能包含普通粒子的超对称伙伴，超弦理论在低能极限下会衍生出一种标准模型的修正理论，预言了普通粒子的超对称伙伴的存在。关于暗能量的本质，物理学家就更摸不着头脑了，目前几乎没有可靠的线索。

当代物理学领域还有一个谜题是，为什么引力与其他三种自然力的差别如此巨大，这个问题从费曼、惠勒和德威特时代开始就一直困扰着众多物理学家。为什么它比其他相互作用弱得多？如何用量子场论的方法以数学上一致的方式描述它呢？

今天，在统一包括引力在内的所有自然力的理论中，呼声最高的是M理论，它是超弦理论的一个推广版本，包含振动的能量膜，以及各种弦结构（超对称的和不是超对称的）。M理论的基本组分不是点粒子，而是普朗克长度大小的弦和膜，以多种模式相互作用。只在有10个维度或者11个维度的空间中，它们才能在数学上具有一致性，其中至少有6个维度会被卷曲成类似卷饼的形状，叫作"卡拉比–丘流形"。理论物理学家对费曼图进行了修正，以便将这类高维空间中的物体及其可能的相互作用纳入其中。

M理论最大的问题在于，针对它的不同组分的性质和卡拉比–丘流形的空间配置方式，它给出了令人震惊的可能性范围。据估计，卡拉比–丘流形约有 10^{500} 种可能性：这个迷宫的复杂程度令人抓狂，甚至超过了博尔赫斯的所能想象的最狂野的情况。要把M理论的"景观"缩减到只包含现实的程度，这无疑是一个令人畏惧的过程，并且必须有极其强大的筛选规则。斯坦福大学的物理学家伦纳德·萨斯坎德提出，可以用人择原理来实现这一目的，但其他人则怀疑人择原理并不足以排除如此海量的可能性。

一个相关的推测性概念是"多重宇宙"，即多个宇宙的集合。与休·埃弗雷特的多世界不同，多重宇宙存在于物理空间中，虽然处于我们无法到达的区域。多重宇宙的概念在20世纪80年代兴起，那时物理学家安德烈·林德提出了"混沌暴胀"的概念，它是阿兰·古斯的早期暴胀宇宙模型的一个变体。混沌暴胀理论认为，宇宙一开始是"标量场"中的随机量子涨落的"温床"。特别有利的涨落产生了"气泡宇宙"的种子，它们经历了一个很短的超速膨胀时期，叫作暴胀期。空间被极其快速地拉伸，有助于消除温差，这与宇宙微波背景辐射的大尺度均匀性相一致，解决了米斯纳在建立搅拌机宇宙模型时发现的问题。

多重宇宙的观念带来了许多怪诞的可能性。另一个气泡宇宙可能会随机产生一颗与地球几乎一样的行星，除了细小的差异，比如，约翰·肯尼迪在1963年没有被刺杀。总体来讲，些许多重宇宙的概念非常适用于"如果……会怎么样"的架空历史场景。

注意，并不是只有在多重气泡宇宙的图景中才能产生与地球完全相同或相似的行星。一个无穷大的单一宇宙也可以做到这一点。宇宙中的行星越多，地球的发展历程发生在别处的概率就越大。或许，就在你阅读这本书的时候，在与地球十分相似的行星上，你的其他版本即将读完这本书的其他版本呢。祝贺所有版本的你！

现在，我们快要到达结语的终点了，我们的蜿蜒曲折的时空之旅也要结束了。在对往昔幽灵的寻访过程中，我们经历了很多波折，包括与他们的其他版本的自我亲密接触，比如"真子·惠勒"、"约翰·怀勒"、"费尼曼"和著名的"X先生"，等等。我们遇到了邦戈鼓手、狂野的艺术家、宇宙中独一无二的电子，还有一位痛恨微积分的妻子。我们既在豪华酒店的外面睡过，也在破旧的小旅社里住过。在整个旅程当中，我们见到了数不胜数的"疯狂想法"，让人无法想象，一直以来，我们通过一条令人心安的指导原则来保持头脑清醒：正如对历史求和的方法告诉我们的那样，无论我们穿过时空的路径有多么奇怪，总会存在许多其他更怪异的路径。

———

　　本书的两位主人公活在很多人的记忆里：与他们共事的人，与他们同住的人，师从他们的人，与他们合作的人，以及通过其他方式与他们相遇的人。费曼在加州理工学院教授"物理学 X"课程期间，有数百位学生都上了这门课，他们至今仍记得他荒诞不经而又丰富多彩的授课方式，也记得他出众的个人魅力。许多学生跟他一起演出了音乐剧，或者至少在台下观看了他身着傻气的戏服打邦戈鼓的情景。此外，看过费曼的电视节目的人有数百万。

　　虽然我从未见过费曼本人，但我听过几次惠勒的演讲。我还记得惠勒在美国物理学会会议上做的一次报告，其间当提到他弟弟乔的死时，他的声音变得沙哑，眼睛里满含泪水。这一直是他人生中最痛苦的记忆之一。

　　还有一次，我受邀参加为庆祝惠勒的 90 岁生日而举办的学术研讨会，题目是"科学与终极现实"，由约翰·邓普顿基金会赞助，于 2002 年年初在普林斯顿附近举办。演讲者阵容强大，内容涵盖了惠勒在他漫长又高产的职业生涯中感兴趣的众多研究课题。亮点之一是布莱斯·德威特对多世界诠释的详尽解读，后来，我看到他用法语跟他的妻子塞西尔聊天。这是他们俩共同参加的最后一场学术研讨会，因为德威特两年后去世了。一些优秀的年轻物理学家，包括丽莎·兰道尔、胡安·马尔达塞纳、李·斯莫林、马克斯·泰格马克等，也都就他们的研究课题做了非常精彩的报告。惠勒一直坐在大报告厅的前排，专注地听取每一个报告和每一场讨论。[157]

那一年的晚些时候，我得到古根海姆奖的资助，开始研究物理学高维理论的历史。当我决定采访有可能熟悉这些发展的德高望重的物理学家时，惠勒的名字浮现在我的脑海中。我给惠勒写了一封信，并与他的朋友、合作者也是他之前的学生肯·福特取得了联系。福特帮我安排了在一个早晨与惠勒会面，就在普林斯顿大学贾德温楼他的办公室里。想到能与他共处几个小时，我兴奋极了。

事先有人提醒我惠勒的记性不大好，但在我们会面期间他回想起的种种往事引人入胜。惠勒讲到了与爱因斯坦做邻居，以及带着学生去拜访这位大名鼎鼎的物理学家是什么感觉。惠勒提到曾试图让爱因斯坦相信，费曼的对历史求和方法可以让量子理论更易于接受，但爱因斯坦拒绝改变他的反对立场。

惠勒还说起了一件幽默的小事，他的孩子们养的猫跑去了爱因斯坦家。爱因斯坦打电话告诉了他，当惠勒把猫带回家后，他问猫有没有学到些许广义相对论。

惠勒的冷幽默让人忍俊不禁。当我称赞他（与查尔斯·米斯纳和基普·索恩合著）的《引力论》时，他递给我一本繁体中文版的《引力论》，脸上露出顽皮的笑容对我说："这下子你有机会继续读这本书了。你读过英文版，现在可以读中文版了。"[158]

　　我可以看得出来为什么惠勒的学生和同行都那么爱戴他。他风度翩翩，富有魅力，举止礼貌，聪慧过人。他深刻地思索如何让自己的人生既有意义，又能服务于他人。与他的会面仿佛有一种魔力，让我得到了升华，因为他既和蔼可亲又启迪人心。那时，他的研究重心放在生命的意义上，或者用他的话说，"为什么有存在？"。

　　惠勒当时刚刚获得第一届爱因斯坦奖（一个引力物理学方面的奖项），一起获奖的还有彼得·贝格曼。他给贝格曼打电话想要祝贺他，但贝格曼没接到，所以惠勒给他留了言。然而，他们再也没有通过电话，因为不久贝格曼就去世了。

　　这次会面之后，我并不确定能不能再次见到惠勒，幸运的是，另一个机会又来了。2004 年 6 月，费城举办了一场关于虚空与存在的艺术庆典，题为"大虚无"，这与惠勒当时的兴趣正相符。天普大学泰勒美术馆的一群聪颖的艺术家决定以惠勒的工作为主题做展览，主要基于惠勒捐赠给美国哲学学会档案馆的材料。他们给这场展览取名为"搅拌机宇宙"。

　　得知这场展览消息的我很兴奋，并自告奋勇地写了一篇关于惠勒的传记文章，分发给参展观众。我还指出"搅拌机宇宙"一词是米斯纳发明的，并建议主办方邀请他来参加。当米斯纳看到他和惠勒的工作得到了丰富多彩的艺术诠释时，他觉得非常有意思。

　　最近，我有幸见到惠勒的儿子杰米·惠勒和儿媳珍妮特·惠勒两次。第一次是在科学作家阿曼达·格夫特的演讲上，第二次是在兰特恩剧院上演戏剧《QED》之后我组织的一场关于费曼的讨论会上。会上，杰米·惠勒生动地讲述了他童年时代费曼表演的汤罐头魔术。通过第一手资料呈现出来的历史，总是生动得多。

我会永远珍视与惠勒的那次访谈，以及与他和他的同行打交道的经历。他的精神、洞见、智慧、鼓励和慷慨大方，将长留于与他共事的所有人心中。

致　谢

———

　　我要感谢费城科学大学的教职员工和管理人员，他们为本书的写作提供了全程支持。我尤其要感谢保罗·卡茨、苏珊·墨菲、埃莉娅·埃斯凯纳济、罗伯特·拉莫斯、彼得·米勒、凯文·墨菲、萨姆·塔尔科特、贾斯廷·埃弗雷特和吉姆·卡明斯，他们为我提供了有用的建议和鼓励。

　　我要感谢惠勒和费曼的家人为我提供了友善的帮助，包括詹姆斯·惠勒、利蒂希娅·惠勒·厄福德、艾莉森·惠勒·拉恩斯顿、卡尔·费曼、米歇尔·费曼和琼·费曼，也要感谢他们允许我发表他们的部分私人信件。我非常感谢弗里曼·戴森、查尔斯·米斯纳、弗吉尼亚·特林布、贾因特·纳里卡、劳里·布朗、雪莉·马尼厄斯、塞西尔·德威特、库特·戈特弗里德、肯尼斯·福特和琳达·达尔林普尔·亨德森富有洞见的评论，也感谢贝特西·迪瓦恩、弗兰克·维尔切克、艾伦·乔多斯和克里斯·德威特。2002年，在受到古根海姆奖资助期间，我采访了约翰·惠勒和布莱斯·德威特，在此深深感谢他们。

　　感谢科学史、科学写作和文学界鼓励我写作本书的所有人，包括迈克尔·迈耶、罗伯特·詹特森、彼得·佩西奇、戴维·杰克逊、格雷戈里·古德、戴维·卡西迪、唐·霍华德、亚历克斯·维勒斯坦、罗伯特·罗默、约瑟夫·马丁、卡梅伦·里德、罗伯特·克里斯、凯瑟琳·韦斯特福尔、马库斯·乔恩、格雷厄姆·法米罗、塔斯尼姆·泽拉·侯赛因、约翰·海尔布伦、杰拉德·霍尔顿、罗杰·施蒂韦尔、吉诺·塞格雷、乔·艾利森·帕克、托尼·克里斯蒂、凯特·贝克、科里·鲍威尔、伊桑·西格尔、戴夫·戈德堡、彼得·罗斯、格雷格·莱斯特、米切尔·卡尔茨、温迪·卡尔茨、马克·辛格、西蒙娜·泽利奇、道格·布赫霍尔茨、万斯·莱姆库尔、约翰·阿什米德、西奥多拉·阿什米德、戴维·齐塔雷利、彼得·史密斯、罗兰·奥尔萨巴尔、迈克尔·格罗斯和莉萨·丹增卓玛。感谢阿曼达·格夫特在美国哲学学会组织了一场关于惠勒的讲座，让我受到很大启发。感谢维多利亚·卡彭特在拉丁美洲文化对时间本质的看法方面给我提供了有益的建议和帮助。

非常感谢费城兰特恩剧院的克雷格·格廷和麦克米伦让我有机会担任戏剧《QED》的科学顾问，并主持了一场关于费曼的讨论会。感谢天普大学泰勒美术馆邀请我担任纪念约翰·惠勒的艺术展览的科学顾问。非常感谢美国哲学学会授权我使用约翰·惠勒的文献，感谢美国物理学会的尼尔斯·玻尔图书馆和档案馆让我使用其口述历史资料，感谢加州理工学院档案馆让我参阅理查德·费曼的论文。

我要感谢美国基础读物出版社的凯莱赫尔、埃莱娜·巴泰勒米、科林·特雷西、耶恩·凯兰、杜琼等编辑人员，如果没有他们的努力，本书就不可能面世。我还要感谢我优秀的代理人——安德森文学代理公司的贾尔斯·安德森，他为本书的写作提供了很多帮助和建议，并一如既往地支持我。

非常感谢我的家人及朋友对我的爱和支持。感谢我的父母斯坦利·哈尔彭和伯尼斯·哈尔彭，我的岳父母约瑟夫·芬斯顿和阿琳·芬斯顿，我妻子的姐姐沙拉·埃文斯、哥哥莱恩·于雷维茨和嫂子吉尔·伯恩斯坦。感谢我的朋友迈克尔·埃尔利赫和弗雷德·许普费尔的鼓励。当然，我最要感谢的是我的妻子费利西娅，她给我提供了宝贵且重要的建议，还要感谢我的孩子伊莱和埃登，他们的创造力也给我提供了不少灵感。

注 释

引 言

1. **"Through some wonderful freak of fate"**: John A. Wheeler, quoted in Christopher Sykes, ed., *No Ordinary Genius: The Illustrated Richard Feynman* (New York: W. W. Norton & Company, 1994), 44.

2. **"I was very lucky when I got to Princeton"**: Richard P. Feynman, quoted in Dick Stanley, "A Pioneer of Thought," *Austin American-Statesman*, February 8, 1987.

3. **"Princeton has a certain elegance"**: Interview of Richard Feynman by Charles Weiner on March 5, 1966, Niels Bohr Library & Archives, American Institute of Physics (AIP), College Park, MD, www.aip.org/history-programs/niels-bohr-library/oral-histories/5020-1.

4. **"I'll have both, thank you"**: Richard P. Feynman, *Classic Feynman: All the Adventures of a Curious Character*, ed. Ralph Leighton (New York: W. W. Norton, 2006), 60.

5. **"as though Groucho Marx was suddenly standing"**: C. P. Snow, *The Physicists* (Boston: Little Brown and Company, 1981), 143.

6. **A first-place finish in a New York University:** "Prizes Awarded in Mathematics," *New York Times*, May 19, 1935.

7. **"What makes it go?":** Feynman, *Classic Feynman*, 325.

8. **"Is the photon in the atom ahead of time":** Melville Feynman, reported by Richard Feynman in Sykes, *No Ordinary Genius*, 39.

9. **"He can always look at something the way a child does":** Ralph Leighton, interview in Warren E. Leary, "Puzzles Propel Physicist with Penchant for Probing," *Sunday Telegraph*, April 13, 1986, G6.

10. **"If I keep going out into space":** John Wheeler, quoted in John Boslough, "Inside the Mind of John Wheeler," *Reader's Digest*, September 1986, 107.

11. **Finding countless ways to tinker:** James Gleick, *Genius: The Life and Science of Richard Feynman* (New York: Vintage, 1993), 27.

12. **He experimented with gunpowder:** John Archibald Wheeler with Kenneth W. Ford, *Geons, Black Holes, and Quantum Foam: A Life in Physics* (New York: W. W. Norton & Company, 2000), 81–82.

第 1 章

13. **"Bohr has this probing approach to everything":** Interview of John Wheeler by Thomas S. Kuhn and John L. Heilbron on March 24, 1962, Niels Bohr Library & Archives, AIP, www.aip.org/history-programs/niels-bohr-library/oral-histories/4957.

14. **"Look, we have to get serious here":** Interview of Richard Feynman by Charles Weiner on March 5, 1966, Niels Bohr Library & Archives, AIP,www.aip.org/history-programs/niels-bohr-library/oral-histories/5020-1.

15. **"nicely and smoothly":** Richard P. Feynman to Lucille Feynman, October 11, 1939, in Richard P. Feynman, *Perfectly Reasonable Deviations (from the Beaten*

Track), ed. Michelle Feynman (New York: Basic Books, 2006),2.

16. **"I don't know how to think without pictures"**: John A. Wheeler, interview by the author in his Princeton office, November 5, 2002.

17. **"Wheeler was very much influenced by Niels Bohr"**: Charles W. Misner, phone interview by the author, December 6, 2015.

18. **The cyclotron was in the middle of the room**: Interview of Richard Feynman by Charles Weiner on March 5, 1966, Niels Bohr Library & Archives, AIP, www.aip.org/history-programs/niels-bohr-library/oral-histories/5020-1.

19. **Feynman distracted himself during the boring lectures**: Richard P. Feynman, *Classic Feynman: All the Adventures of a Curious Character*, ed. Ralph Leighton (New York: W. W. Norton & Company,2006), 60, 44.

20. **As a little girl, Joan had assisted Richard**: Christopher Riley, "Joan Feynman: From Auroras to Anthropology," in *A Passion for Science: Tales of Discovery and Invention*, ed. Suw Charman-Anderson (London: FindingAda, 2015).

21. **"I had no contact with Wheeler at all"**: Joan Feynman, voicemail correspondence with the author, December 23, 2015.

22. **"I have a problem for you"**: James Wheeler, phone interview by the author, October 31, 2015.

23. **"I have an image of Feynman"**: Letitia Wheeler Ufford, phone interview by the author, October 31, 2015.

24. **"Niels Bohr sat in my mother's favorite red velvet club chair"**: Alison Wheeler Lahnston, phone interview by the author, October 31,2015.

第 2 章

25. **"space by itself and time by itself are doomed"**: Hermann Minkowski, address delivered at the 80th Assembly of German Natural Scientists and

Physicians, September 21, 1908.

26. **"To us believing physicists, the distinction":** Albert Einstein to Vero and Bice Besso, March 21, 1955, quoted in Albrecht Fölsing, *Albert Einstein*, trans. Ewald Osers (New York: Penguin, 1997), 741

27. **"Hello, I'm coming to your seminar":** Reported by Richard P. Feynman in Ralph Leighton, ed., *Classic Feynman: All the Adventures of a Curious Character* (New York: W. W. Norton & Company, 2006),67.

28. **"I'm awfully happy . . . that you're going to publish":** Arline Greenbaum to Richard P. Feynman, in Richard P. Feynman, *Perfectly Reasonable Deviations (from the Beaten Track)*, ed. Michelle Feynman(New York: Basic Books, 2006), 7.

29. **"The Lagrangian in Quantum Mechanics":** Paul A. M. Dirac, "The Lagrangian in Quantum Mechanics," *Physikalische Zeitschrift der Sowjetunion* 3, no. 1 (1933): 64–72. Reprinted in Laurie Brown, ed.,*Feynman's Thesis: A New Approach to Quantum Theory* (Singapore: World Scientific, 2005), 113–121.

30. **"Wheeler told me that he—ever in search":** Kenneth W. Ford, correspondence with the author, December 28, 2015.

31. **"I can't believe that God plays dice":** John A. Wheeler, interview by the author in his Princeton office, November 5, 2002.

32. **"I have never been too busy to dream":** John Archibald Wheeler with Kenneth W. Ford, *Geons, Black Holes, and Quantum Foam: A Life in Physics* (New York: W. W. Norton & Company, 2000), 182.

第3章

33. **The Garden of Forking Paths is an incomplete:** Jorge Luis Borges, "The

Garden of Forking Paths," in *Labyrinths: Selected Stories and Other Writings*, trans. James E. Irby (New York: New Directions,1962), 28.

34. **"Both Wigner and Ladenburg feel with me"**: John A. Wheeler to Richard P. Feynman, March 26, 1942, Papers of Richard Phillips Feynman, Archives, California Institute of Technology.

35. **"I realized very quickly that he was something phenomenal"**: Hans Bethe, quoted in Jeremy Bernstein, *Hans Bethe: Prophet of Energy* (New York: Basic Books, 1979), 61.

36. **"No, no, you're crazy!"**: Stephane Groueff, *Manhattan Project: The Untold Story of the Making of the Atomic Bomb* (Boston: Little Brown and Co., 1967), 202.

37. **One day Feynman, as a joke:** Lee Edson, "Scientific Man for All Seasons," *New York Times*, March 10, 1966.

38. **"He is a second Dirac":** Robert Oppenheimer to Raymond Birge, November 1943, quoted in Silvan S. Schweber, *QED and the Men Who Made It: Dyson, Feynman, Schwinger, and Tomonaga* (Princeton,NJ: Princeton University Press, 1994), 398–399.

39. **"Feynman seemed to be composed in equal parts":** Edward Teller, *Memoirs: A Twentieth-Century Journey in Science and Politics*(Cambridge, MA: Perseus, 2001), 168.

40. **"played them for hours each night":** Ibid.

41. **After discussing the results with the plant manager:** Interviews of John Wheeler by Kenneth W. Ford on October 5, 1994–April 12, 1995, Niels Bohr Library & Archives, AIP, www.aip.org/history-programs/niels-bohr-library/oral-histories/5908-13-22

42. **"Even to the big shot guys":** Richard P. Feynman in Ralph Leighton, ed.,

Classic Feynman: All the Adventures of a Curious Character (New York: W. W. Norton & Company, 2006), 149.

43. **"We must, therefore, be prepared to find":** Niels Bohr, *Atomic Theory and the Description of Nature* (Cambridge: Cambridge University Press, 1934).

44. **"The Sun would not radiate":** H. Tetrode, "über den Wirkungszusammenhang der Welt. Eine Erweiterung der Klassischen Dynamik,"*Zeitschrift für Physik* 10 (1922): 317.

45. **"Pre-acceleration and the force of radiative reaction":** John A. Wheeler and Richard P. Feynman, "Interaction with the Absorber as the Mechanism of Radiation," *Reviews of Modern Physics* 17, nos.2–3 (April–July 1945): 180–181.

46. **"I am convinced that the United States":** John Archibald Wheeler with Kenneth W. Ford, *Geons, Black Holes, and Quantum Foam: A Life in Physics* (New York: W. W. Norton & Company, 2000), 19

47. **The clock was faulty:** Richard P. Feynman in Christopher Sykes, ed.,*No Ordinary Genius: The Illustrated Richard Feynman* (New York:W. W. Norton & Co, 1994), 55.

第 4 章

48. **"the 'idea-woman'":** Richard Feynman to Arline Feynman, October 17, 1946, reprinted in Richard P. Feynman, *Perfectly Reasonable Deviations (from the Beaten Track)*, ed. Michelle Feynman (New York:Basic Books, 2006), 69.

49. **"I love my wife. My wife is dead":** Ibid.

50. **"There grew up in time, to be sure":** Interviews of John Wheeler by Kenneth W. Ford on October 5, 1994–April 12, 1995, Niels Bohr Library & Archives, AIP, www.aip.org/history-programs/niels-bohr-library/oral-histories/5908-13-22

51. **"More and more the possibility suggests itself to us"**: John A. Wheeler, reported in William Laurence, "'Super' Uranium Fission Held Possible; 50% Stronger Than Present Atomic Bomb," *New York Times*, December 3, 1947.

52. **"What will the fundamental particles turn out to be"**: Richard P. Feynman,reported in G. T. Reynolds and Donald R. Hamilton, eds., *The Future of Nuclear Science* [Summary prepared by D. R. Hamilton,Princeton University Bicentennial Conference on the Future of Nuclear Science] (Princeton, NJ: Princeton University Press, 1946).

53. **One topic of discussion at the conference**: Malcolm Browne, "Physicists Predict Progress in Solving Problem of Gravity," *New York Times*, November 5, 1996.

54. **"Listen, Buddy, the room situation is tough"**: Interview of Richard Feynman by Charles Weiner on June 27, 1966, Niels Bohr Library & Archives, AIP, www.aip.org/history-programs/niels-bohr-library/oral-histories/5020-3.

55. **Brillouin, in turn, suggested asking**: Silvan S. Schweber, *QED and the Men Who Made It: Dyson, Feynman, Schwinger, and Tomonaga* (Princeton, NJ: Princeton University Press, 1994), 160.

56. **"Your work on the fine structure led directly"**: Freeman Dyson to Willis Lamb, reported in Schweber, *QED and the Men Who Made It*,218–219.

第 5 章

57. **He had either missed the bus**: Interview of Richard Feynman by Charles Weiner on June 27, 1966, Niels Bohr Library & Archives,AIP, www.aip.org/history-programs/niels-bohr-library/oral-histories/5020-3.

58. **"Viki . . . felt that Bethe received too much recognition"**: Kurt Gottfried, correspondence with the author, May 20, 2016.

59. **"All the mathematical proofs were later discoveries":** Richard P.Feynman to Ted Welton, November 19, 1949, quoted in David Kaiser,*Drawing Theories Apart: The Dispersion of Feynman Diagrams in Postwar Physics* (Chicago: University of Chicago Press, 2005),178.

60. **"Feynman believed fervently that the diagrams":** Kaiser, *Drawing Theories Apart*, 177.

61. **Nevertheless, they were baffled:** Freeman J. Dyson, *Disturbing the Universe* (New York: Basic Books, 1981), 13.

62. **Dyson was also taken aback:** Ibid., 47.

63. **"Hearing about the sum over histories directly":** Freeman Dyson, correspondence with the author, December 19, 2015.

64. **"a magician of the highest caliber":** Mark Kac, *Enigmas of Chance: An Autobiography* (New York: Harper & Row, 1985), xxv.

65. **"Feynman had a completely new way of looking at things":** Hans Bethe, oral history interview by Judith R. Goodstein, February 17,1982, Archives, California Institute of Technology.

66. **With hopes of visiting her:** Ralph Leighton, ed., *Classic Feynman: All the Adventures of a Curious Character* (New York: W. W. Norton & Company, 2006), 200.

67. **"After moving to Princeton in 1948":** Dyson correspondence, December 19, 2015.

68. **"It seemed that path integrals were an extremely powerful tool":** Barry Simon, *Functional Integration and Quantum Physics* (New York: Academic Press, 1979), preface, quoted in Cécile DeWitt-Morette, *The Pursuit of Quantum Gravity: Memoirs of Bryce De-Witt from 1946 to 2004* (New York: Springer Verlag, 2011), 13.

69. **"That afternoon, Feynman produced more brilliant ideas"**: Freeman Dyson, "Of Historical Note: Richard Feynman," Institute for Advanced Study, http://www.ias.edu/ideas/2011/dyson-of-historical-note.

70. **"The sum over histories finally gave us"**: Dyson correspondence, December 19, 2015.

71. **"Well, I probably saw him a total of 20 minutes altogether"**: Bryce DeWitt, phone interview by the author, December 4, 2002.

72. **After a long, fun day canoeing together**: Cécile DeWitt-Morette, "Snapshots," Institute for Advanced Study, http://www.ias.edu/ideas/2011-dewitt-morette-ias.

73. **Before walking up to him**: John Archibald Wheeler with Kenneth W. Ford, *Geons, Black Holes, and Quantum Foam: A Life in Physics* (New York: W. W. Norton & Company, 2000), 188.

74. **most of it is now common knowledge**: Kenneth W. Ford, *Building the Bomb: A Personal History* (Singapore: World Scientific, 2015), 1.

75. **"I know you plan to spend next year"**: John A. Wheeler to Richard P. Feynman, March 29, 1951, reprinted in Richard P. Feynman, *Perfectly Reasonable Deviations (from the Beaten Track)*, ed. Michelle Feynman (New York: Basic Books, 2006), 83.

76. **"I wanted to know your opinion of our old theory"**: Richard P. Feynman to John A. Wheeler, May 4, 1951, Papers of Richard Phillips Feynman, Archives, California Institute of Technology.

77. **"The idea [of direct interactions between electrons] seemed so obvious"**:Richard P. Feynman, "Nobel Lecture," Nobelprize.org, December 11, 1965, http://www.nobelprize.org/nobel_prizes/physics/laureates/1965/feynman-lecture.html (accessed June 25, 2016).

第 6 章

78. **He called his approach "radical conservative-ism"**: Charles W. Misner, Kip S. Thorne, and Wojciech H. Zurek, "John Wheeler, Relativity, and Quantum Information," *Physics Today* (April 2009): 40.

79. **"We live on an island surrounded by a sea of ignorance"**: John A. Wheeler, quoted in John Horgan, "Gravity Quantized?," *Scientific American* 267, no. 3 (September 1992): 18–19.

80. **"I think I can safely say that nobody"**: Richard P. Feynman, "The Character of Physical Law," BBC Television, 1965.

81. **"My father spoke about the warp"**: Alison Wheeler Lahnston, phone interview by the author, October 31, 2015.

82. **"playground for mathematicians"**: John Archibald Wheeler with Kenneth W. Ford, *Geons, Black Holes, and Quantum Foam: A Life in Physics* (New York: W. W. Norton & Company, 2000), 232.

83. **"The shell game that we play"**: Richard P. Feynman, *QED: The Strange Theory of Light and Matter* (Princeton, NJ: Princeton University Press, 1985), 128.

84. **"He begins working calculus problems in his head"**: "Hubby Got Custody of African Drums," *Star-News*, July 18, 1956.

85. **"This house will never become a place of pilgrimage"**: Oscar Wallace Greenberg, "Visits with Einstein and Discovering Color in Quarks: Memories of the Institute for Advanced Study," Institute for Advanced Study, 2015, https://www.ias.edu/ideas/2015/greenberg-color (accessed January 31, 2017).

86. **"Space acts on matter"**: Charles W. Misner, Kip S. Thorne, and John A. Wheeler, *Gravitation* (San Francisco: W. H. Freeman, 1973), 5

87. **"This sum over histories idea for doing quantum gravity"**: Interview of Charles Misner by Christopher Smeenk on May 22, 2001, Niels Bohr Library

& Archives, AIP, www.aip.org/history-programs/niels-bohr-library/oral-histories/33697.

88. **"reality proceeds by an awareness of all the possibilities"**: Charles W.Misner, phone interview by the author, December 6, 2015

89. **The brainy quartet often hung out in Everett's room:** Peter Byrne, *The Many Worlds of Hugh Everett III: Multiple Universes, Mutual Assured Destruction, and the Meltdown of a Nuclear Family* (New York: Oxford University Press, 2013), 57.

90. **"highest of its kind and next only"**: "Einstein Award to Professor,"*New York Times*, March 14, 1954.

91. **"Hugh thought that Petersen's interpretation was intolerable"**: Misner, phone interview, December 6, 2015.

92. **"My first and general reaction was"**: Ibid.

93. **Feynman replied on October 4 with a brief:** Richard P. Feynman to John A. Wheeler, October 4, 1955, Wheeler Archive, American Philosophical Society.

94. **"There's a certain irrationality to any work"**: Richard P. Feynman, "Quantum Theory of Gravitation," *Acta Physica Polonica* 24 (1963):267.

95. **"Probability in Wave Mechanics"**: Byrne, *Many Worlds of Hugh Everett*,138.

96. **"As soon as the observation is performed"**: Hugh Everett III, "The Theory of the Universal Wave Function," draft of PhD thesis, Princeton University, reprinted in Bryce DeWitt and Neill Graham, eds.,*The Many-Worlds Interpretation of Quantum Mechanics* (Princeton, NJ: Princeton University Press, 1973), 98–99.

97. **"[It] was a conference by invitation only"**: Bryce DeWitt, phone interview by the author, December 4, 2002.

98. **When he arrived at the Raleigh-Durham airport:** Ralph Leighton, ed.,

Classic Feynman: All the Adventures of a Curious Character (New York: W. W. Norton & Company, 2006), 273.

99. **"Feynman showed up and he said, 'Hi Geon'"**: DeWitt, phone interview, December 4, 2002.

100. **"Nobody believed in it"**: Ibid.

101. **"I was so shocked that I sat down"**: Bryce DeWitt, reported in Cécile DeWitt-Morette, *The Pursuit of Quantum Gravity: Memoirs of Bryce DeWitt from 1946 to 2004* (New York: Springer Verlag, 2011), 94.

102. **"The concept of a 'universal wave function'"**: Richard P. Feynman, reported in Cécile M. DeWitt and Dean Rickles, eds., *The Role of Gravitation in Physics: Report from the 1957 Chapel Hill Conference* (Berlin: Edition Open Access, 2011), 270.

103. **"Feynman had no use for philosophy"**: Freeman Dyson, correspondence with the author, December 19, 2015.

104. **"I do not remember when I first heard"**: Ibid.

第 7 章

105. **"scheme for pushing a great problem under the rug"**: Richard P. Feynman, quoted in "Caltech Nobel Winner Modest on Findings,"*Los Angeles Times*, October 22, 1965, 2.

106. **"As I thought about it, as I beheld it in my mind's eye"**: Richard P.Feynman, interview by Jagdish Mehra, Pasadena, California, January 1988, reported in Jagdish Mehra, *The Beat of a Different Drum: The Life and Science of Richard Feynman* (New York: Oxford University Press, 1994), 453.

107. **"A lecture by Dr. Feynman is a rare treat indeed"**: Irving S.

Bengelsdorf,"Caltech's Feynman Brings Artist's Touch to Physics," *Los Angeles Times*, March 14, 1967, A.

108. **"Ask me anything"**: James Cummings, conversation with the author,January 25, 2016.

109. **Some of the freshmen called it the "Oracle of Feynman"**: "Groveling frosh humbly seeks physics inspiration from Oracle of Feynman at Dabney," photo caption, *California Tech*, October 28, 1965, 1.

110. **"Feynman was quite explicit on this"**: Jayant Narlikar, correspondence with the author, January 9, 2016.

111. **"I recall the talk given by Dennis Sciama"**: Ibid.

112. **"I got a telephone call from [Wheeler]"**: Bryce DeWitt, phone interview by the author, December 4, 2002.

113. **"The universe is not a system"**: John A. Wheeler, "Three-Dimensional Geometry as a Carrier of Information About Time," in *The Nature of Time*, ed. Thomas Gold with the assistance of D. L. Schumacher (Ithaca, NY: Cornell University Press, 1967), 106–107.

114. **"He started by being against field theory"**: Narlikar, correspondence, January 9, 2016.

115. **"The new theory draws on the mathematical reasoning"**: Walter Sullivan,"Scientist Revises Einstein's Theory," *New York Times*, June 21,1964.

116. **"Two observers who were able to talk"**: Charles W. Misner, "Infinite Red-Shifts in General Relativity," in *The Nature of Time*, ed. Thomas Gold with

the assistance of D. L. Schumacher (Ithaca, NY: Cornell University Press, 1967), 75.

117. **Several magazines covering the event:** Tom Siegfried, "50 Years Later, It's Hard to Say Who Named Black Holes," *Science News*, December 23, 2013, http://www.sciencenews.org/blog/context/50-years-later-it's-hard-say-who-named-black-holes (accessed June 24, 2016).

118. **"for their fundamental work in quantum electrodynamics":** "The Nobel Prize in Physics 1965," Nobelprize.org, http://www.nobelprize.org/nobel_prizes/physics/laureates/1965 (accessed June 25, 2016).

119. **"Feynman spotted me crossing Caltech campus one day":** Virginia Trimble, correspondence with the author, February 10, 2017.

120. **"Feynman came to my office around eight a.m.":** Virginia Trimble, correspondence with the author, February 9, 2017.

121. **But when he got up on stage dressed formally:** Mehra, *Beat of a Different Drum*, 576–577.

122. **"Although I did do many of the things described":** Richard P. Feynman,letter to the editor, *New York Times*, November 5, 1967.

123. **"the three gates of time":** Linda Anthony, "The Big Bang . . . the Big Crunch," *Austin American-Statesman*, May 20, 1979, C15, archived in Wheeler Papers, American Philosophical Society.

124. **At a 1966 American Physical Society meeting, he speculated:** Walter Sullivan, "Physicists Muse on Question of Time Running Backward,"*New York Times*, January 30, 1966.

第 8 章

125. **One day, Wheeler was joking with Bekenstein:** John Archibald Wheeler with Kenneth W. Ford, *Geons, Black Holes, and Quantum Foam: A Life in Physics* (New York: W. W. Norton & Company, 2000), 314.

126. **"This guy sounds crazy":** Charles W. Misner, Kip S. Thorne, and Wojciech H. Zurek, "John Wheeler, Relativity, and Quantum Information," *Physics Today* (April 2009): 44–45.

127. **"Rasputin, Science, and the Transmogrification of Destiny":** Charles W. Misner, "John Wheeler and the Recertification of General Relativity as True Physics," in *General Relativity and John Archibald Wheeler*, ed. I. Ciufolini and R. A. Matzner. Astrophysics and Space Science Library (New York: Springer Verlag, 2010).

128. **"Let the universe have a destiny":** John A. Wyler (pseudonym), "Rasputin, Science, and the Transmogrification of Destiny," *General Relativity and Gravitation* 5, no. 2 (1974): 176–177.

129. **Fredkin and Minsky met Feynman for the first time on a lark:** Julian Brown, *Minds, Machines, and the Multiverse: The Quest for the Quantum Computer* (New York: Simon and Schuster, 2000), 60.

130. **They'd laugh and laugh at their own clever silliness:** "An Interview with Michelle Feynman," Basic Feynman, 2005, http://www.basicfeynman.com/qa.html.

131. **Much to Feynman's consternation:** Freeman Dyson, personal recollection to the author, Institute for Advanced Study, December 9, 2016.

132. **"I loved Gravitation as a child and was chuffed":** Carl Feynman, correspondence with the author, July 24, 2016.

133. **"What ever happened to Tannu Tuva?":** Richard P. Feynman, reported in Ralph Leighton, *Tuva or Bust! Richard Feynman's Last Journey* (New York: W. W. Norton & Company, 1991), 248.

134. **Wheeler asked Feynman to contribute to a panel:** John A. Wheeler to Richard P. Feynman, June 1978, Wheeler Papers, American Philosophical Society.

135. **Feynman politely declined and jokingly reported:** Richard P. Feynman to John A. Wheeler, June 14, 1978, Wheeler Papers, American Philosophical Society.

136. **"Welcome home," he wrote:** John A. Wheeler to Richard P. Feynman, July 28, 1978, Wheeler Papers, American Philosophical Society.

137. **this would be Feynman and Dyson's last meeting:** Dyson, personal recollection, December 9, 2016.

138. **"I'm a big fool, but I enjoy life":** Richard P. Feynman, quoted in Dick Stanley, "A Pioneer of Thought," *Austin American-Statesman*, February 8, 1987.

139. **"One of the biggest regrets of my life":** Ibid.

140. **There was a moment of shocked silence:** Shirley Marneus, phone interview by the author, February 21, 2017.

141. **"A year ago I would have told you":** Richard P. Feynman, quoted in David E. Sanger, "A Computer Full of Surprises," *New York Times*, May 8, 1987.

142. **"We should be looking at broader questions":** John A. Wheeler,

interview by the author in his Princeton office, November 5, 2002.

143. **"I had noticed when I was younger"**: Richard P. Feynman, reported in P. C. W. Davies and J. Brown, eds., *Superstrings: A Theory of Everything?* (New York: Cambridge University Press, 1988), 193.

144. **"Quantum Theory, the Church-Turing Principle and the Universal Quantum Computer"**: David Deutsch, "Quantum Theory, the Church-Turing Principle and the Universal Quantum Computer," *Proceedings of the Royal Society of London* A400 (1985): 97–117.

145. **"Philosophy is too important to be left"**: John A. Wheeler, reported in Dwight E. Neuenschwander, ed., "The Scientific Legacy of John Wheeler," *APS Forum on the History of Physics Newsletter*, fall 2009, https://www.aps.org/units/fhp/newsletters/fall2009/wheeler.cfm (accessed July 3, 2016).

146. **"The universe does not exist 'out there'"**: John A. Wheeler, "The Participatory Universe," *Science* 81 (June 1981): 66–67.

147. **"All I'm interested in"**: Richard P. Feynman, reported in Davies and Brown, *Superstrings*, 203.

148. **"Physics was exciting then"**: John A. Wheeler to Richard P. Feynman, June 27, 1986, Wheeler Papers, American Philosophical Society.

149. **"For a successful technology, reality must take precedence"**: Richard P. Feynman, "Personal Observations on the Reliability of the Shuttle," Appendix F, Rogers Commission Report, NASA (1986), http://science.ksc.nasa.gov/shuttle/missions/51-l/docs/rogers-commission/Appendix-F.

txt (accessed January 31, 2017).

150. **"Didn't I inherit from you the faculty":** John A. Wheeler to Richard P. Feynman, August 7, 1986, Wheeler Papers, American Philosophical Society.

151. **He complained vehemently:** John Archibald Wheeler, "A Decade of Permissiveness," *New York Review of Books*, May 17, 1979, 41–44.

152. **"Tycho Brahe had his supernova":** David L. Goodstein and Gerry Neugebauer, special preface, in Richard P. Feynman with Robert B. Leighton and Matthew Sands, *Six Not-So-Easy Pieces: Einstein's Relativity, Symmetry, and Space-Time* (New York: Basic Books, 2011), xviii.

153. **the vice president of the Soviet Academy of Sciences had just mailed him an invitation:** Jagdish Mehra, *The Beat of a Different Drum: The Life and Science of Richard Feynman* (New York: Oxford University Press, 1994), 606.

154. **"I'd hate to die twice":** Richard P. Feynman, *Perfectly Reasonable Deviations (from the Beaten Track)*, ed. Michelle Feynman (New York: Basic Books, 2006), 373.

155. **"The poetic Wheeler is a prophet":** Freeman Dyson, quoted in Dennis Overbye, "John A. Wheeler, Physicist Who Coined the Term 'Black Hole,' Is Dead at 96," *New York Times*, April 14, 2008.

结束语

156. **"The game I play is a very interesting one":** Richard P. Feynman,

quoted in Christopher Sykes, ed., *No Ordinary Genius: The Illustrated Richard Feynman* (New York: W. W. Norton & Company,1994), 98.

后 记

157. **Wheeler sat in the front of the large lecture:** For a fascinating perspective on Wheeler's ninetieth birthday celebration, see Amanda Gefter, *Trespassing on Einstein's Lawn: A Father, a Daughter, the Meaning of Nothing, and the Beginning of Everything* (New York:Bantam, 2014).

158. **"Well here's your chance to go on":** John A. Wheeler, interview by the author in his Princeton office, November 5, 2002.

延伸阅读

1. Bartusiak, Marcia. *Black Hole: How an Idea Abandoned by Newtonians, Hated by Einstein, and Gambled On by Hawking Became Loved.* New Haven, CT: Yale University Press, 2015.

2. Bernstein, Jeremy. "What Happens at the End of Things?," *Alcade* 74 (November/December 1985) 4–12.

3. Boslough, John. "Inside the Mind of John Wheeler." *Reader's Digest* (September 1986): 106–110.

4. Brown, Julian. *Minds, Machines, and the Multiverse: The Quest for the Quantum Computer.* New York: Simon and Schuster, 2000.

5. Brown, Laurie M., and John S. Rigden, eds. *"Most of the Good Stuff":Memories of Richard Feynman.* Washington, DC: American Institute of Physics, 1993.

6. Byrne, Peter. *The Many Worlds of Hugh Everett III: Multiple Universes, Mutual Assured Destruction, and the Meltdown of a Nuclear Family.* New York: Oxford University Press, 2013.

7. Carpenter, Victoria, and Paul Halpern. "Quantum Mechanics and Literature:An Analysis of El Túnel by Ernesto Sábato." *Ometeca* 17 (2012),167–187.

8. DeWitt-Morette, Cécile. *The Pursuit of Quantum Gravity: Memoirs of Bryce*

DeWitt from 1946 to 2004. New York: Springer, 2011.

9. Dirac, Paul. *The Principles of Quantum Mechanics*. Oxford: Oxford University Press, 1930.

10. Dresden, Max. *H. A. Kramers: Between Tradition and Revolution*. New York: Springer Verlag, 1987.

11. Dyson, Freeman J. *Disturbing the Universe*. New York: Basic Books, 1981.

12. Everett, Justin, and Paul Halpern. "Spacetime as a Multicursal Labyrinth in Literature with Application to Philip K. Dick's *The Man in the High Castle*." *KronoScope* 13, no. 1 (2013).

13. Farmelo, Graham. *The Strangest Man: The Hidden Life of Paul Dirac, Mystic of the Atom*. New York: Basic Books, 2009.

14. Feynman, Richard P. *Classic Feynman: All the Adventures of a Curious Character*, ed. Ralph Leighton. New York: W. W. Norton & Company, 2006.

———. *Feynman's Thesis: A New Approach to Quantum Theory*, ed. Laurie M. Brown. Singapore: World Scientific, 2005.

———. *Perfectly Reasonable Deviations (from the Beaten Track)*. ed. Michelle Feynman. New York: Basic Books, 2006.

———. *QED: The Strange Theory of Light and Matter*. Princeton, NJ:Princeton University Press, 1985.

———. *The Quotable Feynman*, ed. Michelle Feynman. Princeton, NJ:Princeton University Press, 2015.

———. *"What Do You Care What Other People Think?": Further Adventures of a Curious Character*, ed. Ralph Leighton. New York: W. W.Norton & Company, 2001.

15. Feynman, Richard P., with Ralph Leighton. *Surely You're Joking, Mr. Feynman!Adventures of a Curious Character*, ed. Edward Hutchings. New

York: W. W. Norton & Company, 1997.

16. Ford, Kenneth W. *Building the Bomb: A Personal History.* Singapore: World Scientific, 2015.

17. Gefter, Amanda. "Haunted by His Brother, He Revolutionized Physics."*Nautilus,* January 16, 2014, http://nautilus/issue/9/time/haunted-by-his-brother-he-revolutionized-physics.

———. *Trespassing on Einstein's Lawn: A Father, a Daughter, the Meaning of Nothing, and the Beginning of Everything.* New York: Bantam,2014.

18. Gleick, James. *Genius: The Life and Science of Richard Feynman.* New York: Vintage, 1993.

19. Gribbin, John, with Mary Gribbin. *Richard Feynman: A Life in Science.*London: Penguin Books, 1997.

20. Halliwell, J. J., J. Perez-Mercader, and W. H. Zurek, eds. *The Physical Origins of Time-Asymmetry.* Cambridge: Cambridge University Press,1996.

21. Halpern, Paul. *Einstein's Dice and Schrödinger' Cat: How Two Great Minds Battled Quantum Randomness to Create a Unified Theory of Physics.* New York: Basic Books, 2015.

———. *The Great Beyond: Higher Dimensions, Parallel Universes, and the Extraordinary Search for a Theory of Everything.* Hoboken, NJ: Wiley,2004.

———. "Time as an Expanding Labyrinth of Information." *KronoScope* 10, nos. 1–2 (2010): 64–76.

———. *Time Journeys: A Search for Cosmic Destiny and Meaning.* New York: McGraw-Hill, 1990.

22. Husain, Tasneem Zehra. *Only the Longest Threads.* Philadelphia: Paul Dry Books, 2014.

23. Kaiser, David, *Drawing Theories Apart: The Dispersion of Feynman Diagrams*

in Postwar Physics. Chicago: University of Chicago Press, 2005.

24. Krauss, Lawrence M. *Quantum Man: Richard Feynman's Life in Science.*New York: W. W. Norton & Company, 2012.

25. Leighton, Ralph. *Tuva or Bust! Richard Feynman's Last Journey*. New York: W. W. Norton & Company, 1991.

26. Mach, Ernst. *The Science of Mechanics: A Critical and Historical Exposition of Its Principles*, trans. Thomas McCormack. Chicago: Open Court, 1897.

27. Mehra, Jagdish. *The Beat of a Different Drum: The Life and Science of Richard Feynman*. New York: Oxford University Press, 1994.

28. Misner, Charles W., Kip S. Thorne, and John A. Wheeler. *Gravitation*. San Francisco: W. H. Freeman, 1973.

29. Mlodinow, Leonard. *Feynman's Rainbow: A Search for Beauty in Physics and in Life*. New York: Vintage, 2011.

30. Schweber, Silvan S. *QED and the Men Who Made It: Dyson, Feynman,Schwinger, and Tomonaga*. Princeton, NJ: Princeton University Press,1994.

31. Sykes, Christopher, ed. *No Ordinary Genius: The Illustrated Richard Feynman*. New York: W. W. Norton & Company, 1994.

32. Weisskopf, Victor. *The Joy of Insight: Passions of a Physicist*. New York:Basic Books, 1991.

33. Wheeler, John Archibald. "Time Today." In *The Physical Origins of Time-Asymmetry*, edited by J. J. Halliwell, J. Perez-Mercader, and W. H. Zurek, 1–29. Cambridge: Cambridge University Press, 1996.

34. Wheeler, John Archibald, with Kenneth W. Ford. *Geons, Black Holes, and Quantum Foam: A Life in Physics*. New York: W. W. Norton & Company,2000.

35. Yourgrau, Palle. *A World Without Time: The Forgotten Legacy of Gödel and Einstein*. New York: Basic Books, 2004.